普通高等教育"十四五"印刷本科规划教材

印刷光学原理及应用

YINSHUA GUANGXUE

YUANLI JI YINGYONG

李 修 黄 敏 ◎编著

文化发展出版社

Cultural Development Press

图书在版编目（CIP）数据

印刷光学原理及应用 / 李修，黄敏编著． － 北京 ：
文化发展出版社，2021.12
ISBN 978-7-5142-3482-4

Ⅰ．①印… Ⅱ．①李… ②黄… Ⅲ．①印刷－应用光
学－高等学校－教材 Ⅳ．①TS801.1

中国版本图书馆CIP数据核字(2021)第104926号

印刷光学原理及应用

李 修 黄 敏 编著

责任编辑：魏 欣 朱 言　　　　责任校对：岳智勇

责任印制：邓辉明　　　　　　　责任设计：侯 铮

出版发行：文化发展出版社（北京市翠微路2号 邮编：100036）

网　　址：www.wenhuafazhan.com

经　　销：各地新华书店

印　　刷：中煤（北京）印务有限公司

开　　本：787mm×1092mm　　1/16

字　　数：390千字

印　　张：19.375

版　　次：2021年12月第1版

印　　次：2021年12月第1次

定　　价：68.00元

ＩＳＢＮ：978-7-5142-3482-4

◆ 如发现任何质量问题请与我社发行部联系。发行部电话：010-88275710

前言
PREFACE

　　随着现代技术的发展，光学技术在不同领域呈现出了新的生命力。在印刷行业，无论是印前设备、印刷设备还是印后设备中，不仅涉及到以几何光学为主的传统光学内容，还有以激光为代表的新型光源、CCD 为代表的新型光电传感器件以及以全息纸为代表的结构色产品的使用，目前在诸如防伪、绿色印刷等领域的应用越来越广泛。

　　本书适应现代光学技术在印刷行业的应用特点，让读者掌握一定的光学技术知识，对光学设备，特别是印刷设备中所涉及的光源、光路、成像性能、所采用的现代光电元件，以及基于诸如微透镜和微纳结构阵列等特殊效果的光学防伪技术有系统地了解和认识，以便读者在实际工作中理解和处理一般的光学应用问题。全书既包含光学基础理论知识，又兼顾本科教学的实际情况，深入浅出，力争用通俗的语言阐述光学技术及其在印刷领域的应用知识。全书共分为 8 章，可划分为 3 大部分。第一章、第二章和第三章讲解印刷相关设备及工艺中涉及到的几何光学、物理光学和现代光学基础理论知识；第四章、第五章和第六章介绍印刷光源、常用印刷设备光学系统以及印刷常用光学检测设备及技术等相关内容，重点讨论几何光学在印刷中的应用；第七章介绍光学防伪技术及应用，第八章介绍光子晶体结构色原理及制备，重点讨论物理光学在印刷中的应用。

　　为了帮助理解，本书还加入了一些彩图，力图以直观的方式加以说明。本书适合印刷工程、包装工程专业本科教学使用，也可作为研究生课程的教材。在本书的编写过程中，第一章由黄敏、李修共同编写，第二章、第四章、第六章、第七章由黄敏编写，第三章、第五章、第八章由李修编写，同时，得到了徐艳芳教授、金杨教授的大力支持，在此表示衷心的感谢！

刘浩学教授对全书进行了认真审阅，并提出了大量的宝贵意见，特在此表示诚挚的感谢！

在编写过程中难免有不当之处，敬请广大读者批评指正。

作者

2021 年 12 月

目录

CONTENTS

第一篇 基础理论知识

第三篇　物理光学在印刷中的应用

第一篇
基础理论知识

第1章 几何光学基础知识

第一节　几何光学的基本定律和物象概念

1.1.1　几何光学的基本定律

1. 光波

通常人们所指的光波是可见光。实质上，可见光是波长在 380～780nm 的电磁波，能为人眼所感知。波长大于 780nm 的邻近电磁波称为红外光，波长小于 380nm 的则称为紫外光，通常称波长在 315～400nm 的紫外光为 UV-A，280～315nm 的为 UV-B，100～280nm 的为 UV-C，如图 1-1 所示。光波在真空中的传播速度（记为 c）是 $3×10^8$m/s，波长 $λ$ 与振动频率 f 之间满足关系式 $f=c/λ$；在介质中光的传播速度小于 c，且随波长的变化而变化。

可见光随其波长的不同引起人眼产生不同的颜色感觉。具有单一波长的光称为单色光，而不同单色光混合而成的光称为复色光。太阳光是由多种单色光组成的，其中的可见光范围包含红、橙、黄、绿、青、蓝、紫七种主要颜色光的波长范围，其与颜色感觉的对应关系大致如下：红色对应 620～770nm，橙色对应 590～620nm，黄色对应 560～590nm，黄绿色对应 530～560nm，绿色对应 500～530nm，青色对应 470～500nm，蓝色对应 430～470nm，紫色对应 380～430nm。太阳光中各种可见光波长的强度十分接近，于是呈现出"白光"的现象；而将这些不同波长的光按照波长范围分开时，它们就各自呈现出相应的颜色。

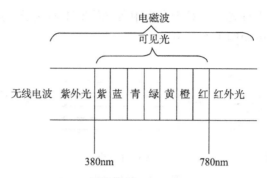

图 1-1　电磁波的不同波长区域

下面介绍一些几何光学中常用的概念与名称。

（1）发光点

本身发光或者被其他光源照明后发光的几何点称为发光点。当发光体（光源）的大小和其辐射作用距离相比可忽略不计时，该发光体就可认为是发光点或点光源。在几何光学中，发光点被抽象为一个既无体积又无大小而只有位置的几何点，任何被成像的物体都是由无数个这样的发光点所组成，如图 1-2 所示。

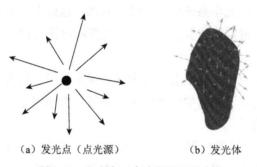

（a）发光点（点光源）　　　（b）发光体

图 1-2　发光点（点光源）和发光体

（2）光线

在几何光学中，通常将发光点发出的光抽象为许多携带能量并具有方向性的几何线条，称之为光线，其方向代表光的传播方向。

（3）波面

物理光学理论认为，发光点发出的光以波的形式向四周传播，某一时刻其振动位相相同的点所构成的面称为波振面，简称波面。在各向同性介质中，光沿着波面的法线方向传播，因此可认为光波波面的法线就是几何光学中的光线。

（4）光束

与波面对应的所有光线的集合称为光束。均匀介质中的点光源发出的光波以相同的速度沿径向传播，某一时刻其波面为球面，称为球面波，对应的光束为同心光束。同心光束包括会聚和发散两种。均匀介质中无限远处发光点发出的光波，任一时刻的波面均为平面，称之为平面波，对应于平行光束。对于光束中各光线既不相交于一点，又互不平行的，称之为像散光束。各种光束如图 1-3 所示。

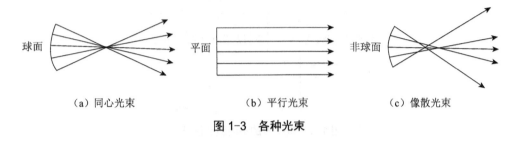

（a）同心光束   （b）平行光束   （c）像散光束

图 1-3　各种光束

（5）光路

每条光线的传播途径称为光路。几何光学中的发光点、光线只是一种假设，实际上是不存在的。但是，利用它们可以把光学中复杂的能量传输和光学成像问题归纳为简单的几何运算问题，从而使所要处理的光学问题大为简化。

2. 几何光学的基本定律

几何光学中把研究光经过介质的传播问题归结为四个基本定律，它是研究各种光的传播现象和规律以及物体经过光学系统成像特性的基础。这四个基本定律分别为：直线传播定律、独立传播定律、反射定律和折射定律，以及光路可逆定律。

（1）直线传播定律

在各向同性的均匀介质中，光沿着直线方向传播。影子、日食、月食等现象都能很好地证明这一定律。许多精密测量，如精密的天文测量、大地测量、光学测量及相应的仪器都是以这一定律为基础的。

在距今 2200 多年前的战国时期，有一个富人请一位画匠给他画一幅画。这位画匠画了三年才把主人请来。主人一看，这幅"画"居然只是一块涂了漆的木板，上面什么画也没有，就很生气。画匠却说："请您把这幅'画'拿回去挂在一扇大窗户上。当太阳光照到它的时候，您就可以在屋里的墙壁上看到一幅会活动的画了。"主人把这幅"画"拿回去一试，果然如此，窗外的一景一物全都映在墙上。而且，当有人走过时，有小狗跑动时，这幅"画"就活了起来。只可惜整个画面是颠倒的，这就是小孔成像。小孔成像的原理就是光的直线传播规律。物体上每一点所发出的光穿过小孔后，仍然沿直线传播，这样它们就会聚在一起，形成倒立的像。

在生活中我们可以处处感受到光的直线传播规律。夜晚，汽车车灯发出的光笔直地射向前方；我们的手电筒不管怎么摇、怎么晃，那束光也总是直直地传播出去。这些都是由于光在均匀介质中沿直线传播的规律形成的。

（2）独立传播定律

不同光源发出的光在空间某点相遇时，彼此互不影响，各自独立传播，这就是光的独立传播定律。在电影画面里，我们一定有这样的印象：两束探照灯发出的光在空间某处相遇后，在相遇点之外，每束光仍然沿原来的直线方向照射出去，如同没有另一束光线存在一般。这就是光的独立传播定律的体现。

（3）光的反射定律和折射定律

1）反射与折射现象

当一束光投射到两种均匀介质的光滑分界面上时，一部分光被光滑表面"反射"回到原介质中，这种现象称为光的反射，反射回原介质的光称为反射光；另一部分光将"透过"光滑表面，进入第二种介质中，这种现象称为光的折射，透过光滑表面的这部分光称为折射光。与反射光和折射光相对应，原投射到光滑表面的光称为入射光。

如图 1-4 所示，入射光线 AO 入射到两种介质的分界面 PQ 上，在 O 点发生反射（反射光线为 OB）和折射（折射光线为 OC）。其中 NN′ 为界面上 O 点处的法线。入射光线、反射光线和折射光线与法线的夹角 I、I″ 和 I′ 分别称为入射角、反射角和折射角，它们均以锐角度量，由光线转向法线，顺时针方向旋转形成的角度为正，反之为负。由入射光分解而成的反射光和折射光分别满足反射定律和折射定律。

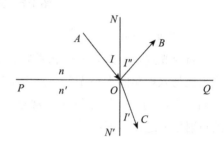

图 1-4　光的反射与折射现象

2）反射定律

反射光线位于由入射光线和法线所决定的平面内；反射光线和入射光线位于法线的两侧，且反射角与入射角的绝对值相等，符号相反，即：

$$I'' = -I \qquad\qquad (1-1)$$

式（1-1）表明，入射光线中有一部分光线沿着与法线对称的方向反射出去，将这种反射称为镜面反射。

生活中的反射现象随处可见。在一间没有光的房子里，拿一支手电筒去照平面镜，你就会发现，只有在反射光的方向上才能看到耀眼的亮光。如果把平面镜换成白纸，再重复这一过程，这次，无论你从哪个方向去观察，白纸看上去都是一样的亮。这是因为，平面镜产生了镜面反射，它将平行光全部按一定角度平行地反射了出来，所以我们只有在反射光的方向上才可以看到耀眼的亮光。白纸虽然看上去光滑，实际上，它的表面有许多细微的凹凸不平的结构，当平行光照射到它的表面时，光线将向不同的方向反射。我们无论站在哪个方向上，总有一部分反射光反射进我们的眼睛，这种反射就被称为漫反射或散射。人们之所以能看见世间万物，辨别它们的大小和形状，都应归功于漫反射。

有一类特殊材料的反射称为逆向反射。它能使光线沿着原来的路径反射回去，在交通方面有特殊的贡献。图 1-5 为一交通道路反光膜的内部结构示意图。反光膜的上下两层透明保护层之间，涂布了一层超微玻璃珠，当光线射入玻璃珠后，会在玻璃珠内反射而沿原入射光方向平行的方向反射出来。这样，无论汽车灯光从哪个方向入射，都会沿原方向反射回汽车处，汽车司机就会看到反光膜所标记的位置或者反光膜上的指示标记。

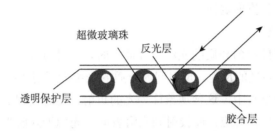

图 1-5 交通道路反光膜的内部结构

3）折射定律

折射光线位于入射光线和界面法线所决定的平面内；入射角的正弦值与折射角的正弦值之比与入射角的大小无关，仅由两种介质的性质决定。对于一定波长的光线而言，在一定温度和压力下，该比值为一常数，等于折射光所在介质的折射率 n' 与入射光所在介质的折射率 n 之比，即：

$$\frac{\sin I}{\sin I'} = \frac{n'}{n} \tag{1-2}$$

折射率是表征透明介质光学性质的重要参数。我们知道，各种波长的光在真空中的传播速度相同（通常记为 c），而在不同介质中的传播速度各不相同，且都比在真空中的传播速度慢。介质的折射率正是用来描述介质中光速减慢程度的物理量，即：

$$n = \frac{c}{v} \tag{1-3}$$

式中 v 为光在介质中的传播速度。介质的折射率与真空中折射率（为 1）的比值称为介质的绝对折射率。在标准条件（大气压强 $p=101275Pa=760mmHg$，温度 $t=293K=20℃$）下，空气的折射率为 1.00029，与真空的折射率非常接近。因此，为方便起见，常把任意一种介质相对于空气的折射率作为该介质的绝对折射率，简称折射率。表 1-1 给出了部分材料的折射率。

表 1-1 部分材料的折射率

材　料	折射率
空气（1atm，20℃）	1.00029
水	1.33300
有机玻璃（聚甲基丙烯酸甲酯）	1.49166
冕牌玻璃（K9 玻璃）	1.51630
燧石玻璃（LaF21 玻璃）	1.78831
钻石	2.41700

介质的折射率随介质的温度及密度变化而变化。例如，夜空中的星星总在不停地"眨眼睛"，是因为地球大气层中空气的温度和密度总在不断地变化，造成空气层对光线折射率及折射角的不停变化，所以我们看到的星光就闪烁不定。如果站在月球上看星星，因为月球没有大气层，星光就不会闪烁不定。另外，需要说明和注意的是，材料的折射率是光波波长的函数，也就是说，材料对不同波长的光线所表现的折射能力是不同的。我们熟知的棱镜对复色光的色散作用正是由于棱镜材料对不同波长的光线具有不同的折射角所形成的。

4）全反射现象

在一定条件下，入射到介质上的光会全部反射回原来的介质中，而没有折射光产生，这种现象称为光的全反射现象。光在折射率高的介质（称为光密介质）中传播速度较慢，而在折射率低的介质（称为光疏介质）中传播速度较快。当光从光密介质向光疏介质传播时，遇到的条件是 $n'<n$，于是就有 $I'>I$。也就是说，折射光线比相应的入射光线更偏离法线方向。当入射角增大到某一程度时，会使折射角大于90°，于是折射光就会沿界面掠射出去，这时的入射角称为临界角，记为 I_m。由折射定律公式（1-2）可得：

$$\sin I_m = \frac{n'\sin I'}{n} = \frac{n'\sin 90°}{n} = \frac{n'}{n}$$

若入射角继续增大，使 $I>I_m$，即 $\sin I>n'/n$，于是发生全反射，即光线全部反射回第一种介质。全反射发生的条件为光线从光密介质射向光疏介质，同时入射角大于临界角。在光学仪器中，人们常常根据全反射原理制成转折光路的各种全反射棱镜，用以代替平面反射镜，从而减少反射时的光能损失，并简化仪器结构。从理论上来说，全反射棱镜可以将入射光全部反射，而镀有反射膜层的平面反射镜只能反射 90% 左右的入射光能。表 1-2 给出了一些玻璃材料的折射率和对应的全反射临界角（对应 589.3nm 的黄光）。

表 1-2　玻璃材料（对空气）的折射率和全反射临界角（对应 589.3nm 的黄光）

折射率	1.50	1.52	1.54	1.56	1.58	1.60	1.62	1.64	1.66
临界角	41°48′	41°8′	40°30′	39°52′	39°16′	38°41′	38°7′	37°34′	37°3′

目前广泛应用于光通信的光学纤维（简称光纤）和各种光纤传感器，其就是利用全反射原理传输光能的，如图 1-6 所示。

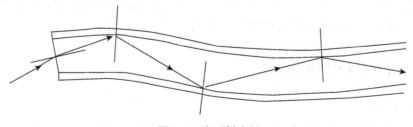

图 1-6　全反射光纤

（4）光路可逆定律

这条定律是说，如果光线逆着原来的方向传播，它将按照完全相同的路径反向行进。考察反射定律和折射定律，以及图1-4就可以找到支持该定律的依据。不管是哪一种情况，入射光线和反射（或折射）光线都可以互换角色，但方程仍保持不变。直线传播定律也符合光路可逆定律。应用光路可逆定律可以简化许多问题。

【例题 1.1】

如果例题1.1图中从玻璃棱镜出射的光线平行于基准面，入射光线的入射角应为多少？设周围空气的折射率为1.000，棱镜玻璃的折射率为1.500。

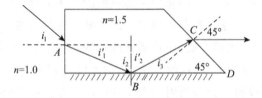

例题 1.1 图

解决该问题的一种方法是写出入射角对应的最终折射角的函数关系式，这里不用该方法而采用一种更直接的方法。由于要反复使用同样的方程，所以我们以光线到达的顺序进行编号。从问题中知道，最终的折射角为45°。利用光路可逆定律可以首先确定在原出射光线满足的方程为：

$$(1.500)\sin i_3 = (1.000)\sin(45^\circ)$$

得到 $i_3 = 28.13^\circ$ 。

反射后光线、反射镜面以及玻璃块截面构成了一个三角形 $\triangle BCD$，其中的一个内角为45°。利用三角形内角和为180°，求得反射后的光线与镜面的夹角为16.87°，利用角度的几何关系可以证明 $i_1' = 16.87^\circ$，于是由折射定律得：

$$(1.000)\sin i_1 = (1.500)\sin(16.87^\circ)$$

由此求出 $i_1 = 25.8^\circ$ 。

这里我们思考一下，如果入射角 i_1 改变了，最终的出射光线还能与基准面平行吗？由于入射角度依次影响第一个折射面的折射角度、第二个反射面的反射角度和最终折射面的折射（出射）角度，所以可以确定答案是否定的。

1.1.2 光学系统的物像概念

1.成像的概念

当发自某物点的光线收敛于另一点时就形成一个"像"。这个物点可以是"初级光源"（自身发光），也可以是"次级光源"（被其他光源照亮）。传统几何光学的一个最具普遍性的研究目标就是掌握来自物体的光线经光学系统作用后的成像结果，因此它的作用之一就是对物体成像。

（1）光学系统

简单来说，具有成像功能的一系列光学元件的组合称为光学系统。常见的光学元件有反射镜、平行平板、透镜和棱镜等，其截面如图 1-7 所示。每个光学元件都是由一定折射率介质的球面、平面或非球面组成。如果光学系统的所有界面均为球面，则称为球面光学系统。各球面球心位于同一条直线上的球面光学系统，称为共轴球面光学系统。连接各球心的直线称为光轴，光轴与球面的交点称为顶点。相应地，也有非共轴光学系统。由于大多数光学系统为共轴光学系统，所以我们讨论的是共轴光学系统。

（a）反射镜　　　（b）平行平板　　　（c）透镜　　　（d）棱镜

图 1-7　常用光学元件

（2）物和像的概念

在几何光学中物和像的概念是这样规定的：将光学系统入射光线会聚点的集合或入射光线延长线会聚点的集合，称为该光学系统的物；将相应地出射光线会聚点的集合或出射光线延长线会聚点的集合，称为该光学系统的像。由实际光线会聚所成的点称为实物点或实像点，由这样的点所构成的物或像称为实物或实像。实像能够被眼睛或其他光能接收器（如照相底片、电耦合器件 CCD、屏幕等）所接收。由实际光线的延长线会聚所成的物点或像点称为虚物点或虚像点，由这样的点所构成的物或像称为虚物或虚像。虚像可以被眼睛观察，却不能被其他光能接收器所接收。但它可通过另一光学系统将虚像转换为实像，从而被任何光能接收器所接收。

物和像的概念具有相对性。一个光学系统的像点可以是另外一个光学系统的物点。通常，对某一光组组成的光学系统来说，当物体的位置固定后，总可以在一个相应的位置上找到物体所成的像。这种物像之间的对应关系在光学上称之为共轭。共轭的概念反映了物像之间的对应关系。

有了物像的概念后，下面介绍一个很重要的概念：完善像。一个自发光物体或被照明的物体总可以看成由无数多个发光点或物点组成，每一个物点发出球面波，与之对应的是一束以该物点为中心的同心光束。如果该球面波经过光学系统后仍为球面波，那么对应的光束仍为同心光束，则称该同心光束的中心为物点经光学系统所成的完善像。物体上每一个点经光学系统所成完善像点的集合就是该物体经光学系统后所成的完善像。

2. 物空间和像空间

对光学系统而言，通常将入射光线所在的空间称为物空间，也称为物方；将出射光线所在的空间称为像空间，也称为像方。这里需特别注意的是：物空间和像空间是光学意义上的空间概念，不是几何位置上的空间概念。如图1-8所示，光学系统的左侧为入射光线所在的空间，为物空间，但此时物点为虚物点，其所在空间在光学系统的右侧；而光学系统的右侧为出射光线所在的空间，为像空间，但此时的像为虚像，成像在光学系统的左侧。由此进一步明确，物空间并非一定是物所在的几何空间，而是指实际入射光线所在的空间；同样地，像空间也并非一定是像所在的空间，而是实际出射光线所在的空间。

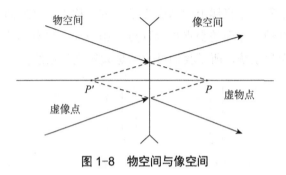

图 1-8　物空间与像空间

第二节　共轴球面光学系统

绝大多数光学系统都是由一系列球面构成，多数情况下，这些球面的球心都在同一条直线上，称为共轴球面系统。本节主要解决共轴球面系统中成像的问题。当物体相对于光学系统的位置发生了变化时，像的位置和大小亦即发生相应的变化。因此，研究光学系统成像首先要解决以下这些问题：如何根据物的位置和大小找出像的位置和大小？像的位置和大小与光学系统的结构之间有怎样的关系？它们有哪些规律性？

1.2.1　符号规则

图1-9所示的球面折射成像过程中，球形折射面是折射率为n和n'两种介质的分界面，C为球心，OC为球面曲率半径，以r表示，顶点以O表示，h为E点到光轴的距离。A和A'点分别为物点和像点。

在包含光轴的平面（常称为子午面）内，从物点A入射到球面的光线，其位置可由两个参量来决定：一个是顶点O到A点的距离，以L表示，称为物方截距；另一个是入射光线与光轴的夹角$\angle EAO$，以U表示，称为物方孔径角。光线AE经过球面折射后，交光轴于像点A'。光线EA'的确定也和AE相似，以相同字母表示两个参量，即L'和U'，分别称为像方截距和像方孔径角。为了确切地描述光路中的各种量值和光组的结构参量，并使以后导出的公式具有普遍适用性，必须对各种量值做符号上的规定。几何光学中的符号法则规定如下：

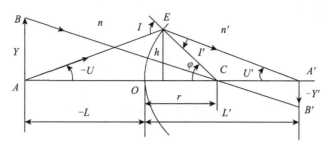

图 1-9　单球面折射成像

（1）光路方向

规定光路从左向右的传播方向为正，即正（正向）光路，反之为负（反向）光路。

（2）线量

沿轴线量（如 r、L、L'）：以界面顶点为原点，向右为正，向左为负。规定曲率半径 r 和物方截距 L、像方截距 L' 均以球面顶点为原点。折射面之间的间隔以字母 d 表示，规定以前一球面顶点为原点。

垂轴线量：以光轴为准，在光轴上方为正，光轴之下为负。

（3）角量

角量一律以锐角去衡量，由规定的起始边按顺时针旋转为正，逆时针旋转为负；对光线与光轴的夹角 U 和 U'，规定光轴为起始边，由光轴转向光线，顺时针为正，逆时针为负；对光线与法线的夹角，即入射角 I 和折射角 I'，规定光线为起始边，由光线转到法线，顺时针为正，逆时针为负；对法线与光轴的夹角球心角 φ，规定光轴为起始边，由光轴转到法线，顺时针为正，逆时针为负。

图 1-9 中所示有关量均按上述规定标出。图中 L 和 U 为负值，其余为正值。必须注意，几何图形上各量的标注一律取绝对值，因此，对图中负量，已在字母前加了负号。还应指出，符号法则是人为规定的，但一经规定就应严格遵守。不同的资料规定可能会有所不同，对同一种情况只能使用同一种规则，否则不能得到正确的计算结果。

1.2.2　单球面折射成像

光线的单个折射球面的成像计算，是指在给定的单个折射球面结构参量 n、n' 和 r 时，由已知入射光线坐标 L 和 U，计算折射后出射光线的坐标 L' 和 U'。

1. 物像位置关系式

如图 1-9 所示，在三角形 AEC 中，应用正弦定理有：

$$\frac{\sin(-U)}{r} = \frac{\sin(180° - I)}{r - L} = \frac{\sin I}{r - L}$$

或

$$\sin I = \frac{L - r}{r} \sin U \qquad (1-4)$$

在 E 点，由折射定律得

$$\sin I' = \frac{n}{n'}\sin I \qquad (1\text{-}5)$$

由图可知

$$\varphi = I + U = I' + U' $$

所以

$$U' = I + U - I' \qquad (1\text{-}6)$$

同样，在三角形 $A'EC$ 中应用正弦定理有

$$\frac{\sin U'}{r} = \frac{\sin I'}{L' - r} \qquad (1\text{-}7)$$

化简后得像方截距

$$L' = r + r\frac{\sin I'}{\sin U'} \qquad (1\text{-}8)$$

式（1-4）～式（1-8）就是计算含轴面（子午面）内光线光路的基本公式，可由已知的 L 和 U 求出相应的 L' 和 U'。由公式可知，当 L 为定值时，L' 为角 U 的函数。在图 1-10 中，若轴上物点发出同心光束，由于各光线发出不同的 U 值，所以光束经球面折射后，将有不同的 L' 值。这样，在像方的光束就不与光轴交于一点，即失去了同心性。因此，当轴上点以宽光束经球面成像时，A' 像是不完善的，这种成像缺陷称为像差，是以后将会讨论的球差。

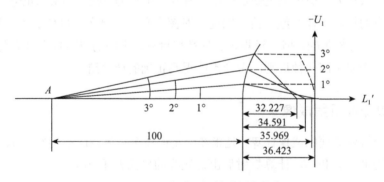

图 1-10 单球面折射成不完善像

在图 1-10 中，如果限制 U 角在一个很小的范围内，即由 A 点发出的光线都离光轴很近，这样的光线称为近轴光线。由于 U 角很小，相应的 I、I'、U' 等也很小，这时这些角的正弦值可以近似地用弧度来代替，以小写字母 u、i、u'、i' 来表示，同时，物方截距 L 和像方截距 L' 也以小写字母 l 和 l' 来表示。这个近似在几何光学里叫近轴近似。

近轴光的光路计算公式可由式（1-4）～式（1-8）得到：

$$\left.\begin{array}{l} i = \dfrac{l-r}{r}u \\[3mm] i' = \dfrac{n}{n'}i \\[3mm] u' = i + u - i' \\[3mm] l' = r + r\dfrac{i'}{u'} \end{array}\right\} \tag{1-9}$$

由式（1-9）中可以看出，当 u 角改变时，l' 表达式中的 i'/u' 保持不变，即 l' 不随 u 角改变而改变。这表明由物点发出的一束细光束，经折射后仍交于一点，其像是完善的像，称为高斯像。高斯像的位置由 l' 决定，通过高斯像点垂直于光轴的像面，称为高斯像面。构成物像关系的这一对点称为共轭点。

显然，对于近轴光，参照图 1-9 所示有如下关系：

$$h = lu = l'u' \tag{1-10}$$

上式称为近轴光线的校对公式。近轴光的计算公式又称为 l 计算公式，由于近轴光的成像与 u 角无关，因此，在近轴光的计算中 u 角可以任意选取。

将式（1-9）中的第一、第二式 i 和 i' 代入第三、第四式，并利用式（1-10），可以导出以下三个重要公式：

$$n\left(\frac{1}{r} - \frac{1}{l}\right) = n'\left(\frac{1}{r} - \frac{1}{l'}\right) = Q \tag{1-11}$$

$$n'u' - nu = \frac{n'-n}{r}h \tag{1-12}$$

$$\frac{n'}{l'} - \frac{n}{l} = \frac{n'-n}{r} \tag{1-13}$$

这三个公式只是一个公式的三种不同表达形式，以应用于不同的场合。

式（1-11）具有不变量形式，称为阿贝（Abbe）不变量，用字母 Q 表示。它表明，单个折射球面，物方和像方 Q 的值应相等，其大小与物像共轭点的位置有关。式（1-12）表示近轴光线经球面折射前后孔径角 u 和 n 的关系。式（1-13）表示折射球面成像时物像位置的关系。已知物的位置 l，可方便地求出其共轭像的位置 l'；反之，已知像的位置 l'，也可求出物的位置 l。

式（1-13）右端仅与介质的折射率和球面曲率半径有关，因而对于一定的介质及一定形状的球面来说是一个不变量。它是表征折射球面光学特性的量，称为折射球面的光焦度，记为 φ，即：

$$\varphi = \frac{n'-n}{r} \tag{1-14}$$

当 r 以米为单位时，φ 的单位称为折光度，以字母"D"表示。例如，$n'=1.5$，$n=1$，$r=200$ 的球面，$\varphi=2.5\mathrm{D}$。

式（1-13）称为折射球面的物像关系公式。通常，物方截距 l 称为物距，像方截距 l' 称为像距。若物点位于左方无限远处的光轴上，即物距 $l \to \infty$，此时，入射光线平行于光轴，经球面折射后交光轴的交点记为 F'，如图 1-11（a）所示。这个特殊点是轴上无限远物点的像点，称为折射球面的像方焦点或后焦点。

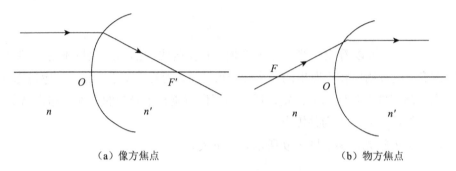

（a）像方焦点　　　　　　　　　　　　　　（b）物方焦点

图 1-11　单个折射球面的焦点

此时的像距称为像方焦距或后焦距，用 f' 表示。将 $l \to -\infty$ 代入式（1-13）中可得：

$$l'_{l=-\infty} = f' = \frac{n'}{n'-n} r \tag{1-15}$$

相应地，像距为无限远时所对应的物点，称为折射球面的物方焦点或前焦点，记为 F，如图 1-11（b）所示。此时的物距称为物方焦距或前焦距，记为 f，有：

$$l_{l'=\infty} = f = -\frac{n}{n'-n} r \tag{1-16}$$

由以上两式可以看出，折射球面的两焦距符号相反，而且有如下关系：

$$f' + f = r \tag{1-17}$$

根据光焦度公式（1-14）及焦距公式（1-15）和式（1-16），单折射球面两焦距和光焦度之间的关系为：

$$\varphi = \frac{n'}{f'} \tag{1-18}$$

$$\frac{f'}{f} = -\frac{n'}{n} \tag{1-19}$$

所以，焦距 f 和 f' 与光焦度一样，也是表征折射球面光学特性的量。当像方焦距在顶点之右，即 $f'>0$ 时，物方平行光束会聚成实焦点；反之，像方焦距在顶点之左，即 $f'<0$，物方平行光束会聚经折射球面成发散光束，其左侧延长线相交成虚焦点。由此可以看出，像方焦距的正负决定了球面对光束的会聚或发散特征，所以一般称像方焦距为焦距。由于折射球面的 f 和 f' 符号相反，因此像方焦距和物方焦距总是位于顶点两侧，且像方焦点为实焦点时，物方焦点也是实的；像方焦点为虚焦点时，物方焦点也是虚的。从焦点的意义

上看，凡平行光入射，经折射球面后，必通过像方焦点；凡通过物方焦点的入射光线，经折射球面后，必平行于光轴射出。式（1-19）表明，由于 $n \neq n'$，故 $|f| \neq |f'|$。以后将会看到，对折射球面得出的关系式（1-19），对任何光学系统都是适用的。

【例题 1.2】

有一光学元件，放置于空气中，其结构参数如下：r=10mm，d=30mm，n'=1.5。当 $l \to -\infty$ 时，求 l'；当入射高度 h=1mm 时，实际光线和光轴交点在何处？交在高斯像面上的高度是多少？该值说明什么问题？

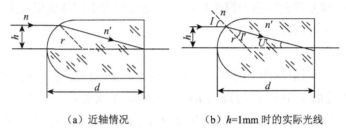

（a）近轴情况　　　　　　（b）h=1mm 时的实际光线

例题 1.2 图　$l \to -\infty$ 时的成像

解：（1）如例题 1.2 图（a）所示，当 $l \to -\infty$ 时，由物像关系公式（1-13）得

$$l' = \frac{rn'}{n'-n} = \frac{10\text{mm} \times 1.5}{1.5-1} = 30\text{mm}$$

即经过光学元件后，物体恰好成像在第二面上。

（2）如例题 1.2 图（b）所示，当 h=1mm 时，由式（1-4）～式（1-8）及 $\sin I = h/r$，可求得：

$$\sin I = \frac{h}{r} = \frac{1}{10} = 0.1$$

得　　　　　　　　　　　　　　$I = 5.74°$

所以：

$$\sin I' = \frac{n}{n'} \sin I = \frac{1 \times 0.1}{1.5} = 0.0667$$

得　　　　　　　　　　　　　　$I' = 3.82°$

所以：

$$U' = U + I - I' = 1.92°$$

$$L' = r\left(1 + \frac{\sin I'}{\sin U'}\right) = 29.93\text{mm}$$

即高度为 1mm 的平行光线经过第一个折射面交其后 29.93mm 处，它交在高斯像面上的高度为：

$$y' = (30 - 29.9332) \times \tan U' = 0.0022\text{mm}$$

这说明，该光线经折射球面后不交于近轴光像点，所以一个物点得到的不是一个像点，而是一个弥散斑。

2.物像大小关系式

前面我们讨论了轴上物点经折射球面成像的情况，了解到轴上物点只有以细光束成像时，像才是完善的。下面，我们将讨论物平面以细光束成像的情况。如果物平面是靠近光轴的很小的垂轴平面，并以细光束成像，就可以认为其像面也是平面，成的是完善像，称为高斯像。将这个成完善像的不大的区域称为近轴区。否则，若物平面的区域较大，其像面将是弯曲的，在像差理论中称为像面弯曲。讨论有限大小物体成像大小的问题，要涉及正倒、虚实和放大率等问题。

（1）垂轴放大率

图1-12表示一个折射球面的近轴区，垂直小物体 AB 被球面折射成像为 $A'B'$ 的情况。如果由 B 作一通过曲率中心 C 的直线 BC，显然该直线必须通过 B' 点，BC 对于该球面来说也是一个光轴，称之为辅轴。令近轴区的物高和像高分别为 y 和 y'，即 $AB=y$，$A'B'=-y'$。

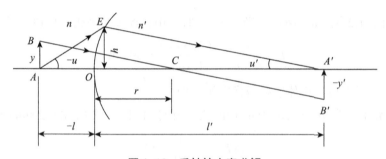

图1-12　垂轴放大率求解

像的大小和物的大小之比称为垂轴放大率或横向放大率，以 β 表示：

$$\beta = \frac{y'}{y} \tag{1-20}$$

由图中 ΔABC 和 $\Delta A'B'C$ 相似可得：

$$\frac{-y'}{y} = \frac{l'-r}{-l+r} \ 或 \ \frac{y'}{y} = \frac{l'-r}{l-r} \tag{1-21}$$

由式（1-20）结合式（1-11）可将上式改写为：

$$\beta = \frac{y'}{y} = \frac{nl'}{n'l} \tag{1-22}$$

当求得一对共轭点的截距 l 和 l' 后，可按上式求得通过该共轭点的一对共轭面上的垂轴放大率。由式（1-22）可知，垂轴放大率仅决定于共轭面的位置，在同一共轭面上，放大率为常数，故像必和物相似。

当 $\beta<0$，y' 和 y 异号，表示成倒像；当 $\beta>0$，y' 和 y 同号，表示成正像。

当 $\beta<0$，l' 和 l 异号，表示物和像处于球面的两侧；实物成实像，虚物成虚像。当 $\beta>0$，l' 和 l 同号，表示物和像处于球面的同侧，实物成虚像，虚物成实像。

当 $|\beta|>1$，为放大像，当 $|\beta|<1$，为缩小像。

（2）轴向放大率

对于有一定体积的物体，除垂轴放大率外，其轴向也有尺寸，故也有一个轴向放大率。轴向放大率是指光轴上一对共轭点沿轴移动量之间的关系。如果物点沿轴移动一个微小量 $\mathrm{d}l$，相应地像位移 $\mathrm{d}l'$，轴向放大率用 α 表示，定义为：

$$\alpha = \frac{\mathrm{d}l'}{\mathrm{d}l} \tag{1-23}$$

则单个折射球面的轴向放大率 α 由式（1-11）微分得到：

$$-\frac{n'\mathrm{d}l'}{l'^2} + \frac{n\mathrm{d}l}{l^2} = 0 \tag{1-24}$$

于是有

$$\alpha = \frac{\mathrm{d}l'}{\mathrm{d}l} = \frac{nl'^2}{n'l^2} \tag{1-25}$$

或

$$\alpha = \frac{n'}{n}\beta^2 \tag{1-26}$$

由此可见，如果物体是一个沿轴放置的正方形，因垂轴放大率和轴向放大率不同，则其像不再是正方形。还可以看出，折射球面的轴向放大率恒为正值。这表示物点沿轴向移动，像点以相同方向沿轴移动。需要指出的是，公式（1-26）只有当 $\mathrm{d}l$ 很小时才适用。

（3）角放大率

在近轴区以内，通过物点的光线经过光学系统后，必然通过相应的像点，这样一对共轭光线与光轴夹角 u 和 u' 的比值，称为角放大率，以 γ 表示：

$$\gamma = \frac{u'}{u} \tag{1-27}$$

利用 $lu=l'u'$，上式可写为：

$$\gamma = \frac{l}{l'} \tag{1-28}$$

与式（1-22）比较，可得：

$$\gamma = \frac{n}{n'} \cdot \frac{1}{\beta} \tag{1-29}$$

（4）三个放大率之间的关系

利用式（1-26）和式（1-29），可得三个放大率之间的关系：

$$\alpha\gamma = \frac{n'}{n}\beta^2 \cdot \frac{n}{n'}\frac{1}{\beta} = \beta \tag{1-30}$$

（5）拉亥不变量

在公式 $\beta=y'/y=nl'/n'l$ 中，利用公式 $lu=l'u'$，可得：

$$nuy = n'u'y' = J \tag{1-31}$$

此式称为拉格朗日－亥姆霍兹恒等式。其表示为不变量形式，表明在一对共轭平面内，成像的物高 y、成像光束的孔径角 u 和所在介质的折射率 n 三者的乘积是一个常数，用 J 表示，简称拉亥不变量。

第三节　理想光学系统

1.3.1　理想光学系统的概念

绝大部分光学系统都是用来使一定的物体成像。例如，显微镜是使近距离的细小物体成像，而望远镜则是使远距离的目标成像。对光学系统成像最普遍的要求就是成像应清晰。为了保证成像的绝对清晰，就必须要求由同一物点发出的全部光线，通过光学系统后仍然相交于一点。也就是说"每一个物点对应唯一的像点"。如果光学系统物空间和像空间均为均匀的透明介质，根据光线的直线传播定律，符合点对应点的像同时具有以下性质：

1.直线成像为直线

如图 1-13 所示，假定有一物光线 OO'，如果我们视其为入射光线，则可以找到它对应的出射光线 QQ'，如能证明 QQ' 是 OO' 的像，则直线成像为直线成立。在 OO' 上任取一点 A，OO' 可看作是 A 点发出的很多光线中的一条。根据点对应点的关系，A 点有唯一的像点 A'，且 A' 是 A 点通过系统后所有出射光线的会聚点，A' 点当然在其中的一条光线 QQ' 上。由于 A 点是在 OO' 直线上任取的，即 OO' 上所有的点成像都在 QQ' 上，所以 QQ' 是 OO' 的像，直线成像为直线成立。

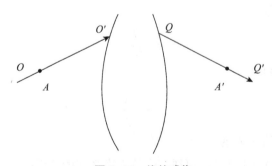

图 1-13　线的成像

2. 平面成像为平面

假定物空间两条相交的直线 AB 和 AC 确定了一个平面 P，如图 1-14 所示。根据前面点对应点、直线对应直线的关系，它们的像 $A'B'$、$A'C'$ 同样是两条相交的直线，交点 A' 即为点 A 的像。$A'B'$ 和 $A'C'$ 两直线在像空间决定了一个平面 P'。为了确认 P' 就是 P 的像，还须进一步证明，凡是位于 P 平面上的其他物点，对应的像点也都位于 P' 平面上。为此，在平面 P 上取任意一条直线 EF，它和 AB、AC 两直线的交点 E、F 所成的像 E'、F'，根据直线和直线对应的关系，必然位于 $A'B'$ 和 $A'C'$ 直线上。E'、F' 两点的连线，应该是 EF 的像，该直线显然位于由 $A'B'$、$A'C'$ 两直线所确定的平面 P' 上，所以平面 P' 就是平面 P 通过光学系统的像。由此可得出平面成像为平面的结论。

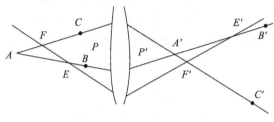

图 1-14　平面的成像

通常把物像空间符合"点对应点、直线对应直线、平面对应平面"关系的像称为"理想像"，把成像符合上述关系的光学系统称为"理想光学系统"。上节中所述近轴区内共轴球面系统即属于理想光学系统。

由于大多数光学系统为共轴系统，由于系统的对称性，共轴理想光学系统所成的像还有若干其他的性质：

（1）由于系统的对称性，位于光轴上的物点对应的像点也必然位于光轴上；位于过光轴的某一个截面内的物点对应的像点也必然位于某一过光轴的截面内；同时，过光轴的任意截面成像性质都是相同的。因此，可以用一个过光轴的截面来代表一个共轴系统。此外，垂直于光轴的物平面，它的像平面也必然垂直于光轴。

（2）位于同一光轴的同一平面内所成的像，其几何形状和物完全相似。也就是说在整个物平面上无论什么位置，物和像的大小比例都等于常数。所以，对于共轴理想光学系统来说，垂直于光轴的同一平面上的各部分具有相同的放大率。

特别要注意的是，当光学系统符合点对应点、直线对应直线、平面对应平面的理想成像关系时，一般说来这时物和像并不一定相似。在共轴理想光学系统中，只有垂直于光轴的平面才具有物像相似的性质。对大多数光学仪器来说，都要求像和物在几何形状上完全相似，因为使用光学仪器的目的就是帮助我们看清人眼直接观察时不能看清的细小物体或远距离物体。如果通过仪器观察到的像和物体不相似，我们就不能真正了解实际物体的情况。因此，我们在讨论共轴系统的性质时，总是令物平面垂直于共轴系统的光轴，也总是取垂直于光轴的共轭面。未来的理想光学系统即指共轴理想光学系统。

1.3.2　理想光学系统的基点、基面

一个共轴理想光学系统，如果已知两对共轭面的位置和放大率或者一对共轭面的位置和放大率，以及轴上两对共轭点的位置，则其他一切物点的像都可以根据这些已知的共轭面和共轭点来确定。换句话说，共轴理想光学系统的成像性质可以用这些已知的共轭面和共轭点确定。因此，把这些已知的共轭面和共轭点称为共轴系统的"基面"和"基点"。下面将分别进行介绍。

1. 放大率 $\beta=1$ 的一对共轭面——主平面

根据公式（1-22），不同位置的共轭面对应着不同的放大率，不难想象，总有这样一对共轭面，它们的放大率 $\beta=1$。我们称这一对共轭面为主平面。其中的物平面称为物方主平面，对应的像平面称为像方主平面。两主平面和光轴的交点分别称为物方主点和像方主点，用 H 和 H' 表示，如图 1-15 所示。H 和 H' 显然也是一对共轭点。

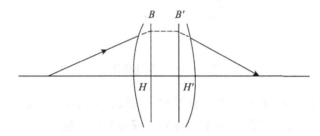

图 1-15　理想光学系统的主平面

主平面具有以下性质：假定物空间的任意一条光线和物方主平面的交点为 B，它的共轭光线和像方主平面的交点为 B'，则 B 和 B' 距光轴的距离相等。这一点根据主平面的定义很容易理解。因为 B 和 B' 点为共轭点，又分别在两个主平面上，根据主平面上物像共轭点垂轴放大率为 1，所以 B 和 B' 两点到光轴的距离相等。

2. 无限远的轴上物点和它所对应的像点 F'——像方焦点

光轴上物点位于无限远时，它的像点位于 F' 处，如图 1-16 所示。F' 点称为"像方焦点"。例如，我们把一个放大镜（凸透镜）正对着太阳，因为可以认为太阳位于无限远，在透镜后面可以获得一个明亮的圆斑，它就是太阳的像，也就是透镜的像方焦点位置。通过像方焦点垂直于光轴的平面，它显然和垂直于光轴的无限远的物平面共轭。

像方焦点和像方焦平面有以下性质：

（1）平行于光轴入射的任意一条光线，其共轭光线一定通过 F' 点。因为 F' 点是轴上无限远物点的像点，和光轴平行的光线可以看作是由轴上无限远的物点发出的，它们的共轭光线必然通过 F' 点。

（2）和光轴成一定夹角的平行光束，通过光学系统以后，必相交于像方焦平面上同一点。因为和光轴成一定夹角的平行光束，可以看作是无限远的轴外物点发出的，其像点必然位于像方焦平面上，如图 1-17 所示。

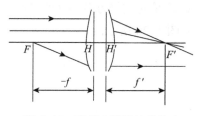

图 1-16　理想光学系统的焦点

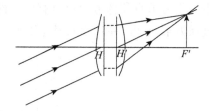

图 1-17　焦点 F' 的性质

3. 无限远的轴上像点和它所对应的物点 F——物方焦点

如果轴上某一物点 F，和它共轭的像点在轴上无限远，如图 1-18 所示，则 F 称为物方焦点。通过 F 垂直于光轴的平面为物方焦平面，它显然和无限远的垂直于光轴的像平面共轭。第一，过物方焦点入射的光线，通过光学系统以后平行于光轴出射；第二，由物方焦平面上轴外任意一点 B 发出的所有光线，通过光学系统以后，对应一束和光轴成一定夹角的平行光线，如图 1-18 所示。主平面和焦点之间的距离称为焦距。由像方主点 H' 到像方焦点 F' 的距离称为像方焦距，用 f' 表示；由物方主点 H 到物方焦点 F 的距离称为物方焦距，用 f 表示，见图 1-19。f'、f 的符号规则如下：

f'：以 H' 为起点，计算到 F'，由左向右为正；

f：以 H 为起点，计算到 F，由左向右为正。

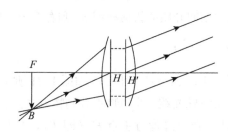

图 1-18　焦点 F 的性质

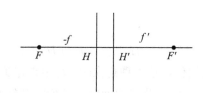

图 1-19　理想光学系统的表示

一对主平面，加上无限远轴上物点和像方焦点 F'，以及物方焦点 F 和无限远轴上像点这两对共轭点，就是我们最常用的共轴系统的基点。根据它们能够找出物空间任意物点的像。因此，如果已知一个共轴系统的一对主平面和两个焦点位置，它的成像性质就完全确定。所以，通常用一对主平面和两个焦点位置来代表一个光学系统，如图 1-19 所示。后面将会讨论如何由此确定像的位置及大小。

4. 理想光学系统的节平面和节点

在理想光学系统中，除一对主平面 H、H' 和两个焦点 F、F' 外，有时还用到另一对特殊的共轭面，即节平面。不同的共轭面，有着不同的角放大率。不难想象，必有一对共轭面，它的角放大率等于 1。我们称角放大率等于 1 的一对共轭面为节平面。在物空间的称为物方节平面，在像空间的称为像方节平面。节平面和光轴的交点叫作节点，位于物空间的称为物方节点，位于像空间的称为像方节点，分别以 J、J' 表示。显然 J、J' 是轴上的一对共轭点。物方节点和像方节点具有以下性质：凡是通过物方节点 J 的光线，其出射光线必定通过像方节点 J'，并且和入射光线平行，如图 1-20 所示。

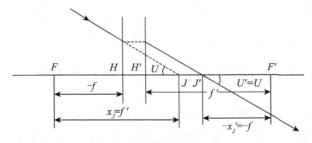

图 1-20　理想光学系统的节点

下面来寻找节点的位置。可以求得（证明从略）角放大率 γ 满足公式：

$$\gamma = \frac{x}{f'} = \frac{f}{x'} \tag{1-32}$$

将 $\gamma=1$ 代入，即可找到节点的位置。因此，对节点 J、J' 有：

$$x_J = f'; \quad -x_J' = -f \tag{1-33}$$

即由物方焦点 F 到物方节点 J 的距离等于像方焦距 f'；而由像方焦点 F' 到像方节点 J' 的距离等于物方焦距 f，如图 1-20 所示。如果物像空间介质的折射率相等，则有 $f'=-f$，因此有：

$$x_J = -f; \quad x_J' = -f' \tag{1-34}$$

这时显然 J 与 H 重合、J' 与 H' 重合，即节平面也就是主平面，如图 1-21 所示。这种性质，在用作图法求理想像时，可用来作第三条特殊光线。即由物点 B 到物方主点 H（即 J）作一连线，按照节点的性质，其像方共轭光线一定经过像方主点 H'（即 J'），且与入射光线 BH（BJ）平行，与另一条特殊光线 $I'B'$ 的交点 B'，即为所求的像点。

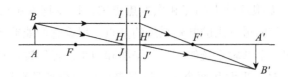

图 1-21　节点的性质（节平面与主平面重合）

由于节点具有入射和出射光线彼此平行的性质，所以时常用它来测定光学系统基点的位置。如图 1-22 所示，假定将一束平行光线射入光学系统，并使光学系统绕通过像方节点 J' 的轴线左右摆动，由于入射光线的方向不变，而且彼此平行，根据节点的性质，通过像方节点 J' 的出射光线一定平行于入射光线，同时由于转轴通过 J'，所以出射光线 $J'F'$ 的方向和位置都不会因为光学系统的摆动而发生改变。与入射平行光束相对应的像点，一定位于 $J'F'$。因此，像点也不会因光学系统的摆动而产生左右移动。如果转轴不通过 J'，则当光学系统摆动时，J' 及 $J'F'$ 光线的位置也发生摆动，因而像点的位置就会发生摆动。利用这种性质，摆动光学系统，同时连续改变转轴位置，并观察像点，当像点不动时，转轴的位置便是像方节点的位置。颠倒光学系统，重复上述操作，便可得到物方节点的位置。对于绝大多数光学系统来说，都位于空气中，所以节点的位置也就是主点的位置。

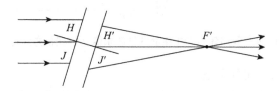

图 1-22　节点的性质（测定光学系统基点位置）

通常用于拍摄大型团体照片的相机，就是应用节点的性质构成的。如图 1-23 所示，拍摄的对象排列在一个圆弧 AB 上，照相物镜并不能使全部物体同时成像，而只能使小范围内的物体 A_1B_1 成像于底片上 $A_1'B_1'$ 处。当物镜绕像方节点 J' 转动时，就可以把整个拍摄对象 AB 成像在底片 $A'B'$ 上。如果物镜的转轴和像方节点 J' 不重合，则当物镜转动时，A_1 点的像 A_1' 将在底片上移动，因而使照片模糊不清。只有使物镜的转轴通过像方节点 J'，根据节点的性质，当物镜转动时，A_1 点的像 A_1' 就不会移动。因此，整个底片 $A'B'$ 上就可以获得整个物体 AB 的清晰的像。

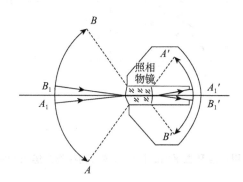

图 1-23　节点的应用

1.3.3　理想光学系统的物像关系

前面提到，对于理想光学系统，不管其结构如何，只要知道基点的位置，其成像性质就确定了，就可方便地用图解法或计算法求得任意位置和大小的物体经光学系统所成的像。

1. 图解法求像

由于存在理想成像的情形，由同一物点 B 发出的所有光线经过光学系统后，仍然相交于一点。利用主平面和焦点的性质，只需找出由物点发出的两条特殊的光线在像空间的共轭光线，它们的交点就是该物点的像，如图 1-24 所示。

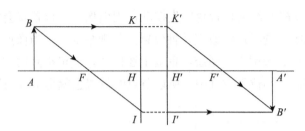

图 1-24　利用焦点和主平面的性质求像（物在物方焦点外）

最常用的两条特殊光线分别是：

（1）通过物点经物方焦点 F 入射的光线 BI，它的共轭光线平行于光轴。它分别交物方主平面和像方主平面于 I、I' 点，$HI=H'I'$，如图 1-24 的 $BII'B'$ 光线所示。

（2）通过物点平行光轴入射的光线 BK，它的共轭光线 $K'B'$ 通过像方焦点 F'，如图 1-24 中 $BKK'B'$ 光线所示，显然 $KH=K'H'$。两共轭光线的交点 B'，即为 B 点的像。

如图 1-25 所示，若物点 B 位于物方焦平面和主平面之间，同样可作两条特殊光线：一条经过物点 B 与光轴平行入射，射出时经过像方交点 F'；另一条经过物点 B 和物方焦点 F 入射，射出的光线与光轴平行。将两条输出光线延长相交，交点 B' 即物点 B 的像。

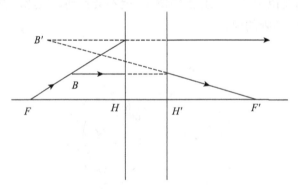

图 1-25　利用焦点和主平面的性质求像（物在物方焦点和主平面间）

又如图 1-26 所示，已知共轴系统的四个基点 F、F'、H 和 H'，求轴上物点 A 的像。这时，光轴可以作为一条特殊光线，但作为第二条光线时，仅利用焦点和主平面的性质是不够的，必须同时利用焦平面上轴外点的性质。第二条特殊光线的作图步骤如下：

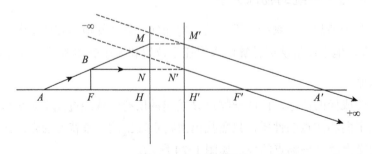

图 1-26　由基点求像

（1）在主平面上任取一对共轭点 MM'，连结 AM 直线与物方焦平面交于 B 点，其出射光线上只有 M' 点已知，但这时还是无法画出出射光线的方向；

（2）利用焦平面的性质，通过焦平面上 B 点的光线出射后是一束与光轴夹一定角度的光线。由 B 点作一根平行于光轴的辅助光线 BN。由 N 找到 N'，射出后应通过像方焦点 F'。自 B 点发出的通过主平面上 M' 点的出射光线必与 $N'F'$ 平行，它与光轴相交于 A' 点，A' 点即为物点的像。

应注意，AM 线段的像并不是 $A'M'$。当物点 A 沿着 AM 线趋于物点 B 时，因为物点 B 的像在无限远，像点就由 A' 点趋于正无限远。当物点 A 沿着 MA 线趋于物点 B 时，像点就由 M' 点趋于负无限远。所以 AM 线段的像是由 A' 点到正无限远和由 M' 点到负无限远的两个线段所组成。

图 1-27 为正透镜虚物成实像的示例，图 1-28 为负透镜实物成虚像的示例。作图法求像是一种直观简便的方法，在分析透镜或光学系统的成像关系时经常用到。

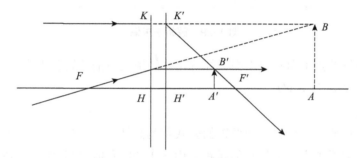

图 1-27　正透镜成像

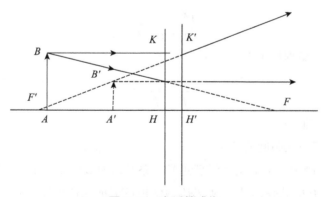

图 1-28　负透镜成像

2. 解析法求像

（1）物像位置的计算

a. 牛顿公式

以焦点为坐标原点计算物距和像距的物像公式，称为牛顿公式。如图 1-29 所示，有

一垂轴物体 AB，其高度为 y，经理想光学系统后成一倒像 $A'B'$，像高为 y'。物方焦点 F 到物点的距离称为焦物距，用 x 表示；像方焦点 F' 到像点的距离称为焦像距，用 x' 表示。由相似三角形 $\triangle BAF \backsim \triangle NHF$，$\triangle H'M'F' \backsim \triangle A'B'F'$ 可得：

$$x\,x' = f\,f' \tag{1-35}$$

这就是常用的牛顿公式。

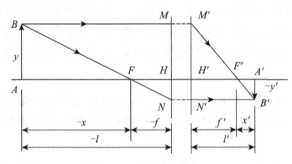

图 1-29　解析法求像

如果光学系统的焦平面和主平面已经确定，知道物点的位置和大小（x，y），就可算出像点的位置和大小（x'，y'）。

　　b. 高斯公式

　　以主点为坐标原点计算物距和像距的公式称为高斯公式。l 和 l' 分别表示以物方主点为原点的物距和以像方主点为原点的像距。由图 1-29 可知，焦物距、焦像距与物距、像距有如下关系：

$$\begin{cases} x = l - f \\ x' = l' - f' \end{cases} \tag{1-36}$$

代入牛顿公式，整理后可得：

$$\frac{f'}{l'} + \frac{f}{l} = 1 \tag{1-37}$$

这就是常用的高斯公式。

　　c. 物方焦距与像方焦距间的关系

　　在图 1-30 中，画出了轴上点 A 经理想光学系统后所成的像 A' 的光路。由轴上点 A 出发的任意一条光线 AQ，其共轭光线为 $Q'A'$。AQ 和 $Q'A'$ 的孔径角分别为 u 和 u'。HQ 和 $H'Q'$ 的高度均为 h。由图可得：

$$(x + f)\tan u = h = (x' + f')\tan u' \tag{1-38}$$

由图 1-30，有 $x = -\dfrac{y}{y'}f$，$x' = -\dfrac{y'}{y}f'$，代入上式得：

$$yf\tan u = -y'f'\tan u' \tag{1-39}$$

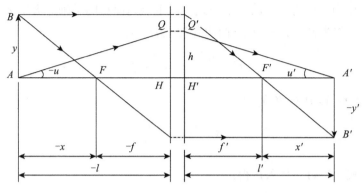

图 1-30　两焦距之间的关系

对于理想光学系统，不管 u 和 u' 角有多大，上式均成立。因此，当 QA 和 $Q'A'$ 是近轴光束时，$\tan u \approx u$，$\tan u' \approx u'$，代入式（1-39）得：

$$yfu = -y'f'u' \tag{1-40}$$

将上式与拉亥公式 $nuy=n'u'y'$ 相比较，可得光学系统物方和像方两焦距之间关系的重要公式：

$$\frac{f'}{f} = -\frac{n'}{n} \tag{1-41}$$

此式表明，理想光学系统的两焦距之比等于相应空间介质折射率之比。绝大多数光学系统都是处于同一介质中，一般是在空气中，即 $n=n'$，则两焦距绝对值相等，符号相反：

$$f = -f' \tag{1-42}$$

此时，牛顿公式可以写成：

$$xx' = -f^2 = -f'^2 \tag{1-43}$$

高斯公式可以写成：

$$\frac{1}{l'} - \frac{1}{l} = \frac{1}{-f'} \tag{1-44}$$

（2）理想光学系统的放大率

由于共轴理想光学系统只是对垂直于光轴的平面所成的像才和物相似，所以绝大多数光学系统都只是对垂直于光轴的某一确定的物平面成像。为了进一步了解这些确定的物平面的成像性质，下面将讨论理想光学系统成像的三种放大率。

a. 垂轴放大率

理想光学系统的垂轴放大率 β 定义为像高 y' 与物高 y 之比。由图 1-29 中 $\triangle BAF \backsim \triangle NHF$，$\triangle H'M'F' \backsim \triangle A'B'F'$，可得该系统的垂轴放大率为：

$$\beta = \frac{y'}{y} = -\frac{f}{x} = -\frac{x'}{f'} \tag{1-45}$$

此式为以焦点为原点的垂轴放大率公式。以主点为原点的垂轴放大率公式也可以由牛顿公式转化而来。将牛顿公式 $x'=ff'/x$ 两边各加上 f'，有：

$$x' + f' = \frac{ff'}{x} + f' = \frac{f'}{x}(f + x) \tag{1-46}$$

因为 $l'=lf'/x$，$l=f+x$，故有 $l'=lf'/x$，可得：

$$\beta = \frac{y'}{y} = -\frac{f\,l'}{f'\,l} \tag{1-47}$$

将两焦距的关系式（1-41）代入，得：

$$\beta = -\frac{f}{x} = \frac{nl'}{n'l} \tag{1-48}$$

此式与单个折射球面近轴区成像的垂轴放大率公式（1-22）完全相同，表明理想光学系统的成像性质可以在实际光学系统的近轴区得到实现。如果光学系统处在同一种介质中，$f=-f'$，则垂轴放大率可写成：

$$\beta = -\frac{f}{x} = -\frac{x'}{f'} = \frac{f'}{x} = \frac{l'}{l} \tag{1-49}$$

可见，垂轴放大率随物体的位置而异，某一放大率只对应于一个物体位置，在不同的共轭面上，放大率是不同的。

b. 轴向放大率

当轴上物点 A 沿光轴移动一微小距离 $\mathrm{d}x$，相应的像平面也会移动一相应距离 $\mathrm{d}x'$，理想光学系统的轴向放大率 α 定义为两者之比：

$$\alpha = \frac{\mathrm{d}x'}{\mathrm{d}x} \tag{1-50}$$

对牛顿公式或高斯公式进行微分，可以得到：

$$\alpha = \frac{\mathrm{d}x'}{\mathrm{d}x} = -\frac{x'}{x} \tag{1-51}$$

上式右边乘以和除以 ff'，并用垂轴放大率公式，可得：

$$\alpha = -\frac{x'}{x} = -\frac{x'}{f'} \cdot \frac{f}{x} \cdot \frac{f'}{f} = -\beta^2 \frac{f'}{f} = \frac{n'}{n}\beta^2 \tag{1-52}$$

如果光学系统处在同一种介质中，$f=-f'$，则 $\alpha=\beta^2$。

c. 角放大率

理想光学系统的角放大率 γ 定义为像方孔径角 u' 的正切值和物方孔径角 u 的正切值之比，即：

$$\gamma = \frac{\tan u'}{\tan u} \tag{1-53}$$

由图 1-30，$l\tan u=h=l'\tan u'$，故：

$$\gamma = \frac{\tan u'}{\tan u} = \frac{l}{l'} \tag{1-54}$$

将式 $ny\tan u = n'y'\tan u'$ 代入上式得：

$$\gamma = \frac{\tan u'}{\tan u} = \frac{ny}{n'y'} = \frac{n}{n'} \cdot \frac{1}{\beta} \tag{1-55}$$

可见，理想光学系统的角放大率只和物体的位置有关，而与孔径角无关。在同一共轭点上，所有孔径角的正切和与之相应的物方孔径角的正切之比恒为常数。

由式（1-47）和（1-53）还可得：

$$\gamma = \frac{1}{\beta}\left(-\frac{f}{f'}\right) \tag{1-56}$$

再将公式（1-45）代入，得：

$$\gamma = \frac{x}{f'} = \frac{f}{x'} \tag{1-57}$$

将式（1-52）和式（1-54）相乘，得理想光学系统三种放大率之间的关系：

$$\alpha\gamma = \beta \tag{1-58}$$

1.3.4　实际光学系统的基点、基面

理想光学系统是实际光学系统的理想化和抽象化，它的成像特点与对应的实际系统在近轴区域是相同的。因此，对于一个给定结构参数（r，d，n）的实际光学系统，可以用一个对应的理想光学系统来描述其近轴区域的情况。下面介绍如何用一个实际系统来计算所对应理想光学系统的基点与基面，这种计算也称为实际系统的高斯光学计算。

1. 实际系统的基点和基面

根据焦点和主点的定义，由系统物方入射一条平行于光轴的光线，经过实际系统的各个折射球面成像，求出该光线在像方的交点，即可得到光学系统的像方焦点 F'。延长平行入射光线，使之与出射光线相交，就可得到像方主面与主点 H'（如图 1-31 所示）。具体过程可采用共轴球面系统的近轴光路计算，逐面追踪光线。

为求物方的焦点、主点及焦距，原则上要做反向光路计算。而通常是把光学系统倒转，即把最后一面作为第一面，第一面作为最后一面，并将所有的曲率半径改变符号，再按从左到右的正向光路计算，将由此得到的焦点、主点位置以及焦距改变符号，即可得到物方主点、焦点及焦距。这里计算得到的所有基点位置都参考实际系统来定位。具体地说，所有物方的基点以第一面的顶点来定位，所有像方的基点以最后一面的顶点来定位。例如，图 1-31 中的 F' 和 H' 为系统的像方焦点与像方主点位置，它们将以 O_k' 为原点定位，并服从符号规则，向右取正，向左取负。

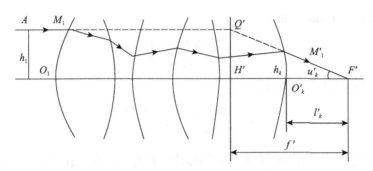

图 1-31　实际光学系统的基点和基面

2. 透镜的基点和基面

透镜是一种最简单的实际光学系统，是组成其他复杂光学系统的基本元件。前面已经知道，实际光学系统在近轴区的成像特点与理想系统是相同的，因而，可由理想光学系统的特点分析透镜等光学元件的成像特征。下面对透镜的焦距以及基点位置进行分析计算。

透镜有两个折射面，若将每一折射面看作是一个光组，则透镜又可以看作是双光组的组合。设两个折射面的半径为 r_1 和 r_2，折射率为 n，厚度为 d。

（1）单个折射面的基点和焦距

根据定义，焦点与无穷远的轴上点共轭，在球面折射成像公式（1-13）中，分别令 $l=-\infty$ 和 $l'=\infty$，就可以得到像方焦点和物方焦点位置，分别是：

$$l'_F = \frac{n'r_1}{n'-n}, \quad l_F = -\frac{nr_1}{n'-n} \tag{1-59}$$

比较式（1-59）和单个折射球面的焦距公式（1-15）、式（1-16）有：

$$f' = l'_F = \frac{n'r_1}{n'-n}, \quad f = l_F = -\frac{nr_1}{n'-n} \tag{1-60}$$

表明单个球面的物方主面与像方主面位置都重合在球面的顶点，即：

$$l'_H = l'_F - f' = 0, \quad l_H = l_F - f = 0 \tag{1-61}$$

这一结论也可从图 1-32 中得到。像方主面位置按照平行入射光线与出射光线的焦点 Q 来确定，但须注意的是，由于该球面成像公式适用于近轴区，也即平行光轴的入射光线的高度接近于 0，此时，Q 点无限接近于 O 点，像方主面趋于与球面顶点相切的切平面，而像方顶点就是球面的顶点 Q。类似的分析也适用于确定物方主面。所以，单个折射面的近轴区域可以看作是这样一个理想光组：物方主面和像方主面在顶点重合，焦距用公式（1-60）所表示，该光组的物像方处于不同的介质中。

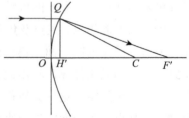

图 1-32　单个折射面的基点和焦距

根据式（1-60），分别计算透镜前后两个折射面的焦距。设透镜材料的折射率为 n，透镜两表面的半径分别为 r_1 和 r_2。一般计算空气中的透镜。对于透镜的前表面，有：

$$f_1' = \frac{nr_1}{n-1}, \quad f_1 = -\frac{r_1}{n-1} \tag{1-62}$$

对于透镜后表面，有：

$$f_2' = \frac{r_2}{n-1}, \quad f_2 = -\frac{nr_2}{n-1} \tag{1-63}$$

透镜每一面的物像方焦距大小都不相等，$f' \neq f$，这是因为虽然整个透镜位于同一介质（空气）中，但就单个折射面而言，物像方的介质有所不同。

（2）透镜的焦点和焦距

透镜由两个面组成，每个面各代表一个光组，可由双光组组合的方法求整个透镜的焦距（证明略）为：

$$f' = -\frac{f_1'f_2'}{d - f_1' + f_2} = \frac{nr_1r_2}{(n-1)[n(r_2-r_1)+(n-1)d]} \tag{1-64}$$

此即为透镜的焦距求解公式。位于空气中的透镜两边的介质折射率都是 1，有 $f'=-f$。

透镜的光焦度为：

$$\varphi = \frac{1}{f'} = (n-1)(\frac{1}{r_1} - \frac{1}{r_2}) + \frac{(n-1)^2}{nr_1r_2}d \tag{1-65}$$

将折射球面的光焦度公式（1-14）代入，还可得到更简单的表达式：

$$\varphi = \varphi_1 + \varphi_2 - \frac{d}{n}\varphi_1\varphi_2 \tag{1-66}$$

透镜的主点可由双光组的主点位置计算得到：

$$l_H = \frac{-dr_1}{n(r_2-r_1)+(n-1)d}, \quad l_H' = \frac{-dr_2}{n(r_2-r_1)+(n-1)d} \tag{1-67}$$

上述主面的位置是直接从透镜的前后表面顶点度量的，非常方便直观。对各种形状的单透镜按式（1-67）计算，结果显示，一般情况下透镜的主面并非透镜的表面（指透镜的顶点与光轴垂直的表面）。图 1-33 中列举了几种常用单透镜形式以及它们的主面位置情况，从中可以大体了解各种透镜的实际表面与理想光组基面的差异。

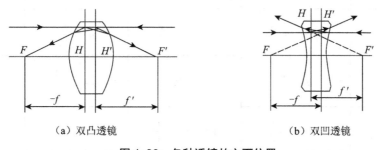

（a）双凸透镜　　　　　　　　　　　（b）双凹透镜

图 1-33　各种透镜的主面位置

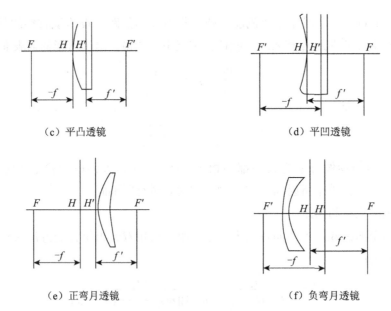

（c）平凸透镜　　　　　　　　　　　（d）平凹透镜

（e）正弯月透镜　　　　　　　　　　（f）负弯月透镜

图 1-33　各种透镜的主面位置（续）

（3）薄透镜

当一个单透镜（无论正与负）厚度与其口径比很小时，我们称其为薄透镜。此时，透镜的厚度视作 0，透镜的物方主面与像方主面重合，且与透镜表面重合。

薄透镜的光焦度由式（1-65）、式（1-66）可得：

$$\varphi=(n-1)(\frac{1}{r_1}-\frac{1}{r_2}),\quad \varphi=\varphi_1+\varphi_2 \qquad (1-68)$$

由于薄透镜计算简单，进行光学设计时，总是先将透镜取作薄透镜，进行高斯光学分析计算，在设计像差或具体结构时再进行加厚。

为了便于应用，现将前面章节的主要公式归纳在表 1-3 中。

表 1-3　光学系统的主要关系式

共轭点方程式	牛顿公式—以焦点为原点		高斯公式—以主点为原点	
	$n'\ne n$	$n'=n$	$n'\ne n$	$n'=n$
物像位置	$xx'=ff'$	$xx'=-f'^2$	$\beta=-\dfrac{fl'}{f'l}$	$\dfrac{1}{l'}-\dfrac{1}{l}=\dfrac{1}{f'}$
物像大小（垂轴放大率）	$\beta=-\dfrac{f}{x}=-\dfrac{x'}{f'}$	$\beta=\dfrac{f'}{x}=-\dfrac{x'}{f'}$	$\beta=-\dfrac{fl'}{f'l}$	$\beta=\dfrac{l'}{l}$
轴向放大率	$\alpha=-\dfrac{x'}{x}$	同左	$\alpha=-\dfrac{fl'^2}{f'l^2}$	$\alpha=\dfrac{l'^2}{l^2}$
角放大率	$\gamma=-\dfrac{x}{f'}=\dfrac{f}{x'}$	$\gamma=-\dfrac{x}{f'}=-\dfrac{f'}{x'}$	$\gamma=\dfrac{l}{l'}$	$\gamma=\dfrac{l}{l'}$

	近轴公式	理想光学系统公式
物像空间不变式	$n'u'y' = nuy$	$n' \tan U'y' = n \tan Uy$
放大率之间的关系式	$n' \neq n$ $$\beta = \alpha \cdot \gamma$$	$n' = n$ $$\beta \cdot \gamma = 1$$ $$\alpha = \beta^2$$
焦距之间的关系式	$\dfrac{f'}{f} = -\dfrac{n'}{n}$	$f' = -f$
组合系统的焦距公式	$\dfrac{n_3}{f'} = \dfrac{n_2}{f_1'} + \dfrac{n_3}{f_2'} - \dfrac{n_3 d}{f_1' f_2'}$	$\dfrac{1}{f'} = \dfrac{1}{f_1'} + \dfrac{1}{f_2'} - \dfrac{d}{f_1' f_2'}$
薄透镜焦距公式	$\dfrac{1}{f'} = (n-1)\left(\dfrac{1}{r_1} - \dfrac{1}{r_2}\right)$	

第四节　平面镜棱镜系统

光学系统可以分为共轴球面系统和平面镜棱镜系统两大类。共轴球面系统因其存在一条对称轴线而具有不少优点，但是其也有它的不足之处，由于所有的光学元件都排列在同一条直线上，系统不能转向，因而造成仪器的体积和重量比较大。为了克服共轴球面系统的这个缺点，同时又保持它的优点，那么就可以附加一个平面镜棱镜系统。

平面镜棱镜系统的成像性质如何？它有哪些特点？为什么它和共轴球面系统组合以后，能克服共轴球面系统的缺点而又保持它的优点？二者组合时应满足一些什么条件？如何根据一定的使用要求设计出一个合适的平面镜棱镜系统？这些是本节所要研究的问题。

1.4.1　平面镜棱镜系统在光学仪器中的应用

平面镜棱镜系统包括平面反射镜、反射棱镜、平行平板和折射棱镜等，都为平面光学元件，可以满足特殊的成像、结构以及功能需求。平面光学元件对物体没有放大和缩小作用，但它们在光学系统中的作用却是球面系统所做不到的。图1-34～图1-37列举了一些平面光学元件的典型作用，图1-34中的平面镜用于转折光路，以减小系统结构的体积，或满足特定位置的观察及使用需求。在开普勒望远镜系统中，正立的物体成倒立的像，观察起来很不方便，若其中加入用于转像的棱镜系统，则可将倒立的像转成正立的像。如图1-35所示，为一军用观察望远镜系统。此外，在很多仪器中，根据实际使用的要求，往往需要改变共轴系统光轴的位置和方向。例如，在迫击炮瞄准镜中，为了观察方便，需要使光轴倾斜一定的角度，如图 1-36 所示。图 1-37 为一潜望镜系统，利用平面系统不仅可以改变潜望高度，同时利用反射平面的转动还能扩大仪器的观察范围。

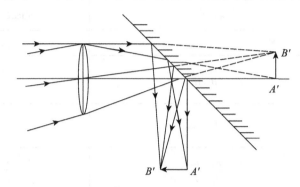

图 1-34　平面镜的作用

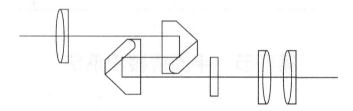

图 1-35　望远镜中反射棱镜的作用

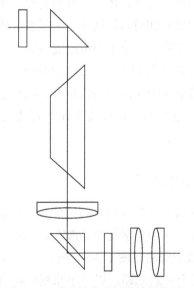

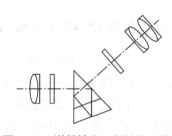

图 1-36　瞄准镜中反射棱镜的作用　　图 1-37　潜望镜中反射棱镜的作用

总的来说，平面镜棱镜系统的主要作用有：

（1）将共轴系统折叠以缩小仪器的体积和减轻仪器的重量；

（2）改变像的方向，起到倒像的作用；

（3）改变共轴系统中光轴的位置和方向，即形成潜望高度或使光轴转向一定的角度；

（4）利用平面镜或棱镜的旋转，可连续改变系统光轴的方向，以扩大观察范围。

1.4.2 平面镜及其应用

平面镜即平面反射镜，是一种最简单的平面成像元件，在日常生活中也经常使用，以下讨论的内容包括单平面镜和双平面镜。

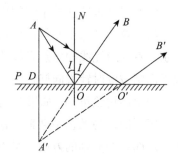

图 1-38 平面反射镜的反射

1. 平面镜的成像性质

为了研究平面镜的成像性质，首先研究单个平面镜。图 1-38 中 P 是一个和图面垂直的平面镜，A 是任意物点，由 A 点发出的 AO 光线经平面镜反射后，其反射光线 OB 的延长线和平面镜 P 的垂直线 AD 的延长线相交于一点 A'。根据反射定律，反射角等于入射角：

$$\angle BON = \angle AON = I \tag{1-69}$$

由图可以看到：

$$\angle AOD = \angle A'OD = \frac{\pi}{2} - I \tag{1-70}$$

同时 OD 垂直于 AA'，因此 $\triangle AOD \cong \triangle A'OD$，由此得到：

$$AD = A'D \tag{1-71}$$

以上关系与 O 点的位置无关。由 A 点发出的任意一条光线经过平面镜反射后，其反射光线的延长线都经过同一点 A'。因此，任意一物点 A 经平面镜反射后都形成一个完善的像点 A'，A' 和 A 的位置对平面镜对称。若 A 点为虚物点，则 A' 点为实像点，仍旧关于平面镜对称。由此可得出平面镜能够使整个空间物点理想成像的结论。

下面讨论平面镜成像时物和像之间的空间形状对应关系。假如在平面镜 P 的物空间取一右手坐标 xyz，根据物点和像点对平面镜对称的关系，很容易确定它的像 $x'y'z'$，如图 1-39 所示。由图可以看到，$x'y'z'$ 是一左手坐标，和 xyz 大小相等，但形状不同，物空间的右手坐标在像空间变成了左手坐标；反之，物空间的左手坐标在像空间则成了右手坐标。另外，从图 1-39 中还可以看到，如果我们分别沿着 z 和 z' 轴看 xy 和 $x'y'$ 坐标平面，当 x 按逆时针方向转到 y，则 x' 按顺时针方向转到 y'，即物平面若按逆时针方向转动，像平面就按顺时针方向转动；反之，当物平面若按顺时针方向转动，则像平面就按逆

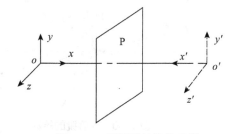

图 1-39 平面镜的物像关系

时针方向转动。上述结论对于 yz 和 xz 坐标面来说同样适用。物像空间的这种形状对应关系称为"镜像"。

如果第一个平面镜所成的像再通过第二个平面镜成像，则左手坐标又变成了右手坐标，和原来的物体完全相同。因此，如果物体经奇数个平面镜成像，则为"镜像"；如果经偶数个平面镜成像，则和物体完全相同。综上所述，可总结为单个平面镜成像具有以下性质：

（1）平面镜能使整个空间理想成像，物点和像点关于平面镜对称；

（2）物和像大小相等，但形状不同，物空间的左手坐标在像空间变为右手坐标；如果分别对着入射光线和出射光线的方向观察物平面和像平面，当物平面按逆时针方向旋转时，像平面则按顺时针方向旋转，形成"镜像"。

由上面讨论可知，如果在光学系统中加入偶数个平面镜，则像的大小、形状不会改变，平面镜因成理想像也不会影响像的清晰度。平面镜和共轴球面系统组合以后，既可以改变共轴球面系统光轴的方向，又不影响像的清晰度，也不改变像的大小和形状。平面镜在光学系统中被广泛应用。

2. 平面镜的旋转及其应用

很多光学仪器中的平面镜和棱镜，在工作过程中需要转动。下面就来研究平面镜转动的性质。由图 1-40 可以看到，光线经平面镜反射时，入射光线和出射光线之间的夹角，等于入射角 I 的两倍，光线经过反射后旋转了（$\pi-2I$）的角度。当平面镜绕着和入射面垂直的轴线转动 α 角时，入射角改变了 α，而反射光线和入射光线之间的夹角将改变 2α。由此得出结论：当平面镜绕垂直于入射面的轴转动 α 角时，反射光线将转动 2α。转动方向和平面镜的转动方向相同。周视瞄准镜就是利用端部直角棱镜的转动来改变瞄准线方向的。如果要求仪器的瞄准线在高低方向转动 α，则棱镜只需转动 $\alpha/2$ 就够了。

下面讨论两个平面镜的情形。图 1-41 中 P_1、P_2 为两个平面镜。假定两者间的夹角为 θ，入射光线 AO_1 经两个平面镜反射后，沿着 O_2B 的方向射出，延长 AO_1 和 O_2B 相交于一点 M，设入射光线和出射光线间的夹角为 β，由 $\triangle O_1O_2M$ 根据外角等于不相邻的两个内角和的关系：

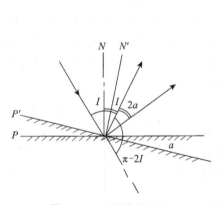

图 1-40　平面镜的转动

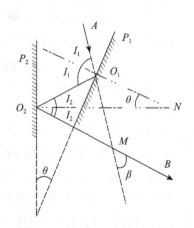

图 1-41　两个平面镜的同时转动

$$2I_1 = 2I_2 + \beta \text{ 或者 } \beta = 2(I_1 - I_2) \tag{1-72}$$

两平面镜的法线相交于一点 N，由 $\Delta O_1 O_2 N$ 得：

$$I_1 = I_2 + \theta \text{ 或者 } \theta = I_1 - I_2 \tag{1-73}$$

将以上关系代入上面 β 的公式，得到：

$$\beta = 2\theta \tag{1-74}$$

这个关系说明出射光线的方向与入射光线的 I 角无关。由此得出结论如下：

位于两平面镜公共垂直面内的光线，不论它的入射方向如何，出射光线的转角永远等于两平面镜间夹角的二倍，至于它的旋转方向，则与反射面按反射次序由 P_1 转动到 P_2 的方向相同。根据以上结论很容易推知：当两平面镜一起转动时，出射光线的方向不变，但光线位置可能产生平行移动。如果两个平面镜相对转动 α，则出射光线方向改变 2α。

上述性质在光学仪器中经常得到应用。例如，在测距仪中，要求入射光线经过两端的平面镜反射以后改变 $90°$，并且要求该角度始终保持稳定不变。如果使用单个平面镜来完成，即使在仪器出厂时平面镜的位置已安装得很准确，但在使用中由于受到振动或结构的变形，平面镜的位置仍可能有小量的变动。当反射镜的位置变化了 α 时，出射光线就将改变 2α。为了克服这种缺点，通常采用两个平面镜，使它们之间的夹角等于光线转角的一半。只要这两个反射镜之间的夹角维持不变，即使位置改变，也不会影响出射光线的方向。最简单可靠的方法就是把两个反射面做在同一块玻璃上，如图 1-42 所示。如果要求光线的转角为 $90°$，只要在制造过程中严格保证二反射面的夹角为 $45°$，则无论棱镜的位置如何，入射光线和出射光线之间的夹角永远等于 $90°$。

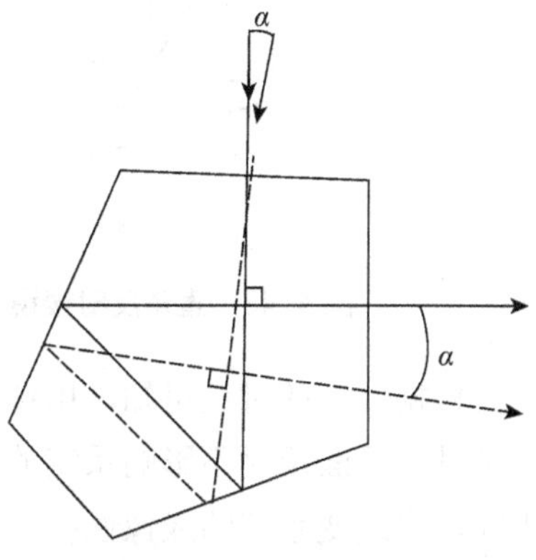

1.4.3 反射棱镜及其应用

在 1.4.2 节中曾经提到，为了使两个反射面之间的

图 1-42　同一玻璃体上的两个反射面

夹角保持不变，可以把两个反射面做在同一块玻璃上以代替一般的平面镜，这类光学元件就叫作"棱镜"。当光线在棱镜反射面上的入射角大于临界角时，将发生全反射，这时反射面上不需要镀反射膜（显然，如果成像光束中有些光线的入射角小于临界角，则棱镜的这些反射面上仍然需要镀反射膜），并且几乎没有光能损失。一般镀有反光膜的反射面，每次反射也会有 10% 左右的光能损失；同时，直接和空气接触的反光膜，长期使用可能变质或脱落，在安装过程中也容易受到损伤。另外，在一些复杂的平面镜系统中，如果全部使用单个平面镜，安装和固定十分困难，因此，在很多光学仪器中都采用棱镜代替平面镜。

1. 反射棱镜的成像性能

图 1-43 所示为一直角反射棱镜。光线从棱镜的一个入射面进入棱镜，在其内表面反射，最后从出射面射出。作用于光线的面（包括透射面与反射面）称为棱镜的工作面，工作面之间的交线称作棱，垂直于棱的平面称为主截面，其中包含光轴的主截面又称为光轴截面，一般总是以光轴截面来分析光线的传播，因此通常所说的主截面就是指光轴截面，棱镜的光轴是指光学系统的光轴在棱镜内部所成的折线 OO'（图 1-43）。

如图 1-43 所示，光束在棱镜玻璃内部的平面反射和一般平面镜的成像性质是完全相同的。一个棱镜和相应的平面镜系统的区别只是增加了两次折射。因此，在讨论棱镜的成像性质时，只需要讨论棱镜的折射性质就可以了。如果沿着反射面 BC 将棱镜展开，如图 1-44 中虚线所示，则由反射定律很容易证明，虚线 O_2O_3' 恰好就是入射光线 O_1O_2 的延长线。它在 $A'C$ 面上的折射情况，显然和反射光线 O_2O_3 在 AC 面上的折射情况完全相同。这样就可以用光束通过 $ABA'C$ 玻璃板的折射来代替棱镜的折射，而不再考虑棱镜的反射，因而使研究大为简化。这种把棱镜的主截面沿着它的反射面展开，取消棱镜的反射，以平行玻璃板的折射代替棱镜折射的方法称为"棱镜的展开"。

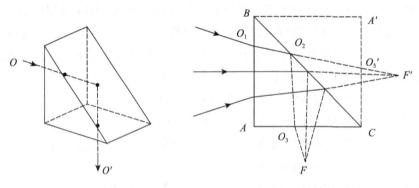

图 1-43　直角反射棱镜　　　　图 1-44　棱镜的展开

根据以上的讨论可知，用棱镜代替平面镜相当于在系统中多加了一块玻璃板。上面已经讲过，平面反射不影响系统的成像性质，而平面折射和共轴球面系统中一般的球面折射相同，将改变系统的成像性质。为了使棱镜和共轴球面系统组合以后，仍能保持共轴球面系统的特性，必须对棱镜的结构提出一定的要求：

（1）棱镜展开后玻璃板的两个表面必须平行。如果不平行，则相当于在共轴系统中加入了一个不存在对称轴线的光楔，从而破坏了系统的共轴性，使整个系统不再保持共轴球面系统的特性。

（2）如果棱镜位于会聚光束中，则光轴必须和棱镜的入射及出射表面相垂直。在平行玻璃板位于平行光束中的情形，无论玻璃板位置如何，出射光束显然仍为平行光束，并且和入射光束的方向相同，而对位于它后面的共轴球面系统成像性质没有任何影响。所以在平行光束中工作的棱镜，只需要满足第一个条件即可。如果玻璃板位于会聚光束中，如位于望远镜物镜后面的棱镜，玻璃板的两个平面相当于半径为无限大的球面，为了保证共轴球面系统的对称性，必须使平面垂直于光轴，亦即要求光轴与入射及出射表面相垂直。

2.反射棱镜的类型

反射棱镜的种类繁多，这里介绍常用的几种。

（1）简单棱镜

只含有一个光轴截面（简称主截面）的棱镜称为简单棱镜，棱镜所有的工作面都与其主截面垂直。如图1-45所示为几种简单的反射棱镜。

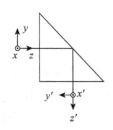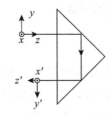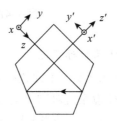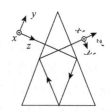

图 1-45　几种简单的反射棱镜

（2）屋脊棱镜

当棱镜中的一个（或多个）反射面被两个相互垂直的反射面（称为屋脊）所取代，且屋脊的顶位于主截面内［如图1-46（b）所示］，这种棱镜称为屋脊棱镜。用平面图表示屋脊棱镜时，屋脊面用两条平行线表示。屋脊面的作用是增加一次反射，以改变物像的坐标系关系。图1-46（a）和（b）给出两种棱镜不同的坐标变化。

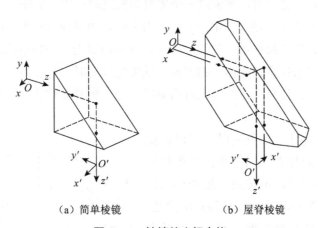

（a）简单棱镜　　　　　　　　（b）屋脊棱镜

图 1-46　棱镜的坐标变换

（3）复合棱镜

复合棱镜是多个简单棱镜（或屋脊棱镜）组合在一起使用的棱镜组，组合的形式主要分为主截面相互重合［图1-47（a）、（b）］及主截面相互垂直［图1-47（c）］两种情况。它们被用来实现一些特殊的功能。

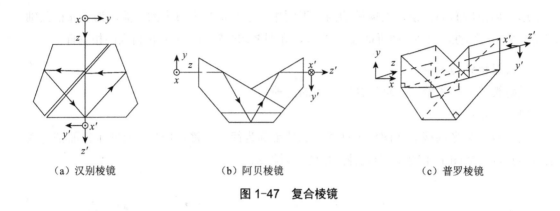

（a）汉别棱镜　　　　　　（b）阿贝棱镜　　　　　　（c）普罗棱镜

图 1-47　复合棱镜

3. 棱镜系统成像的物像坐标变化

反射棱镜相当于一个或多个平面镜在玻璃内部的组合，由于平面镜具有镜像功能的特点，因此有必要讨论棱镜系统对物体坐标的改变，以便正确地判别和使用棱镜系统。图1-45～图1-47中分别画出了三种类型棱镜的物像坐标变化。为便于分析，物体的三个坐标方向分别取：沿着光轴（如 z 轴）；位于主截面内（如 y 轴）；垂直于主截面（如 x 轴）。按照平面镜成像的物像对称性，可以用几何方法判断出棱镜系统对各坐标轴的变换，现将判断方法归纳如下：

（1）沿着光轴的坐标轴（图中的 z 轴）在整个成像过程中始终保持沿着光轴，并指向光的传播方向。

（2）垂直于主截面的坐标轴（图中的 x 轴）在一般情况下保持垂直于主截面，并与物坐标同向。但当遇有屋脊面时，每经过一个屋脊面就反向一次，如图1-46（b）所示。

（3）在主截面内的坐标轴（图中的 y 轴）由平面镜的成像性质来判断，根据反射镜具有奇次反射成镜像、偶次反射成一致像的特点，首先确定光在棱镜中的反射次数，再按系统成镜像还是一致像来决定该坐标轴的方向：成镜像反射时坐标左右手系改变，成一致像反射时左右手系不变。注意，在统计反射次数时，每一屋脊面被认为是两次反射，按两次反射计数。

在对复合棱镜进行坐标判断时，可以根据复合棱镜中的主截面是否相同来决定是否将复合棱镜分解成简单棱镜，再按照上述坐标变化原则逐个分析，如图1-48所示。值得提出的是，当分析整个光学系统的坐标变化时，还必须考虑其中的透镜系统的作用。透镜系统不改变坐标系的旋向，即无论成虚、实、正、倒的像，坐标的左（右）手系始终保持不变。由此得出，在任何情况下，维持沿光轴的坐标轴（如 z 轴）

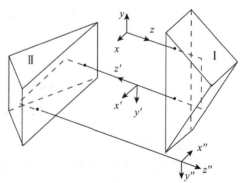

图 1-48　复合棱镜的坐标变换

方向不变，但透镜对物体成倒像时，像面上垂直于光轴的两个坐标轴（如 x 轴、y 轴）同时反向。

【例题 1.3】

判断例题 1.3 图中物体经过光学系统后的坐标方向。

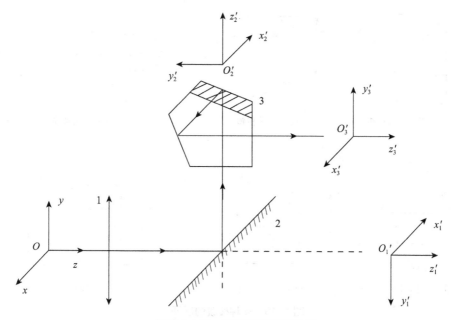

例题 1.3 图　照相机取景器光路

这是单反照相机镜头中的取景器光路。首先，确定经透镜成像后的坐标。透镜对物体成实像，表明物像倒置，因此经透镜成像后，x、y 坐标均反向。其次，经过平面镜－棱镜系统，共反射 4 次（其中的一个屋脊面计为 2 次），z 坐标始终按沿光轴确定其方向，x 坐标因遇到一个屋脊面而反向，y 坐标按偶次反射成一致像确定其坐标方向。最终的像方坐标与原物一致，以便于观察取景。

4. 反射棱镜的等效作用与展开

现观察光轴在棱镜内所走的折线，如果设想将它"拉直"，不难发现光轴相当于穿过了一个平行平板。因此，棱镜在光学系统中除起到对光路的转折作用外，还相当于引入了一个平行平板。在对含有棱镜的光学系统做光路计算时，通常都是将棱镜简化成一个平行平板，这样可以方便计算。

将棱镜简化为一个平行平板时，需要计算这一平行平板的厚度，它与光轴在棱镜中穿过的长度有关，通常是将棱镜展开计算。展开的过程就是将棱镜对反射面逐次成镜像的过程。在展开的过程中，光轴被逐步"拉直"。如图 1-49 所示，按照光轴在棱镜内部的反射顺序，在主截面内，依次作棱镜关于反射面的对称图（镜像），光轴在实际棱镜中走的折线就变成了在镜像中走的直线，这样就可以直观地计算光轴的长度。大多数情况下，光轴垂直于棱镜入射与出射，光轴的长度直接就等于棱镜展开成平板的厚度；而对于光轴与入射面不垂直的情况，展开的平板厚度为棱镜光轴长度的函数。如图1-49（b）所示的道威棱镜，平板厚度 D 与光轴长度 L 之间的函数关系为 $D=L\cos i'$（注：i' 为光轴在平板前表面的折射角）。

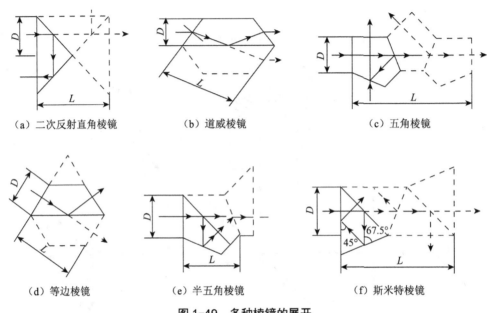

（a）二次反射直角棱镜　　　（b）道威棱镜　　　（c）五角棱镜

（d）等边棱镜　　　（e）半五角棱镜　　　（f）斯米特棱镜

图1-49　多种棱镜的展开

光轴在反射棱镜中被拉直后，与整个光学系统的光轴仍在同一直线上，因此含有这种反射棱镜的系统仍属于共轴系统。在对这类光学系统进行计算时，先将棱镜作为平行平板与球面系统一起做光路计算，然后再考虑棱镜对物体坐标的变换。

1.4.4　平行平板

前面已经指出，棱镜展开后相当于一个平行平板，除此以外，光学系统也经常会使用诸如保护玻璃、分划板、滤色片之类的平行平板。平行平板的引入对成像的位置和成像质量都有影响，下面讨论平行平板的成像特性。

1. 平行平板的成像特性

如图1-50所示，轴上物点 A 发出一条孔径角为 U_1 的光线1，分别经平行平板前后两个面折射，最终以光线2的方向出射，延长出射光线交于光轴，得到交点 A_2'，出射孔径角为 U_2'。因此，A_2' 即为物点 A 经平面镜所成的像。

对平行平板的两个折射面分别应用折射定律，得：

$$\sin I_1 = n \sin I_1', \quad n \sin I_2 = \sin I_2' \tag{1-75}$$

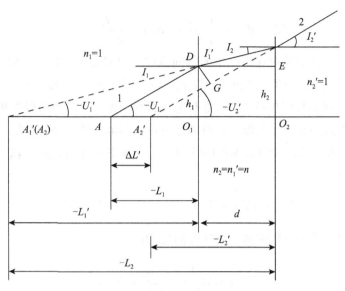

图 1-50　平行平板成像

其中 n 为平板玻璃的折射率，因两折射面平行，则有 $I_1'=I_2$，所以：

$$I_1 = I_2' = -U_1 = -U_2' \qquad (1-76)$$

即出射光线与入射光线平行，亦即光线经平行平板后方向不变，但有一个位移。这时：

$$\begin{cases} \gamma = \dfrac{\tan U_2'}{\tan U_1} = 1 \\[2mm] \beta = 1/\gamma = 1 \\[2mm] \alpha = \beta^2 = 1 \end{cases} \qquad (1-77)$$

式（1-77）表明，平行平板不会使物体放大或缩小，对光束既不发散也不会聚，表明它是一个无焦元件，在光学系统中对光焦度无贡献。同时还表明，物体经平板成正立像，物像始终位于平板的同侧，且虚实相反。

2. 平行平板对光线位移的计算

虽然平行平板不改变光线的方向，但可以看出平行平板使入射光线与出射光线之间产生了平移，其结果一方面使像点相对于物点产生轴向位移 $\Delta L'$，即由 A 移动到了 A_2'，同时也使光线产生侧向位移 $\Delta T'=DG$，如图 1-50 所示。

首先我们来计算平行平板的物像位置之差 $\Delta L'$，我们称 $\Delta L'$ 为平行平板对物体（或像）所产生的轴向位移。由图 1-50 可知：

$$L' = -L_1 + d + L_2' \qquad (1-78)$$

其中 $-L_1=h_1/\tan(-U_1)$，$-L_2'=h_2/\tan(-U_2')$，$h_2=h_1+d\tan(-U_1')$，代入上式并利用式（1-76）式化简得：

$$\Delta L' = d\left(1 - \frac{\tan U_1'}{\tan U_1}\right) = d\left(1 - \frac{\tan I_1'}{\tan I_1}\right) \tag{1-79}$$

式（1-79）是平行平板对像点产生的轴向位移。该式表明，轴向位移 $\Delta L'$ 与物体的位置无关，但随孔径角 U_1 的改变而变化，即轴上物点发出的一束光经平行平板后，由于孔径角不同而产生不同的轴向位移 $\Delta L'$，交于光轴的不同处，同心光束经平板后不复为同心光束，因此平行平板不能成完善像，它对成像质量的影响应纳入整个系统一同考虑。

再来看平行平板对光线产生的侧向位移 $\Delta T'$。由图中的几何关系可以直接得到光线侧向位移的计算如下：

$$\Delta T' = \Delta L' \sin(-U_1) = d(\sin I_1 - \cos I_1 \tan I_1') \tag{1-80}$$

利用折射定律及三角函数关系，上式可简化为：

$$\Delta T' = d \sin I_1 \left(1 - \frac{\cos I_1}{\sqrt{n^2 - \sin^2 I_1}}\right) \tag{1-81}$$

显然，侧向位移量也随孔径角的变化而变化，这与平行平板不能成完善像是一致的。当平行平板在（空气中）近轴区以细光束成像时，有：

$$\frac{\tan I_1'}{\tan I_1} = \frac{\sin I_1'}{\sin I_1} = \frac{1}{n} \tag{1-82}$$

代入式（1-79）得：

$$\Delta L' = \Delta l' = d\left(1 - \frac{1}{n}\right) \tag{1-83}$$

式（1-83）表明，在近轴区，平行平板对物点的轴向位移 $\Delta L'$ 只与平板的厚度和折射率有关，而与物体的位置以及孔径角无关。对确定的平行平板，$\Delta L'$ 是个常数，即平行平板对细光束成像是完善的，我们将近轴光线的轴向位移称为平行平板的高斯位移。

同样在近轴区域，式（1-81）可以简化得到近轴区的光线侧向位移为：

$$\Delta T' = d\left(1 - \frac{1}{n}\right)I_1 \tag{1-84}$$

印刷仪器设备中常使用的滤色片、玻璃网屏等平面光学元件均属于这类平行平板情况，它们的加入必须考虑到平行平板的成像特点而进行相应的调整，否则会导致成像模糊。

【例题 1.4】

一架显微镜已对一个目标物调好物距进行观察。现将一块厚 7.5mm，折射率为 1.5 的平板玻璃压在目标物上，问此时通过显微镜能否清楚地观察到目标物，该如何重新调整？

解：目标物经平板玻璃成像后将产生轴向位移（例题 1.4 图），显微镜此时是对位移后的目标物进行成像，由于目标物已偏离了原有物距，显微镜必须重新调整才能清楚地观察到目标。由图可以看出，显微镜应向上抬高 $\Delta l'$：

$$\Delta l' = d\left(1 - \frac{1}{n}\right) = 7.5 \times \left(1 - \frac{1}{1.5}\right) = 2.5(mm)$$

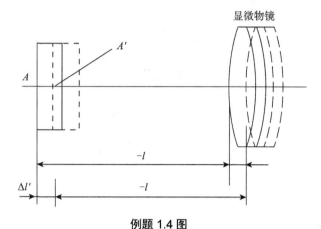

例题 1.4 图

从该例题可以得知，当光学系统中加入平板玻璃或反射棱镜（反射棱镜展开后相当于平板玻璃）后，由于平板玻璃使像点产生 $\Delta l'$ 的移动量，其后的成像器必须要随之做出相应的调整，以确保原有的物像关系。

3. 共轴平面系统和平面镜棱镜系统的组合

目前实际使用的光学仪器，大都是平面棱镜和共轴系统的组合。前面已经分别讨论了共轴球面系统和平面镜棱镜系统的成像性质，现讨论两者的组合方法和注意事项。

首先讨论共轴球面系统和平面镜系统的组合。

第一，共轴球面系统和平面镜系统组合时，共轴球面系统中的各个透镜组和平面反射镜的配合次序不受限制。这是因为平面镜是成完善像的理想光学元件，并且对物体不放大也不缩小，且物像方位于同一物质空间。例如，将图 1-51 中的共轴球面系统（a）和平面镜系统（b）组合时，可以任意地组合成图 1-52（a）、（b）、（c）等各种形式。

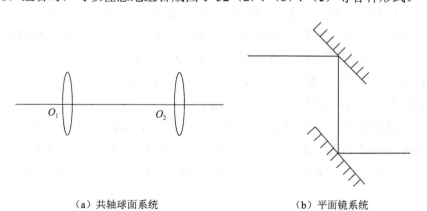

（a）共轴球面系统   （b）平面镜系统

图 1-51　两组系统

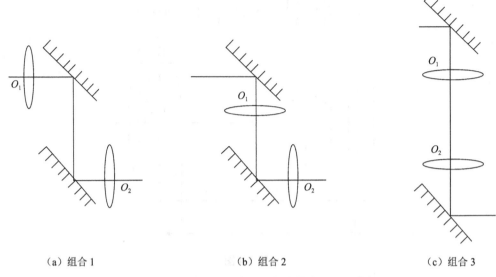

（a）组合 1   （b）组合 2   （c）组合 3

图 1-52　共轴球面系统和平面镜系统的不同组合

　　第二，为了保证系统的共轴性，共轴球面系统中各个透镜的光轴，必须和平面镜系统中的光轴重合，即平面镜展开后的光轴应与球面系统的光轴共线。

　　第三，为了保证共轴球面系统的成像性质，必须使各透镜沿光轴之间的距离不变，即透镜之间光轴折线展开后的长度保持不变。

　　其次讨论共轴球面系统和反射棱镜系统的组合。

　　反射棱镜除了具有平面镜的反射作用以外，还相当于另外加入了平行平板。因此，还必须注意以下几点：

　　第一，如果球面系统的光轴与棱镜入射面不垂直，则应将该棱镜置于平行光路中，否则将破坏系统的共轴性。

　　第二，必须考虑平行玻璃平板产生的像面位移。为了使加入平板后的透镜成像性质不变，必须使经过平板后的像面到后一个透镜的距离保持不变。因此，当平板产生像点的位移后，其后的系统也要向后移动相同的距离，即在有棱镜存在的系统中，棱镜两端元件之间的距离应等于原有的间隔再加上平行平板对像点的位移量。

　　第三，由于平行平板不是理想元件，所以在设计共轴球面系统时，应把平板作为系统的一部分加以考虑，制订共同的像差平衡方案。

　　在共轴球面系统和平面系统的组合系统中确定成像方向时，可先确定平面系统的成像方向，再确定透镜系统的成像方向。如果透镜系统成倒像，则整个系统成像方向与平面系统的成像方向相反；如果透镜系统成正像，则整个系统成像方向与平面系统的成像方向相同。

第五节　光学系统的光束限制

理想光学系统可以对任意大的物体范围以任意宽的光束成完善像，前面几节对透镜和平面系统成像特性的讨论都未涉及系统的横向尺寸。实际光学系统不可能为无限大，进入系统的光线将会受到光学元件通光口径的限制。任何一个光学系统对光束都包含两个基本限制：对入射光束大小的限制和对成像范围的限制。光学系统中的光束限制状况反映了光学系统的某些重要性能。例如，照相系统中采用的光圈（F）这一术语，指的就是对光束的一种限制。改变光圈的大小可以控制进入系统的光能，配合速度来满足接受器所需的曝光量。又如，照相机中的接受器边界框（如 135 胶片、1/3"CCD 等）也是对光束的一种限制，聚焦在胶片框和 CCD 靶面外的像点将不能获得图像。光束的限制不仅决定了光学系统光束的宽度和像的大小这两个重要性能，还决定了光学系统对物体细节的分辨力和系统的景深。同时，光束限制对光学系统的像差也有很大影响，这些在后面各节中会陆续介绍。总之，光学系统的许多性能都与光束限制的大小与方式有关。这就对光学系统如何限制光束提出了要求，需要对光学系统的光束限制进行分析和计算。

1.5.1　光阑及其作用

在光学系统中，对光束起限制作用的光学元件称为光阑。它们可能出自某一透镜的边框，也可能是专门设计的任一形状的光孔元件。光阑的通光孔一般是圆形的，其中心和光轴重合，光阑平面和光轴垂直。实际光学系统中的光阑，按其作用可分为以下几种。

1. 孔径光阑

光学系统中用于限制成像光束大小（也称宽度）的光阑称为孔径光阑，如照相机中的可调光圈就是该系统的孔径光阑。在光学系统中，描述成像光束大小的参量称为孔径，系统对近距离物体成像时，其孔径大小用孔径角 U 表示，对无限远物体成像时，孔径大小用孔径高度 h 表示，如图 1-53 所示。

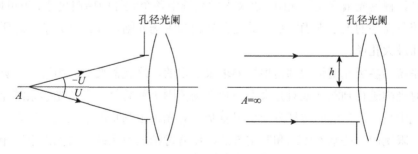

图 1-53　孔径角与孔径高度

2. 视场光阑

在光学系统中，用于限制成像范围大小的光阑称为视场光阑，如照相机中的底片就是该系统的视场光阑。光学系统中描述成像范围大小的参量称为视场，系统对近距离物体成像时，视场大小一般用物体的高度 y 表示，如图 1-54（a）所示；对远距离物体成像时，视场大小用视场角 ω（斜平行光线的角度）表示，如图 1-54（b）所示。

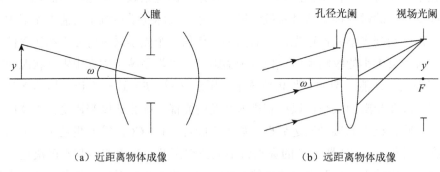

（a）近距离物体成像　　　　　　　　（b）远距离物体成像

图 1-54　视场与视场角

3. 渐晕光阑

所谓渐晕，是指视场范围内某一部分区域的物点成像光束较另一部分区域物点光束出现减弱的现象。有些光强的减少是无法避免的，而有些是刻意要求的。渐晕光阑就是对轴外物点的成像光束刻意产生部分限制作用的一种光阑，它使轴外物点通过系统的光束少于轴上物点，其主要目的是改善轴外点的成像质量或减少部分光学元件的横向尺寸。

4. 消杂光光阑

消杂光光阑是用来限制一些非成像光线，这些光线常常是由于镜头表面、金属表面以及镜筒内壁反射或散射所产生的杂散光，它们通过系统后将在像面上产生杂光背景，破坏像的对比度和清晰度。

尽管有上述多种目的的光束限制，但任何一种光学系统，都必须具备两种最基本的光束限制，即对成像光束大小的限制和对成像范围大小的限制。因此，孔径光阑和视场光阑在光学系统中是不可缺少的。在光学系统的计算中，常由光学系统所要求的最大视场和最大孔径来设计视场光阑和孔径光阑，以及光学系统中各个元件的横向尺寸。也可以反过来，由光学系统各元件的大小来确定系统的孔径光阑和视场光阑，并计算光学系统所能获得的最大视场和最大孔径。

光学系统的各类光阑位置都是根据要求来确定的，这就需要对光阑进行计算，有些系统还需要对光阑进行判断，或对光束大小和视场范围进行验算。有的光学系统元件较多，光线在系统中折（反）射的传播方向也很复杂，对光束限制状况必须进行认真分析。以下将讨论光束限制的一些基本概念和判定方法，还将讨论成像系统中与光束限制相关的一些光学特性。

1.5.2 孔径光阑、入射光瞳和出射光瞳

前面已经介绍，孔径光阑限制光学系统通光光束的孔径，需要指出的是，孔径大小以轴上物点（或者称视场中心）来计算。

光学系统的所有元件都只有有限的通光口径，其中必有一个元件的口径（可能是某一透镜框，也可能是专设的光孔）限制着给定轴上物点进入系统的最大光束，这就是孔径光阑。

1. 孔径光阑的判断

为了判断孔径光阑，首先介绍一下光束限制的共轭原则。所谓光束限制的共轭原则是指当一条光线被其所有介质空间的某一光学元件的口径所限制，则该光线的共轭限制也将被该元件共轭像的口径所限制。如图1-55中，I 是一个光孔，II 是一个成像透镜，I′是光孔 I 通过透镜 II 所成的像。由物点 A 发出的光线在物方受到光孔 I 的限制，根据理想光学系统的共线理论，其共轭光线将在像方受到 I′的限制，这两种限制的作用是完全等同的。

判断任一光学元件对光束是否有限制作用，只有当光束在传播过程中与其相遇时才能得出，各元件在系统中的排列有先后次序，它们对光线在不同的成像空间产生作用，不易简单得出限制光束的判断。但是，根据光束限制的共轭原则，一个光学元件对光束的限制状况可以利用其共轭关系在任一介质空间进行判断。为了方便比较，通常将系统的所有元件都成像在同一介质空间（如物空间）来比较对光束的限制状况。

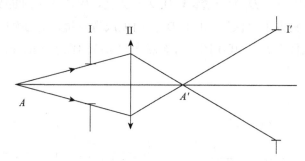

图1-55　光束限制的共轭原则

如图1-56所示，是一个由透镜1和光孔2组成的成像系统，我们分析一下该系统的光束限制情况。透镜允许轴上物点 A 通过的光束孔径角为 $2u_1$，而光孔允许的光束孔径角为 $2u_2'$。从图1-56中可以看到，透镜对光束的限制发生在物方空间，孔径角 u_1 可以直接得出，光孔对光束的限制发生在像方空间，孔径角 u_2 需通过 u_2' 才能得出。为了确定物点 A 最终通过系统的光束孔径大小，可以利用光束限制的共轭原则，将光孔在像方对光束的限制转换成"光孔"在物方对光束的限制，并比较得出何者是孔径光阑。

一般地，判断孔径光阑的步骤如下：

a. 先求出所有的通光元件在系统物方的共轭"像"（位置及大小）。即对每一元件从右到左，由像空间对其物方的所有成像元件进行成像，得到所有元件在物空间的共轭"像"。

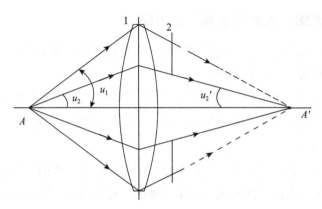

图 1-56　光学系统对轴上点的光束限制

b. 确定这些元件在物方允许的光束孔径角（当物体在无限远时，确定所允许的光束高度）。即计算给定的轴上物点对各元件在物方的共轭"像"边缘的张角。

c. 比较得出其中最小孔径角（物在无限远时为孔径高度最小）所对应的元件，该元件就是系统的孔径光阑。

上述判断过程，我们用题加以理解。

【例题 1.5】

如例题 1.5（a）图所示，D_1 为一透镜，D_2 为一光孔，用作图法判断哪个为孔径光阑。

解：将 D_1、D_2 在物方求"像"。由于 D_1 前面无成像透镜，它在物方的共轭像 D_1' 就是其本身，D_2 对 D_1 成像于 D_2'（其作图法可参照光学系统由像求物的作图方法），如图 1.5（b）所示。

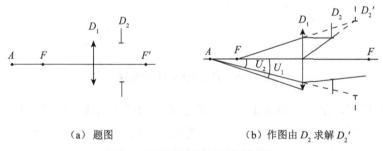

（a）题图　　　　　　　（b）作图由 D_2 求解 D_2'

例题 1.5 图　作图判断孔径光阑

由物点 A 连接 D_1'、D_2' 的边缘，张角分别为 U_1、U_2，比较得出 U_2 小于 U_1，所以 D_2 为孔径光阑。该系统的最大孔径为 U_2。

应当指出，光学系统的孔径光阑只是对确定的物体位置而言的，如果物体位置发生变化，原来孔径光阑有可能失去限制作用而被其他元件所代替，孔径光阑将发生变化。如例题 1.5 中，当物体移至无限远，这时轴上物点发出的平行光束中，D_1 允许通过的孔径高度最小，因此，此时 D_1 称为孔径光阑。

2. 入射光瞳和出射光瞳

我们把孔径光阑在物方空间的共轭"像"称为入射光瞳，简称入瞳；孔径光阑在像方空间的共轭"像"称为出射光瞳，简称出瞳。孔径光阑、入瞳、出瞳三者互为共轭关系，它们对光束的限制作用是等价的。根据光束限制的共轭原则，入瞳在整个系统的物方对光束进行限制，出瞳则在整个系统的像方对光束进行限制。如图 1-57 所示，P 为孔径光阑，P' 即为入瞳，P 被透镜 L_2 在像方所成的像 P'' 即为出瞳。

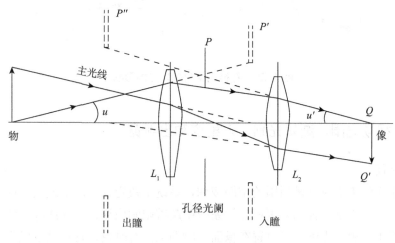

图 1-57　入瞳和出瞳

孔径光阑（或入瞳、出瞳）的位置在有些光学系统中是有特殊要求的，如目视光学系统要求出瞳一定要位于光学系统外面的适当距离处，以便于人眼能与之重合，达到良好的观察效果。而对于无特殊要求的光学系统，孔径光阑的位置可以根据光学系统的像差校正要求来确定。例如，对于轴外物点发出的同心光束而言，不同的入瞳位置等于选择了其中不同的光束部分参与成像，这样就可以选择成像质量好的光束来确定入瞳位置。在图 1-58 中，当入瞳位于位置 1 时，轴外物 B 点以光线 BM_1 和 BN_1 围成的区域成像，当入瞳位于位置 2 时，轴外物点以光线 BM_2 和 BN_2 围成的区域成像，通过比较就可以设定光阑位置，把成像质量差的光线拦在外面。另外，孔径光阑还可以由系统的横向尺寸来决定其位置。当光学系统的光束孔径一定时，孔径光阑与透镜重合，透镜具有最小的横向尺寸，光阑距离透镜越远则要求透镜的横向尺寸越大。还必须指出，当系统的孔径确定以后，随着孔径光阑的位置移动，口径大小要适时地变化，以保证光学系统应有的通光孔径不变。

孔径光阑位置的不同只会引起轴外光束的变化和系统各透镜通光口径的变化，而对轴上点的光束却无影响。因此，孔径光阑的意义，实质上是被轴外光束所决定的。

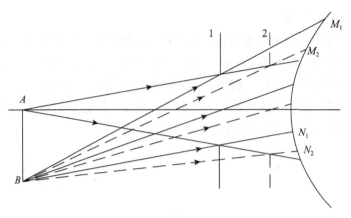

图 1-58　孔径光阑对轴外光的影响

1.5.3　视场光阑、渐晕光阑、入射窗和出射窗

1. 视场光阑

任何光学系统都能对光轴周围的空间成像，系统中决定物平面上或物空间中成像范围的光阑，称为视场光阑。视场光阑在光学系统中起着限制成像范围（或称视场大小）的作用。一般情况下，视场光阑大多设置在像面或物面上，有时也设置在系统成像过程中的某个中间实像面上，如图 1-59 所示。这样物和像的大小直接受视场光阑口径的限制，口径以外的部分将被阻挡而不能成像，系统成像的范围有着非常清晰的边界。视场光阑的大小通常由光学系统的设计要求来决定。例如，在照相系统中，视场光阑就是底片框，它决定了照相机的摄取范围，只有与底片框相对应的物面范围才能成像。又如，在书写投影仪中，被投影的图片框是视场光阑，只有在框内的图案或文字才能在投影屏上成像。前者是将视场光阑设在像面（底片）上，后者是将视场光阑直接设在物面（图片）上。再如，在望远镜系统和显微镜系统中，视场光阑则设置在物镜和目镜之间的实像面（称中间像面）上。根据光束限制的共轭原理，无论视场光阑设置在物面、像面或者是中间实像面上，它对视场范围的限制都是等价的。

光学系统的视场多用物方视场角、物面半径（或直径）来表示。根据视场光阑的不同位置，有不同的视场计算方法：

（1）当视场光阑与像面重合时，视场光阑的口径就是像的大小，由该像的大小和系统的垂轴放大率可求得共轭物的大小，即为视场范围大小。视场光阑与中间实像面重合时的计算方法与此类似。

（2）当视场光阑与物面重合时，视场光阑的大小就是物的大小。

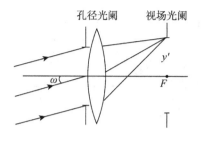 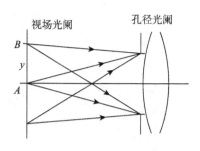

（a）视场光阑设在像面　　　　　　　　　（b）视场光阑设在物面

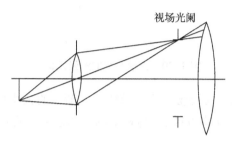

（c）视场光阑设在中间实像面

图1-59　视场光阑

2. 渐晕及渐晕光阑

（1）渐晕的概念及渐晕系数

有些光学系统无法在像面或物面的任意一处设置视场光阑，也不存在中间实像面（如伽利略望远镜），但这时系统的成像范围也并非没有限制，下面讨论此时的视场情况。图1-60中的系统由一个透镜和一个光孔组成，光孔为孔径光阑，也是系统的入瞳，物面上所有点的光束都通过入瞳进入系统。该图描绘了物面上的若干点射入系统的光束情况。图中的虚线圆为透镜的通光口径，实线圆为物点经入瞳射入的光束在透镜面上的截面。当物点在垂直物面上自 A 向下分别移至 B_1、B_2、B_3 时，经入瞳入射的光束截面在透镜面上逐渐上移，由于受到透镜的口径限制，光线被逐渐拦截在透镜框以外，直至 B_3 点入射的光束全部上移至透镜框外，自 B_3 点再向下，物面上的点射进入瞳的光线全部不能进入透镜成像。因此，B_3 点成为系统的视场截止点（或称极限视场位置），此时系统的成像位置由 B_3 决定。由于透镜框的限制，视场由中心向外射入视场的光线逐渐减弱至零，如此对光束限制的元件也可以称作视场光阑。故图1-60中的透镜就是视场光阑，该视场光阑与物面或像面都不重合，轴外物点的成像光线因逐渐减弱而显现出没有清晰的视场边界。这种轴上与轴外物点成像光束大小不同的现象称为渐晕。由以上分析不难知道，视场光阑与物面或像面都不重合时，视场必然产生渐晕。

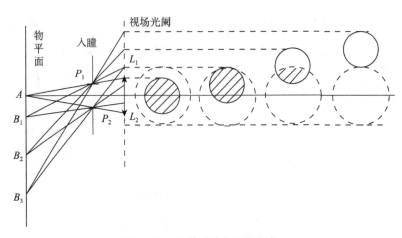

图 1-60　光学系统的渐晕现象

图 1-60 描述了物面上不同视场点的渐晕情况。渐晕的大小可以定量计算，我们把入瞳面上轴外物点通过系统的光束直径 D_ω 与轴上物点通过系统的光束直径 D_0 之比称为线渐晕系数 K_D（图 1-61），即：

$$K_D = \frac{D_\omega}{D_0} \qquad （1-85）$$

由图 1-60、图 1-61 可知，B_1、B_2 和 B_3 点的线渐晕系数分别为 1、0.5 和 0。

还有一种描述渐晕的方法，即轴外物点通过系统的光束面积 S_ω 与轴上物点通过系统的光束面积 S_0 之比，称为面渐晕系数 K_s。为方便计算，采用线渐晕系数。

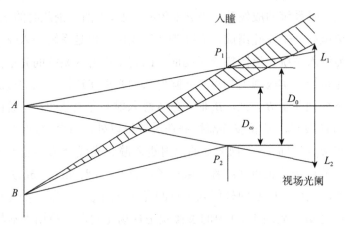

图 1-61　线渐晕系统

（2）渐晕光阑

前面已经知道，视场光阑与像（物）面不重合，客观上必然会产生渐晕。但是，也经常会有这样的情况，视场光阑设置在像（物）面上，但为了减小系统的横向尺寸或改善轴外物点的成像质量，其他的通光元件适当地减小尺寸而拦去部分光线，即人为地在成像范围内产生部分渐晕，起这种光束限制作用的光学元件称为渐晕光阑。渐晕光阑不是光学系统必须的，有的时候也可以有多个。例如，图1-62的望远镜系统，视场光阑设置在中间实像面上，从而决定了视场的大小，但为了适当地减小其后面的目镜尺寸，使边缘视场的部分光束被拦截在目镜之外，从而产生渐晕。这种渐晕与前面所述的情况不同，前面是视场光阑与像（物）面不重合所出现的必然渐晕现象，像面没有清晰的边界。而后者渐晕光阑与像面重合，像面有清晰的边界，只是视场边缘附近处的物点受到渐晕光阑的作用，光线被减弱，使得视场边界附近的像点光照度小于中心区域的像点光照度。通常这种渐晕允许线渐晕系数为0.5，必要时也可达到0.3。

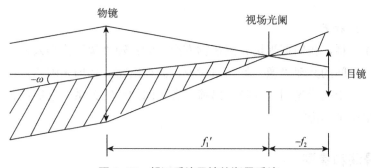

图 1-62　望远系统目镜的渐晕系统

在光学系统中经常涉及外形尺寸的计算问题。外形尺寸计算的内容之一就是根据视场的大小以及渐晕的要求，计算各光学元件应满足的口径。有的光学系统不允许有渐晕，又不希望透镜有过大的口径，通常采用场镜来实现这一目的。场镜就是在系统的中间像面或其附近处加入的正透镜，能够改变成像光束的位置，而不影响系统的光学特性。如图1-63所示的望远系统，物镜的像面$F'_物$处放置了场镜，无限远物体经物镜所成的像恰好位于场镜的物方主面上，通过场镜所成的像在场镜的像方主面上，大小相等。所以场镜的加入不影响系统的光学特性，但场镜对轴外物点的光线产生作用，降低了它们射向目镜时的高度，由图1-63可以看出，目镜的口径可以因此而减小。

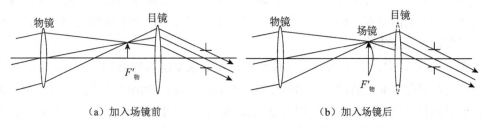

（a）加入场镜前　　　　　　　　（b）加入场镜后

图 1-63　场镜对目镜大小的影响

场镜在一些连续成像的光学系统中经常被采用，可以有效地减小后续透镜的口径。例如，图1-64所示的组合成像系统，在前组像面上加入一个场镜，它将轴外A点的成像光束转向光轴，当主光线与后组的中心重合时，可以最大限度地减小后组的口径。

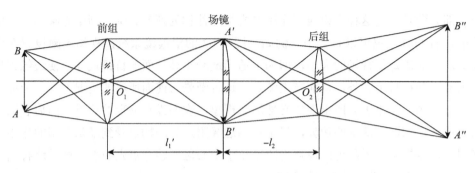

图 1-64　场镜在连续成像系统中的作用

3. 入射窗和出射窗

同孔径光阑一样，我们把视场光阑在物方空间的共轭"像"称为入射窗，简称入窗；视场光阑在像方空间的共轭"像"称为出射窗，简称出窗。视场光阑、入窗、出窗三者之间的共轭关系类似于孔径光阑、入瞳、出瞳三者之间的共轭关系，它们在各自空间对视场（或光束）的限制是等价的。

1.5.4　景深和焦深

1. 景深

理想光学系统的物像关系是一一对应的，理想系统的共线成像理论告诉我们，像方的一个平面对应物方唯一的一个平面。但在实际生活中我们发现，照相底片的平面上得到的不仅是一个平面物体的像，而是有一定空间深度（景深）的景物像。这种现象的产生与物体发出的光束受到限制有关。由于受到孔径光阑的限制，任意物点都将以有限孔径的光束成像，如图 1-65 所示，当像平面设在 A' 处时，与之共轭的物面 A 将在 A' 处成理想像，而位于 A 面之前和之后的空间物点 B_2 和 B_1，经系统成像时，其光束分别与像平面相交为一个有限大小的光斑 z_2' 和 z_1'。若光斑足够小，在实际意义上被认为是一个清晰的点，则物点 B_1 和 B_2 在像面上也认为成像。严格地说，空间有一定深度的物体所成的平面像只是某种实用程度上的清晰像，而不是理想像。我们把在平面上能清晰成像的物空间深度称为景深。下面讨论景深的计算。

在图 1-65 中，A' 所在平面称为景像平面，与景像平面共轭的物平面（A 面）称为对准平面，能在景像平面上清晰成像的最远物面称为远景面，能清晰成像的最近物面称为近景面，远景面到近景面之间的距离即为景深 $\Delta=\Delta_1+\Delta_2$。其中，远景面到对准面的距离为远景深 Δ_1，近景面到对准面的距离为近景深 Δ_2。设对准平面、远景面和近景面到入瞳的距离分别为 p、p_1 和 p_2，相应的共轭面到出瞳的距离分别为 p'、p_1' 和 p_2'，显然，由图中相似三角形可得：

$$\frac{z_1}{D}=\frac{p_1-p}{p_1}, \quad \frac{z_2}{D}=\frac{p-p_2}{p_2}$$

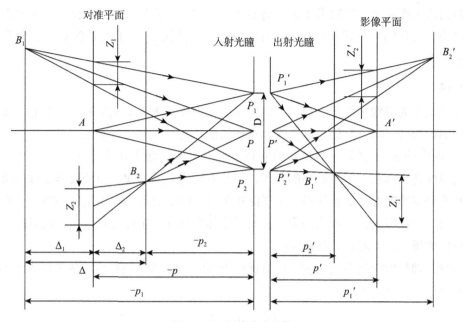

图 1-65 光学系统的景深

于是有：

$$p_1 = \frac{Dp}{D - z_1}, \quad p_2 = \frac{Dp}{D + z_2}$$

设像平面上被认为能清晰成像的光斑大小为 z'，则在对准平面上对应的共轭光斑大小为 z'/β（β 为 A 和 A' 间的垂轴放大率），在对准平面上的光斑 z_1 和 z_2 均应满足清晰像的要求，即：

$$z_1 = z_2 \leqslant \frac{z'}{|\beta|}$$

代入上式得：

$$p_1 = \frac{Dp|\beta|}{D|\beta| - z'}, \quad p_2 = \frac{Dp|\beta|}{D|\beta| + z'}$$

于是得到远景深、近景深、景深分别为：

$$\Delta_1 = p_1 - p = \frac{z'p}{D|\beta| - z'} \tag{1-86}$$

$$\Delta_2 = p - p_2 = \frac{z'p}{D|\beta| + z'} \tag{1-87}$$

$$\Delta = \Delta_1 + \Delta_2 = \frac{2Dp|\beta|z'}{D^2\beta^2 - z'^2} \tag{1-88}$$

式（1-88）中 z' 的数值由接收器的分辨能力确定。由公式可以看出，当 z' 确定以后，景深的大小与入瞳的直径 D、对准平面的距离 p 以及系统的放大率 β（或焦距）有关。景深随入瞳的增大而减小，随对准平面距离的增大而增大，随放大率（或焦距）的增大而减小。同时由式（1-86）～式（1-88）还可以看出，远景深 Δ_1 大于近景深 Δ_2，它们并非对称于对准平面。

2. 焦深

在光学系统的成像中，常会遇到这种情况：若物体是垂直于光轴的一个平面，接收器不仅在它的理想共轭面位置处可以接收到物体的像，而且在其前后附近都可以获得清晰的像。图 1-66 中的 A 与 A' 是一对理想的共轭点，由于接收器在 A' 前后的一定空间深度内接收到的成像光束都是一个足够小的光斑，因此被认为是清晰像，即接收器在理想像面附近前后都能获得清晰像。这就使得一个平面物体对应的是有着一定深度的清晰像空间，我们将一个物平面能够获得清晰像的像方空间深度称为焦深。由此可见，焦深也是由于光束受限所引出的概念。下面来计算焦深：

设出瞳到理想像面的距离为 p'，出瞳直径为 D'，被认为是清晰像点的光斑大小为 z'，由图 1-66 可知 $z_1'= z_2'= z'$，且：

$$\frac{D'}{z'} = \frac{p'}{\Delta_1'} = \frac{p'}{\Delta_2'}$$

于是得到焦深：

$$\Delta' = \Delta_1' + \Delta_2' = 2p'z' / D' \tag{1-89}$$

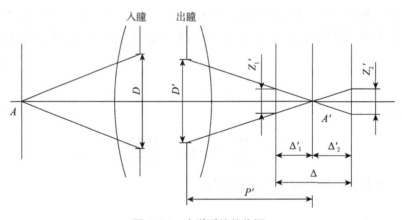

图 1-66　光学系统的焦深

显然，在接收器允许的光斑 z' 确定以后，焦深的大小与系统的出瞳直径 D' 及理想像面的位置 p' 有关。焦深的存在使得光学系统在调焦时很难将接收器的位置准确定位在理想像面上，因此将不可避免地产生调焦误差，这往往是测量光学系统的主要误差来源之一。需要指出的是，这里讨论的焦深只是理想光学系统中的几何焦深，不考虑实际光学系统存在像差及光具有波动特性的复杂情况。应该看到，景深和焦深是两个完全不同的概念，前者描述的是物方空间的深度，后者描述的则是像方空间的深度，虽然在符号表示上有相似之处，但它们绝不是共轭关系。前者是平面像对应的物空间深度，后者是平面像所对应的像空间深度。它们存在的原因：一是由于孔径光阑对光束的限制，二是由于接收器的分辨能力所限。

第六节　像差与成像质量评价

如前所述，近轴成像和理想光学系统都可以获得完善像。但是近轴成像是在对近轴小物体以细光束成像的条件下才能成完善像，这样的条件并没有多大的实用价值。因为从实用的角度看，光学系统都必须具有一定的视场范围并且以宽光束成像，即光学系统都要有一定的视场和孔径，而且它们都超出近轴成像的条件，所以实际光学系统不可能对物体形成完全清晰且相似的完善像。至于理想光学系统则是在近轴成像基础上抽象出来的，而并非实际系统。这样，将实际光学系统与近轴成像或理想光学系统之间的差别所造成的成像缺陷就称为像差。它反映了实际成像的位置、大小和理想成像之间的差异。

像差的产生并不是光学材料质量、生产工艺以及使用不当等方面的缺陷造成的，而是由光学系统本身的物理性质所形成。在所有的光学元件中，平面反射镜是唯一没有像差的元件，它可以形成完善像。根据像差产生的原因不同，可以将像差分成两大类：单色光像差和色差。如果光学系统在复色光（两种以上波长的光，如白光）中工作，则系统除单色光像差外还会产生不同波长光的像差，称为色差。实际光学系统中，单色像差和色差同时存在，共同作用影响成像质量。所谓消除像差，也只是对给定的物面校正几条不同口径上的单色像差和两三种色光的色差，完全消除所有的像差是不可能的。只能通过良好的设计使残余像差在允许的范围内，从而保证成像的质量要求。

1.6.1　单色像差

光学系统在单色光（单一波长的光）中工作，系统可能产生 5 种性质不同的像差，分别是：球差、彗差、像散、场曲（像面弯曲）和畸变。

1. 球差和彗差

球差和彗差都是单色宽光束成像时产生的像差。球差是轴上物点成像的像差，彗差则是轴外物点成像的像差。

（1）球差

在 1.2.2 节中曾指出，由光轴上一点发出与光轴成 U 角的光线，经球面折射后所得的截距 L' 是孔径角 U（或入射高度 h）的函数。因此，轴上点发出的同心光束经光学系统各个球面折射以后，入射光线的孔径角不同，其出射光线与光轴交点的位置就不同，不再是同心光束，相对于理想像点有不同的偏离，如图 1-67 所示，这就是球差。

球差的度量由轴上点发出的不同孔径的光线经系统后的像方截距 L'，和其近轴光的像方截距 l' 之差来表示，即：

$$\delta L' = L' - l' \tag{1-90}$$

其中，$\delta L'$ 为球差值。

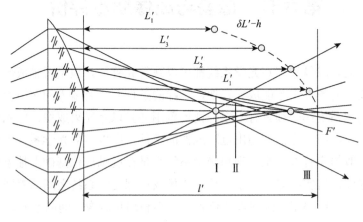

图 1-67　轴上点球差

当存在球差时，在不同像平面位置得到的实际像点如图 1-68 所示。

图 1-68　不同像平面位置的像点

当像平面在Ⅰ位置时，光线的弥散图形为一个周围带有亮圈的圆斑；当像平面逐渐往右移至位置Ⅱ时，弥散图形面积逐渐缩小，亮度增大，并且除四周的亮圈外，中心开始出现亮斑；当像平面继续往右移动，就会找到一个合适的位置，弥散图形的面积最小，亮度最大，称为"最小弥散圆"；当像平面由此位置继续右移，如移至位置Ⅲ时，弥散圆形周围的亮圈逐渐消失。再往右移动，则弥散圆形面积很快扩大，亮度迅速减小，最后中央亮斑消失。总之，在任何位置都不能得到一个理想的像点，不过相比较来说，当像平面位于最小弥散圆位置时成像质量最好。上面实际像点的弥散圆形之所以出现复杂的花纹，是由于光波的衍射引起的。

球差对成像质量的影响使得高斯像面（理想像面）上得到的不是点像，而是一个圆形弥散斑，这使像模糊不清。所以，为使光学系统成像清晰，必须校正球差。利用正负透镜组合，可以校正球差。大部分光学系统只能做到对一条光线校正球差，一般是对边缘光线校正的，若边缘光线球差为零，则称该系统为消球差系统。对单色光而言，轴上点只有球差；对于轴外点，物面上各点均有球差，但小视场范围内的点可认为球差的影响是一致的。

（2）彗差

单色光轴外物点宽光束成像的像差称为彗差。为考察单色光轴外像差，对轴外物点所发出的光束，一般在整个光束中通过主光线取出两个互相垂直的截面进行分析。其中一个是主光线和光轴决定的平面，称为子午面；另一个是通过主光线和子午面垂直的截面，称为弧矢面。

下面以单折射球面为例说明彗差形成的原因。如图 1-69 所示，轴外点 B 发出的子午光束，对辅轴 BC 来说就相当于轴上点光束。其中上光线 a，主光线 z 和下光线 b 与辅轴夹角不同，故有不同的球差值，所以三条光线不能交于一点，即在折射前主光线是子午光束的轴线，折射后则不再是光束的轴线，光束失去了对称性。用上、下光线的交点 B_T' 对主光线垂直于光轴方向的偏离来表示这种光束的不对称，称为子午彗差，以 K_T' 表示。它是沿垂直于轴的方向量度的，故是垂轴像差的一种。

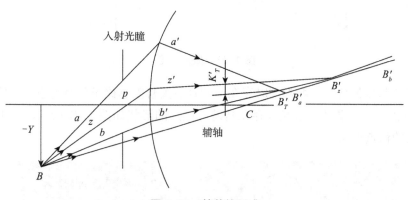

图 1-69　彗差的形成

如图 1-70 所示，子午彗差值以轴外点子午光束上、下光线在高斯像面上交点高度的平均值 $(y_a' + y_b')/2$ 和主光线在高斯像面上交点高度 y_z' 之差表示，即：

$$K_T' = (y_a' + y_b')/2 - y_z' \tag{1-91}$$

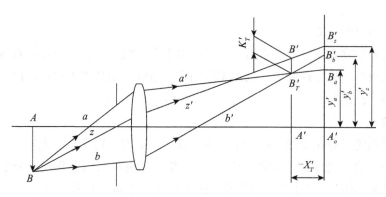

图 1-70　子午彗差

如图 1-71 所示，由轴外点 B 发出的弧矢光束的前光线 d 和后光线 c，折射后交于 B'_s，由于两光线对称于子午面，故点 B'_s 应在子午面内。点 B'_s 到主光线的垂直于光轴方向的距离称为弧矢彗差，以 K'_s 表示。弧矢彗差 K'_s 值为：

$$K'_s = Y'_c - Y'_z = Y'_d - Y'_z \tag{1-92}$$

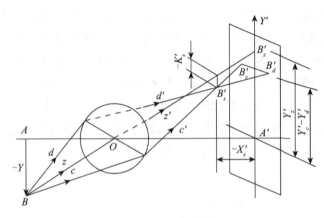

图 1-71　弧矢彗差

子午彗差和弧矢彗差一般都同时存在，并且弧矢彗差总比子午彗差小，大约等于子午彗差的三分之一。如果光学系统只存在彗差，像点的形状如图 1-72 所示，图中分别为彗差由小到大的像点形状。

图 1-72　像点的彗差形状

2. 像散、场曲和畸变

轴外点发出的宽光束经单个折射球面后，由于主光线与光轴不重合，有彗差产生。若把光阑缩到无限小，只允许沿主光线的无限细光束通过，则彗差不存在，但是有细光束引起的像散和场曲存在。

（1）像散

如果光学系统只存在像散，则子午光束和弧矢光束均分别交于主光线上的一点，但两交点的位置不重合，光束结构如图 1-73 所示。整个光束形成两条焦线，分别称为"子午焦线"和"弧矢焦线"。"子午焦线"和"弧矢焦线"之间的距离 $(x_t' - x_s')$ 即为像散。当像平面在子午焦线位置时，得到一条水平焦线；在弧矢焦线位置时，得到一条垂直焦线，如图 1-74（a）所示。在两焦线中间位置得到的弥散图形，如图 1-74（b）所示。光学系统的像散通常用图 1-73 中的像散曲线 t、s 表示。

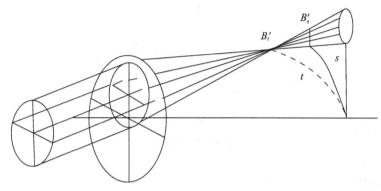

图 1-73　像散的光束结构

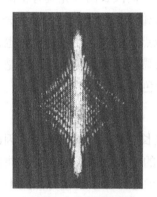 

（a）弧矢焦线位置的像散　　　　　　　（b）两焦线中间位置的像散

图 1-74　不同位置处的像散

（2）场曲和畸变

当其他像差都等于零，而只存在场曲时，整个光束交于一点，但交点和理想像点并不重合。虽然对每一物点都能得到一个清晰的像点，但是整个像面不在一个平面上，而是在一个回转的曲面上。因此，不能得到一个清晰的像平面，但它实际上仍然会影响像平面上的清晰度。每一个像点在像平面上都能得到一个弥散圆。

当光学系统只存在畸变时，整个物平面能够成为一个清晰的平面像，但像的大小和理想像高不等，整个像就要发生变形。如果实际像高小于理想像高，则像的变形如图 1-75（a）所示；反之，实际像高大于理想像高，则像的变形如图 1-75（b）所示。通常把图 1-75（a）称为"桶形畸变"，而把图 1-75（b）称为"枕形畸变"，畸变随着视场减小而迅速减小。因此，在视场比较小的光学系统中畸变不显著，同时因为它不影响像平面的清晰度，一般要求不严格。

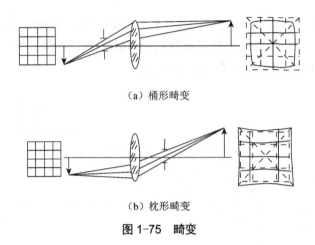

（a）桶形畸变

（b）枕形畸变

图 1-75　畸变

1.6.2　色差

当光学系统的入射光为白光时，由于光学材料对不同波长的色光具有不同的折射率，在光学系统几何参数不变的情况下，系统的焦距以及成像位置对不同波长的色光是不同的，因此不论是轴上点还是轴外点，其成像位置对高斯像点有偏离，对各种色光也是不同的。所以用白光对某点成像时，得到的是一个彩色的弥散斑，这就是色差。色差是各种色光之间成像位置和成像大小的差异，分为位置色差和倍率色差。

1. 位置色差

相同光学材料对不同波长色光的折射率不同，波长越短，折射率越高，因此，同一透镜对不同色光有不同的焦距，如图 1-76 中焦距最短的 F 光（波长最小）和焦距最长的 C 光（波长最大）。当透镜对于一定物距 l 处的物点成像时，由于各色光焦距不同，按高斯公式可求得不同的 l' 值。结果，不同波长的光线，它们的像点离开透镜的距离不同，这就是位置色差，也称为轴向色差。位置色差的存在，使得在任意的像面（包括理想像面）处，物点的像都是彩色的弥散斑，不同的色光半径不同，并且不同位置色光的分布也不同。如图 1-76 所示，F 光的 l' 值最小，因此在 A'_F 处的弥散斑中心为 F 光的像点，最外边为 C 光的弥散色斑，而 C 光的 l' 值最大，A'_C 处的弥散斑中心为 C 光的像点，最外边为 F 光的弥散色斑。

通常用 F 光和 C 光的像平面之间的距离表示位置色差。若 l'_F 和 l'_C 分别表示 F 光和 C 光的高斯像距，则位置色差 $\delta l'_{FC}$ 为：

$$\delta l'_{FC} = l'_F - l'_C \tag{1-93}$$

光学系统校正了位置色差以后，轴上点发出的两种单色光通过系统后交于光轴同一点，即可认为两种色光的像面重合在一起。

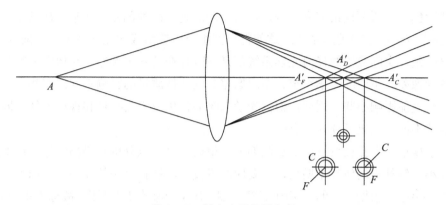

图 1-76　轴上点的位置色差

2. 倍率色差

对轴外点来说，不同色光的焦距不等时，垂轴放大率也不相等，因而有不同像高。光学系统对不同色光的垂轴放大率的差异称为倍率色差，亦称为放大率色差或垂轴色差，用 F 光和 C 光在同一像平面（一般为 D 光的理想像平面）上像高之差表示。若 y_F' 和 y_c' 分别表示 F 光和 C 光的主光线在 D 光理想像平面的交点高度，则倍率色差 $\delta y_{FC}'$ 为：

$$\delta y_{FC}' = y_F' - y_C' \tag{1-94}$$

设系统对无限远物体成像，如果是薄透镜光组，当两种色光的焦点重合时，则焦距相等，有相同的放大率。如为复杂光学系统，两种色光的焦点重合，因主面不重合而有不同的焦距，即有不同的放大率，则系统存在倍率色差。以目视光学系统为例，若被观察面是黄绿光（D 光）的高斯像面，则所看到的 F、C 光像高是它们的主光线和 D 光高斯像面交点的高度，如图 1-77 所示。故倍率色差定义为轴外点发出两种色光的主光线在消单色光像差的高斯像面上交点高度之差。

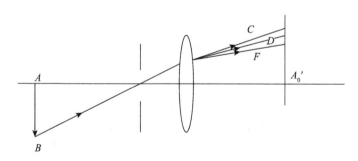

图 1-77　轴外点的倍率色差

倍率色差是在高斯像面上量度的，故是垂轴像差的一种。当倍率色差严重时，物体的像有彩色边缘，即各种色光的像轴外点不重合。因此，倍率色差将破坏轴外点像的清晰度，造成白色像的模糊，大视场光学系统必须校正倍率色差。一般通过不同玻璃的正负透镜的组合来消除色差。所谓校正倍率色差，是指对所规定的两种色光，在某一视场使倍率色差为零。反射式光学系统无色差存在，这使得全部由反射镜组成的光学系统近年来备受关注。需要指出的是，实际应用的任何光学系统都是同时存在着各种像差，在像面上得到的像也包含着各种像差。不同的光学系统、不同像差对其成像质量的影响不同，有些像差比较严重，有些则可能影响小些。因此，根据光学系统的使用及不同孔径和视场条件不同，对像差的要求就不同，大致可分为三类：

（a）小视场、大孔径系统：如显微物镜、望远物镜、电分机扫描物镜等。这类系统，由于视场小，轴外点的像差不明显，主要应注意校正与孔径有关的像差，如球差、位置色差等。这种系统结构比较简单，多用于目视仪器，对残余像差要求严格，故称为小像差系统。

（b）大视场、小孔径系统：如目镜。由于孔径小，所以与孔径有关的像差，如球差、位置色差等比较容易校正；但由于视场大，应对轴外像差，尤其是倍率色差、像散、场曲等要认真校正。

（c）大视场、大孔径系统：如照相物镜。由于这类系统视场和孔径都比较大，因而7种像差都要认真校正。因为需要校正的像差种类比较多，这类系统的结构都比较复杂。

第2章 物理光学基础知识

第一节 光波干涉

光的干涉现象是光波独有的特征，如果光具有波动性，就必然会发生光的干涉现象。这一发现在历史上对于由光的微粒说到光的波动说，以及光的波粒二象性理论的演进起到了不可磨灭的作用。1801年，英国物理学家托马斯·杨（1773—1829）在实验室里成功地观察到了光的干涉，提出了干涉原理并首先做出双狭缝干涉实验，同时还对薄膜形成的彩色做出了解释。目前，光的干涉现象已经广泛地应用于精密计量、天文观测、光弹性应力分析、光学精密加工中的自动控制等许多领域。

干涉现象通常表现为光场强度在空间呈现出相当稳定的明暗相间条纹分布；有时则表现为，当干涉装置的某一参量随时间改变时，在某一固定点处接收到的光强按一定规律进行强弱交替的变化。

2.1.1 光波的干涉及实现方法

当两列同频率、同振动方向、相位差恒定的光波叠加时，会发生波的干涉现象。由两个普通独立光源发出的光，不可能具有相同的频率，更不可能存在固定的相差，因此，不能产生干涉现象。

通常若干个独立发光的光源，即使它们发出相同频率的光，这些光相遇时也不会出现干涉现象。其原因在于：光源发出的光是初位相为无规则分布的大量波列，每一波列持续的时间不超过1秒的数量级，也就是说，每隔1秒左右，波的初位相就要进行一次随机的改变。而且，任何两个独立光源发出波列的初位相又是统计无关的。由此可以想象，当这些独立光源发出的波相遇时，只在极其短暂的时间内产生一幅确定的条纹图样，而每过1秒左右，就换成另一幅图样。迄今尚无任何可检测或记录装置能够跟上如此急剧的变化，因而观测到的是上述大量图样的平均效果，即均匀的光强分布而非明暗相间的条纹。不过，目前激光器已经可以实现发出的波列长达数十公里，亦即波列持续时间为1秒的数量级。因此，若采用时间分辨力 $\Delta \tau$ 比1秒更短的检测器，则两个同频率的独立激光器发出光波的干涉，也是能够观察到的；同时要求两列光波的振动方向相同，这是由于当两个光波的偏振面相互垂直时，无论二者有任何值的固定位相差，合成场的光强都是同一数值，不会表现出明暗交替（欲观察明暗交替的变化效果，须借助偏振元件）。

那么如何才能获得两束相干光呢？可以设想有这样一种装置，它将从同一光源发出的光分成两束，并让它们沿不同的路径同时到达观察点，从而使得任何时刻到达观察点的都是从同一批原子发射出来、经过不同光程的两列光波，只要装置调整合适并保持不动，这两列光波就具有相同的频率、振动方向和固定的相位差，从而构成相干光并可发生显著的干涉现象。

利用普通光源获得两束相干光的方法一般有两种：分波面干涉和分振幅干涉，在分波面干涉中，将点光源的波阵面分割为两部分，使之分别通过两个光具组，经反射、折射或衍射后交迭起来，在一定区域形成干涉。由于波阵面上任一部分都可看作新光源，而且同一波阵面的各个部分有相同的位相，所以这些被分离出来的部分波阵面可作为初相位相同的光源，无论点光源的位相改变得如何快，这些光源的初相位差都是恒定的。典型实验如杨氏双缝干涉实验等。分振幅干涉中，一束光投射到两种透明媒质的分界面上，光能一部分发生反射，另一部分发生折射。最简单的分振幅干涉装置是薄膜，它是利用透明薄膜的上下表面对入射光的依次反射，由这些反射光波在空间相遇而形成的干涉现象。由于薄膜上下表面反射的光为来自同一入射光的两部分，只是经历了不同的路径而有恒定的相位差，因此它们是相干光，主要有等倾干涉、等厚干涉等。由于实际应用中分振幅干涉现象应用较多，以下将重点介绍。

2.1.2 分振幅薄膜干涉

在日光的照射下，油膜、肥皂泡等都能够显示出绚丽的颜色，这些现象都是由分振幅薄膜干涉引起的。在近代光学仪器中，为减少光能在传递过程中的损失，在透镜等元件表面均会镀有透明的薄膜，这样可利用反射光束的干涉相消使反射光强度大大减小，从而增加透射光的强度。此外，还可以利用薄膜使某些特定波长的光发生干涉相消，从而制成滤光片，这些都是薄膜干涉的应用实例。

如图2-1所示，从点 S 发出的光波，在折射率分别为 n_1 和 n_2 的两种介质界面处发生了反射和折射，折射光再经下界面反射从上界面射出，在折射率为 n_1 的介质中，就有 1、2 两列光波，由于它们都是从同一列光分得的，所以是相干光；由于它们是将原入射光的能量（振幅）分为两部分得到的，所以被称为分振幅薄膜干涉（折射率为 n_2 的介质是一层薄膜）。

两光线 1 和 2 在焦平面上点 P 相交时的光程差为：

$$\delta = n_2\left(AB + BC\right) - n_1 AD$$

设薄膜的厚度为 d，由图 2-1 可知，$AB=BC=d/\cos r$，$AD=AC\sin i=2d\tan r \cdot \sin i$，根据折射定律 $n_1\sin i=n_2\sin r$，可知光程差为：

$$\delta = 2d\sqrt{n_2^2 - n_1^2 \sin^2 i} + \delta' \tag{2-1}$$

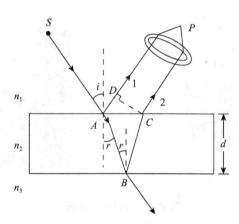

图 2-1　分振幅薄膜干涉

δ' 取决于 n_1 和 n_2，由半波损失决定（注：如果光是从光疏媒质传向光密媒质，在其分界面上反射时将发生半波损失，折射波无半波损失），等于 0 或 $\lambda/2$。

从式（2-1）可以看出，对于厚度均匀的薄膜，光程差是由入射角 i 所决定，凡以相同倾角入射的光，经膜的上、下表面反射后产生的相关光束均有相同的光程差，从而对应于干涉图样中的一条条纹，故将此类干涉条纹称为等倾条纹，这种现象叫作等倾干涉。

等倾干涉明纹的光程差的条件为：

$$\delta = 2d\sqrt{n_2^2 - n_1^2\sin^2 i} + \delta' = k\lambda, k = 1,2,3,\cdots$$

等倾干涉暗纹的光程差的条件为：

$$\delta = 2d\sqrt{n_2^2 - n_1^2\sin^2 i} + \delta' = (2k+1)\lambda/2, k = 0,1,2,3,\cdots$$

当入射光为平行光且垂直入射时（即 $i=0$），则：

$$当 \delta = 2dn_2 + \frac{\lambda}{2} = k\lambda, k = 1,2,3,\cdots \quad 干涉增强 \tag{2-2}$$

$$\text{当}\delta = 2dn_2 + \frac{\lambda}{2} = (2k+1)\frac{\lambda}{2}, k = 0,1,2,3,\cdots \text{干涉减弱} \qquad (2\text{-}3)$$

透射光中也存在干涉现象，两透射光线的光程差为：

$$\delta = 2d\sqrt{n_2^2 - n_1^2\sin^2 i} \qquad (2\text{-}4)$$

当反射光的干涉相互加强时，透射光的干涉相互减弱。显然，这是符合能量守恒定律的。当反射光相互加强时，透射光相互减弱；当反射光相互减弱时，透射光相互加强，两者是互补的。

只要光线的入射方向相同，即有相同的入射角 i，各源点均会在透镜 L 后焦面上产生相同的干涉级次（k 相同），如图 2-2（a）所示。干涉图样是一组明暗相间的同心圆环，如图 2-2（b）所示：

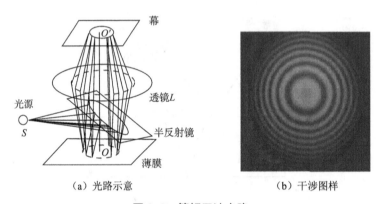

（a）光路示意　　　　　　　　　　　（b）干涉图样

图 2-2　等倾干涉光路

膜层的厚度均匀（d 不变），当干涉级次 k 和入射角 i 一定时，相同入射角 i 的光线对应于同一条干涉条纹——等倾条纹（即入射角相同的光线分布在锥面上），即在薄膜上不同入射点但入射角 i 相同的光属于同一级条纹。

条纹级次的分布：当薄膜的厚度 d 一定时，随着干涉级别的增大，光程差 δ 增大，入射角减小，同心圆环的半径 r（$=f\cdot\tan i$）减小。其中，f 为透镜 L 的焦距。

波长对条纹的影响：当干涉级次 k 和薄膜厚度 d 一定时，波长 λ 增大，入射角 i 减小，同心圆环的半径减小。

薄膜的厚度 d 变化时，条纹的移动：当干涉级次一定时（光程差 δ 保持不变），薄膜的厚度 d 增大，入射角 i 增大，同心圆环的半径 r 增大，同级条纹从中心向外长出；薄膜的厚度 d 减小，入射角 i 减小，同心圆环的半径 r 减小，同级条纹向中心陷落。

根据上述薄膜干涉的能量增强或减弱特点，等倾薄膜干涉可用来在光学器件中制作增透膜或增反膜，如图 2-3 所示。由于空气的折射率小于氟化镁的折射率，小于玻璃的折射率，反射光由光密介质射向光疏介质，光线 1、2 无半波损失，设光线垂直入射，则光程差 $\delta=2n_2h$，若入射光波长为 λ，$\delta=(2k+1)\lambda/2$（$k=0,1,2\cdots$）时，反射光干涉相消，透射光增强，氟化镁为增透膜。如果薄膜是反射光干涉相长，则称为增反膜。

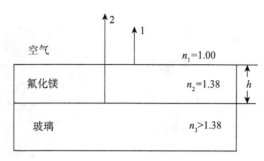

图 2-3　增透膜

利用光的薄膜干涉现象，可以制作不同的变色材料（如变色薄膜、变色油墨等），改变观察角度，会出现不同的颜色视觉效果，这部分内容将在第二篇做具体的介绍。

第二节　光的衍射

2.2.1　光的衍射及强度分布

光波在传播过程中遇到障碍物时，偏离直线传播而向各个方向绕射的现象叫作光的衍射。光的直线传播给了我们深刻的印象，光的衍射现象却往往不易被人察觉。如图 2-4 所示，在水面上，当光在穿过小孔时，就会出现衍射现象。

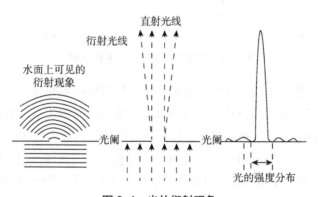

图 2-4　光的衍射现象

当光在传播过程中遇到不透明的障碍物时，如一束平行光通过图 2-5 所示带有狭缝的遮光屏 G，可以在观察屏幕上看到遮光屏投射出的边缘清晰的影子，如图 2-5（a）所示。这就是人们熟知的光的直线传播。如果缩小缝隙的宽度，就会发现观察屏幕上遮光屏影子的边缘逐渐变得模糊，而照明区向阴影区域扩展。如果遮光屏的缝隙变得足够窄，就会出现明显的光"绕过"挡板的现象，在观察屏幕上不再存在对比分明的几何阴影区，而是出现了明暗相间的一系列条纹（如果入射光是单色光），这就是光的衍射现象，如图 2-5（b）所示。

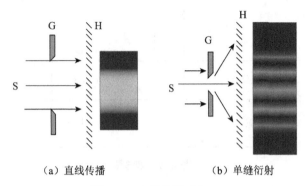

（a）直线传播 （b）单缝衍射

图 2-5 光的传播现象

通常我们把光的衍射现象分为两类，当光源和观察屏（或者二者之一）离开衍射缝（或孔）的距离有限，这种衍射被称为菲涅耳衍射（近场衍射），如图 2-6（a）所示。如果光源和观察屏都距离衍射缝（或者孔）无限远，这种衍射被称为夫琅禾费衍射（远场衍射），如图 2-6（b）所示。图中光源 S 位于透镜 L_1 的焦点，屏幕 P 位于透镜 L_2 的焦平面，可以把夫琅禾费衍射视为菲涅耳衍射的极限情况。

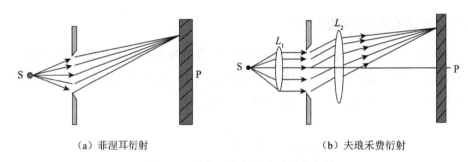

（a）菲涅耳衍射 （b）夫琅禾费衍射

图 2-6 菲涅耳衍射和夫琅禾费衍射

一般情况下，利用惠更斯－菲涅耳原理计算衍射图样中的光强分布时，还需要考虑每个子波波源发出的子波振幅和位相、传播距离及传播方向间的关系，这种计算比较复杂。而对于夫琅禾费衍射来说，这种计算则比较简单，同时又有很多的实际应用。

图 2-7 为夫琅禾费单缝衍射的实验光路，可见狭缝上下边缘处 A、B 到点 P 的光程差 AC 为 $\delta=a\sin\theta$，当光程差 δ 等于波长 λ 的偶数倍时，单波处的波面可以分为偶数个半波带，当 δ 等于波长 λ 的奇数倍时，单波处的波面可以分为奇数个半波带。当 $\theta=0$ 时，各个半波带到观察屏的光程差为零，通过透镜后会聚在透镜焦平面上，这就是中央明条纹（零级明纹）中心的位置，此处的光强最大。对于其他衍射角 θ，如果单缝处的波面不能刚好分成整数个半波带，则在观察屏上形成介于明条纹中心和暗条纹中心之间的区域。

综上所述，当平行光垂直于单缝平面入射时，衍射光束形成的明暗条纹位置分别由式（2-5）～式（2-7）决定：

中央明条纹中心：$\theta=0$ （2-5）

暗条纹中心：$a\sin\theta=\pm k\lambda$，$k=1$，2，3…   （2-6）

明条纹中心：$a\sin\theta=\pm(2k+1)\lambda/2$，$k=1$，2，3…   （2-7）

其中 a 为单缝的宽度，衍射角 θ 是衍射光线和单缝平面法线间的夹角。单缝衍射图样的光强分布如图 2-8 所示，中央明纹处光强最大，其他明纹光强迅速下降。

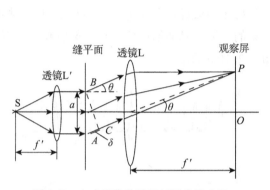

图 2-7　夫琅禾费单缝衍射的实验光路

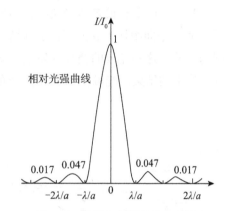

图 2-8　单缝衍射图样的光强分布

两个第一级暗条纹（$\sin\theta=\pm k\lambda/a$）中心间的距离即为中央明条纹的宽度，约为其他各级明条纹宽度的两倍，考虑到此时 θ 角较小，中央明条纹的半角宽度可写为 $\theta\approx\sin\theta=\lambda/a$。透镜 L 的焦距为 f，可得观察屏上中央明条纹的线宽度如式（2-8）所示：

$$\Delta x=2f\tan\theta\approx2f\sin\theta=2f\lambda/a \qquad（2-8）$$

式（2-8）称为衍射反比律，它表明中央明条纹的宽度与波长 λ 成正比，与缝宽 a 成反比。缝越窄，中央明条纹越宽，衍射越明显；缝越宽，中央明条纹越窄，衍射越不明显。

当缝宽 $a>\lambda$ 时，各级衍射条纹向中央靠拢，显示出单一的明条纹，其实就是光源 S 经过透镜所成的像，等同于从单缝射出的光是直线传播的平行光束。由此可见，光的直线传播现象，是光的波长较孔（或缝）或者障碍物的尺寸小很多、衍射不明显时的情形。依据以光的直线传播为基础的几何光学理论，可将之视为波动光学在 $\lambda/a\rightarrow0$ 时的极限情况。

我们讨论光的单缝衍射时，用了波的叠加规律。光的干涉和衍射现象，其本质上都可以视为光波相干叠加的结果，其不同在于，光在发生衍射时，波面（连续的）为无穷多次波的相干叠加；而光在发生干涉时，为分立的有限多的光束相干叠加。后面将以光栅为例进行介绍，其本质上是单缝衍射和多光束干涉共同作用的结果。

2.2.2　光栅衍射和光栅光谱

具有空间周期性的衍射屏被称为衍射光栅。实际应用的光栅，一般每毫米内可有几十条甚至几万条刻痕，当光波在光栅上透射或者反射的时候，将发生衍射，产生明亮尖锐的亮纹，还可以把入射光中不同波长的成分分隔开来进行光谱分析。光栅是近代物理实验中经常要使用到的一种重要分光元件，下面主要讨论光栅衍射和光栅光谱的基本规律。

光栅的基本实验装置如图2-9所示，每一个透光的狭缝宽度为 a，不透光部分的宽度为 b，光栅的空间周期性单元 $d=a+b$ 叫作光栅常数，其倒数 $1/d$ 为光栅密度，表示单位长度内有多少个狭缝。光栅上透光狭缝总的数目用 N 表示。当单色平面光波垂直入射到光栅表面上时，光栅上有很多透光狭缝，透过每个狭缝的光都将发生衍射；而这些狭缝，还可以看作是 N 个间距均为 d 的子波波源阵列，这些子波波源沿各个方向发出频率相同、振幅相同的光波，这些光波的叠加就发生了多光束的干涉。光栅衍射将是单缝衍射和多光束干涉综合作用的结果，光栅衍射的光强分布如图2-10所示。

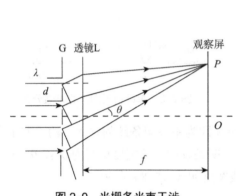

图 2-9　光栅多光束干涉　　　　图 2-10　多光束干涉、单缝衍射和光栅衍射的光强分布

光栅的衍射图样分布具有如下一些特征：

（1）与单缝衍射图样相比，光栅衍射的图样中出现了一系列新的强度最大值和最小值，其中那些较强的亮线称为主最大，较弱的亮线称为次最大。

（2）主最大的位置与狭缝数目 N 无关，但它们的宽度会随着 N 的增大而减小，光强则正比于 N^2，相邻主最大之间有 $N-1$ 条暗纹和 $N-2$ 个次最大（图2-10中光栅衍射图样对应于 $N=4$ 的情况）。

（3）光栅衍射强度分布曲线的包络线与单缝衍射强度曲线形式一致。

下面我们对光栅衍射形成的物理过程做一些定性的分析。

当衍射角为 θ 时，光栅上相邻的狭缝到达观察屏上 P 点的光程差均为 $d\sin\theta$，当衍射角 θ 满足

$$d\sin\theta = k\lambda \ , k=1,2,3\cdots \tag{2-9}$$

时，所有狭缝处波面发出的次波到达 P 点时都将是同相的。它们在 P 点将发生干涉相长，从而在观察屏上出现明条纹。值得指出的是，此时点 P 处光场的合振幅将是来自一条狭缝处光场振幅的 N 倍，合光强则是来自一条狭缝的光强的 N^2 倍。和这些明条纹对应的光强

最大值称作主最大，决定主最大位置的方程式（2-9）叫作光栅方程，整数 k 则被称为谱线的级数。从光栅方程式可以看出，主最大值的位置由光栅常量 d 和光波长 λ 决定，而与光栅数目 N 无关。

光栅衍射中每一条谱线（主最大值）的角宽度为其左右两侧附加第一最小值之间的角距离。从主最大值的中心到其一侧附加第一最小值之间的角距离称为谱线的半角宽度 $\Delta\theta$，对于第 k 级谱线来讲，$\Delta\theta$ 由公式（2-10）决定：

$$\Delta\theta = \frac{\lambda}{Nd\cos\theta} \tag{2-10}$$

可见，谱线的半角宽度 $\Delta\theta$ 与光栅的尺寸大小（光栅常数 d 和光栅缝数 N 的乘积）成反比，由于通常所用的光栅每毫米内都有成千上万条狭缝，而主最大值的合光强又是来自一条狭缝的光强的 N^2 倍，如果入射光是很好的单色光，光栅给出的光谱将是一系列又细又亮的明条纹，如图 2-10 中多光束干涉的图样所示。

上面讨论的多光束干涉是在忽略狭缝的衍射效应，假定各个狭缝在各个方向上衍射光的强度大小都相同而得出的。光栅狭缝的尺寸过小，使得衍射效应不可避免，在不同的衍射角度 θ 上光的强度是不同的，其强度分布如图 2-8 及图 2-10 中单缝衍射所示。因此，不同方向 θ 上衍射光相干叠加所形成的主最大也就会受衍射效应的影响，或者说，光栅衍射中各个主最大会受单缝衍射的调制：在衍射光强大的方向上主最大的光强就大，而衍射光强小的方向主最大的光强也小。最后通过光栅衍射图样就得到了如图 2-10 中所示的光强分布。

值得指出的是，由于单缝衍射的光强分布在某些特定的方向 θ 上为零，此时如果对应于 θ 方向按照多光束干涉本来应该出现某级主最大，那么该级主最大将消失。这种由于衍射调制而出现的特殊现象，被称为缺级现象，所缺的级次由光栅常量 d 和狭缝宽度 a 的比值决定。主最大由光栅方程式（2-9）决定。

而单缝衍射光强为零的角度满足：

$$a\sin\theta = \pm k\lambda$$

如果某一衍射方向 θ 同时满足上面这两个方程，则 k 级主最大缺失。两式相除，可得：

$$k = \pm\frac{d}{a}k, k = 1, 2, 3, \cdots$$

例如，当 $d/a=4$ 即当 $k=\pm4$，±8 时，这样级次的主最大将出现缺失，如图 2-10 中光栅衍射所示 ±4 级次主最大所出现的缺级情形。

由光栅方程式（2-9）可知，当有多种波长成分的复色光垂直入射到光栅上时，不同波长入射光的后一级次主最大将被光栅衍射到不同的角度 θ 上：波长越短，衍射角越小；波长越长，衍射角越大，同级次不同波长的亮条纹将按照波长大小有序排列。由这些波长不同的同级次谱线集合起来形成的一组谱线被称为光栅光谱，不同的 k 有不同的光谱，k

的数值即为光谱的级数，这就是光栅的分光作用。如图 2-11 所示，如果光源含有频率从低到高的所有色光（如白光），则在每一级光栅光谱中也都含有所有不同频率的色光谱线，此时的光谱叫作连续光谱；如果光源中只含有几种独立、特定波长的色光，则每一级光栅光谱中都只含有这几种特定波长的谱线，这种光谱叫带状光谱。

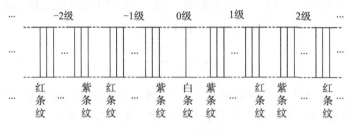

图 2-11　光栅光谱

光栅的衍射级次受到光栅的刻划周期 g 和入射角的影响，光栅的最大光谱带宽是相邻衍射级次的光栅光谱无重叠的范围，如图 2-12 所示为 2500nm 的光栅周期，在可见光 400～700nm 范围，衍射级次分别为 ±1，±2，±3 的光栅光谱分光示意。衍射级次为 1 级时，接收角度范围为 9.2°～18.3°，衍射级次为 2 级时，接收角度范围为 18.7°～34.1°，衍射级次为 3 级时，接收角度范围为 28.7°～57.1°。受到光栅周期和入射角的影响，并不是在任意的接收角度都能接收到衍射能量，如光栅周期为 500nm，入射角为 0° 时，对于 500nm 的入射光波长，衍射角度为 90° 时，仅可接收到 ±1 级衍射能量；而对于波长大于 500nm 的光波长将无衍射能量。

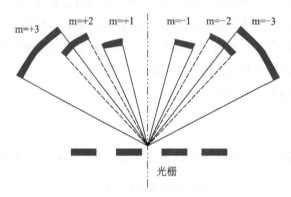

图 2-12　光栅常数为 2500nm 衍射级次为 ±1，±2，±3 的光谱范围

第三节　成像系统的分辨率

"分辨率"是光学系统成像质量中一个重要的检验指标，其含义为光学系统所能分辨

的最小间隔。在完全没有像差，即成像完善的理想光学系统中，由于光波的物理特性所限，其分辨微小物点的能力也是有限的，将其定义为理想光学系统的分辨率。但实际的光学系统，由于存在像差和加工、装配等误差，分辨率会有所下降，通常将它和理想分辨率的差，作为衡量系统设计、制造质量优劣的分辨率检验指标。

2.3.1 理想光学系统的分辨率

按照 1.3.1 中对理想像的定义，由同一物点发出的光线，通过光学系统以后，应全部聚焦于一点，即为理想像点。但实际上，在像面上得到的是一个具有一定面积的光斑，如图 2-13 所示。

之所以会出现这样的情况，是因为光具有波动性。虽然大部分光学现象可以利用光为几何线的假设进行说明，但在某些情况下，就不能用它来准确地描述光的传播现象，如在光束的聚焦点附近，几何光学的误差就很大，就必须把光看作电磁波的物理光学方法进行研究。

图 2-13 所示的结果，是由于光波通过光学系统中限制光束口径的孔径光阑发生衍射形成的。根据圆孔衍射的原理可以求得：衍射光斑的中央亮斑集中了全部能量的 80% 以上，其中第一亮环的最大强度不到中央亮斑最大强度的 2%。衍射光斑中各环能量分布如图 2-14 中曲线所示。

图 2-13 衍射光斑

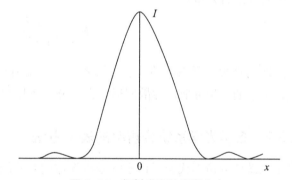

图 2-14 衍射光斑的光强分布

通常把衍射光斑的中央亮斑作为物点通过理想光学系统的衍射像。中央亮斑的直径由下式表示：

$$2R = \frac{1.22\lambda}{n'\sin U'_{\max}} \tag{2-11}$$

式中，λ 为光波的波长，n' 为像空间介质的折射率，$U'_{\max}$ 为光束的会聚角，如图 2-15 所示。

由于衍射像有一定的大小，如果两个像点之间的距离太短，就无法分辨出这是两个像点。我们把两个衍射像间所能分辨的最小间隔称为理想光学系统的衍射分辨率。假定 A、

B 两发光点间的距离足够大，所成理想像点间的距离将会较中央亮斑的直径大，这时在像面上会出现两个分离的亮斑，显然能够分清这是两个像点。当两物点逐渐靠近时，像面上的亮斑随之靠近；当两中央亮斑中心间的距离小于亮斑的直径时，两个亮斑将开始重叠，在能量的两个极大值之间，存在一个极小值。如果极大值和极小值之间的差足够大，则仍然能够分清这是两个像点。随着两物点继续接近，极大值和极小值间的差减小，最后能量极小值消失，合成一个亮斑。此时，显然无法分清是两个像点。根据实验证明，两个像点间能够分辨的最短距离约等于极小值能量是极大值能量的 74% 时中央亮斑所对应的半径 R，如图 2-16 所示。

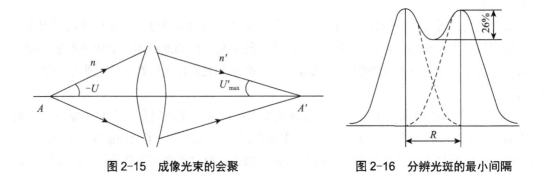

图 2-15 成像光束的会聚   图 2-16 分辨光斑的最小间隔

从公式（2-11）得到：

$$R = \frac{0.61\lambda}{n'\sin U'_{max}}$$

（2-12）

上式即为理想光学系统的衍射分辨率公式（瑞利判据）。实际的光学系统中，由于存在像差，像点的能量分散，弥散图形扩大，分辨率显然会下降。

2.3.2 各类光学系统分辨率的表示方法

光学系统的分辨率代表了该系统分辨物体细节的能力。不同类型的光学系统，由于用途不同，成像的物体位置也不同，其分辨率也采用了不同的表示方法，下面分别进行介绍。

1.照相系统分辨率

照相物镜的作用是将外界物体成像在感光元件（照相底片或光电传感器光敏面）上。照相物镜的分辨率一般以像平面上每毫米内能分辨开的线对数 N 表示，下面求出它的关系式。

照相物镜与望远镜一样，也可以近似地认为对无限远物体成像。由图 2-17 可以得出：

$$\sin U'_{max} \approx \frac{D}{2f'}$$

将此关系式代入理想衍射分辨率公式（2-12），则有：

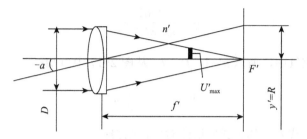

图 2-17　无限远物体成像

$$R = \frac{1.22\lambda f'}{n'D}$$

照相系统通常在空气中工作，所以 $n'=1$，并设

$$F = \frac{f'}{D} \quad 或 \quad D = \frac{f'}{F}$$

其中 F 称为物镜的光圈指数。将以上关系代入 R 的计算式中，可得：

$$R = 1.22\lambda f$$

这就是像平面上刚被分辨开的两个像点间的最短距离。前面已经介绍，照相物镜的分辨率用每毫米能够分辨的线对数 N 表示，它应该等于 R 的倒数，因此：

$$N = \frac{1}{R} = \frac{1}{1.22\lambda F} \tag{2-13}$$

如果将 $\lambda=0.000555\text{mm}$ 代入，则得：

$$N = \frac{1500}{F}\left(\frac{lp}{mm}\right) \tag{2-14}$$

上面便是照相物镜目视分辨率公式。物镜的光圈指数 F 一般直接标在物镜的镜框上，光圈指数的倒数即为"相对孔径"。由上式可知，照相物镜的"相对孔径"越大，光圈指数越小，分辨率越高。

2. 望远镜分辨率

对望远镜而言，被分辨的物体位于无限远的位置，所以分辨率就以能分辨开的两物点对望远物镜的张角 α 表示，见图 2-17 中。根据无限远物体理想像高的公式可得：

$$y' = f\tan\alpha$$

式中，f 为物镜的物方焦距，y' 为像平面上刚被分开的两个衍射光斑间的距离。由于此像高等于理想的衍射分辨率 R，所以：

$$y' = \frac{0.61\lambda}{n'\sin U'_{\max}}$$

将 y' 值代入理想像高的公式，由于 α 很小，近似用 α 代替 $\tan\alpha$ 即得：

$$\alpha = \frac{0.61\lambda}{n'\sin U'_{max}f}$$

通常系统位于空气中，所以 $n'=1$，$f'=-f$。从图 2-17 中可知：

$$\sin U'max \approx \frac{D}{2f'}$$

将以上关系一并代入 α 的公式并取绝对值，则得：

$$\alpha = \frac{1.22\lambda}{D}$$

由上式看出，分辨率和光的波长 λ，以及望远物镜的光束口径 D 有关。代入 $\lambda=0.000555mm$，并将角度化成以秒为单位表示，得：

$$\alpha = \frac{1.22 \times 0.000555}{D} \times 206264'' = \frac{140''}{D} \tag{2-15}$$

上式即为望远镜的衍射分辨率公式，其中物镜的光束口径 D 以毫米为单位。从式（2-15）中可以看出，欲提高望远镜分辨率，必须增大物镜的口径。

3. 显微镜物镜分辨率

在显微镜系统中，物体位于近距离，一般以物平面上刚能分辨开的两物体间的最短距离 σ 表示。下面用理想衍射分辨率公式（2-12）表示显微镜物镜像平面上刚能分辨的两个像点间的最短距离，求物平面上对应的两物点间距离 σ 值。根据理想成像的物象空间不变式：

$$\beta = \frac{y'}{y} = \frac{R}{\sigma} = \frac{nu}{n'u'} \tag{2-16}$$

将公式（2-12）代入上式，并将 $\sin U'_{max}$ 近似用 u' 代替，得：

$$\alpha = \frac{0.61\lambda}{nu} = \frac{0.61\lambda}{NA} \tag{2-17}$$

式中 $NA=nu$，在显微镜中 $nu=n\sin U_{max}=NA$，NA 称为显微镜物镜的数值孔径。十分明显，欲提高显微镜物镜的分辨率，应该增大物镜的数值孔径。

第四节　光的偏振

人类对光的了解，是伴随着科技发展而逐步走向深入和全面的。从 17 世纪中叶开始，牛顿首先对光进行了系统的研究。经历了 19 世纪的杨氏波动理论（成功地解释了如反射、折射和绕射等大部分的光学现象），麦克斯韦发现了光的电磁波理论，直到 20 世纪初，爱因斯坦利用量子学说解释了光的能量，从而揭示了光同时具有波动及粒子两种特性。

干涉和衍射现象体现了光的波动性，但是还不能由此确定光波到底是纵波还是横波。

偏振现象是确认光是横波的最有力证据。在垂直于光的传播方向的平面内，光的电场矢量可能有不同的振动状态，这些振动状态通常被称为光的偏振态，常见的偏振态有：自然光、部分偏振光、偏振光（完全偏振光）、圆偏振光和椭圆偏振光，下面我们先介绍光的各种偏振态，然后再讨论各种偏振光的检验和获得。

2.4.1　光的偏振状态

1.自然光

普通光源发出的光一般都是不能表现出偏振现象的自然光。这是因为，任何一个发光体在微观上都可以看成由大量的发光原子或者分子组成，每个发光原子或分子每次所发射的是一个随机的线偏振波列。由于原子或分子发光的独立性，各个波列的偏振方向和相位分布都是毫无规则的，因此在同一时刻由大量发光原子或分子组成的发光体所发射出的大量波列，它们的电矢量可以分布在轴对称的一切可能方向上，即电矢量对于光的传播方向是轴对称分布的，如图 2-18（a）所示。另外，每个发光原子或者分子发光的持续时间约为 10^{-6}s，而观测时间总是比微观发光的持续时间长得多，实际接收到的是大量彼此相位毫无关联的偏振波列，电矢量也是轴对称分布的。所以说，自然光可看作轴对称分布的、无固定相位关系的大量线偏振光的结合，它不但有空间分布的均匀性，也有时间分布的均匀性，在各个方向上电矢量随时间分布的平均值是相等的。

自然光可以按照振动分解的规律，任意分解为两个相等的、互相垂直的分量，如图 2-18（b）所示。图 2-18（c）所示为沿垂直纸面（表示为点子）和平行于纸面（表示为短线）两个方向的分解。值得注意的是，这两个垂直分量没有固定的相位关系，并不能合成为一个单独的矢量。

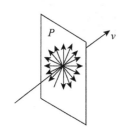　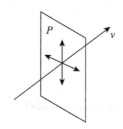　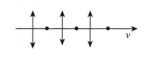

（a）电矢量轴对称分布　　　（b）电矢量的两个垂直分量分布　　　（c）电矢量在两个平面内的分布

图 2-18　自然光

2.完全偏振光

如果在垂直于传播方向的平面内，光波的电矢量只沿一个固定的方向振动，这种光就是一种完全偏振光，叫线偏振光，如图 2-19（a）所示。线偏振光的电矢量振动方向和光的传播方向构成的平面被称为振动面。如图 2-19（b）所示，分别为振动面垂直于纸面和平行于纸面的线偏振光。

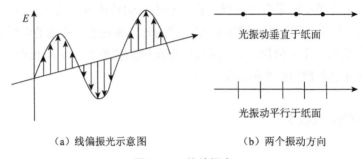

（a）线偏振光示意图　　　　　　　（b）两个振动方向

图 2-19　线偏振光

可以通过一个实验想象这个景象：把一根绳子的一头拴在树上，另一头拿在手里。再假设绳子是从篱笆的两根竹子的正中间穿过去的。如果现在拿绳子上下振动，绳子产生的波就会从两根竹子之间通过，这时那座篱笆对波来说是"透明的"。但是，要是你让绳子左右波动，绳子就会撞在两根竹子上，波就不会通过篱笆了，这时这座篱笆就相当于一个起偏振器件，即只让一个振动方向的波通过。

线偏振光电矢量的振动方向是固定不变的。如果在光的传播过程中，电矢量不但沿着光的传播方向向前传播，同时还绕着传播方向匀速转动。那么在电矢量的大小保持不变的情况下，其端点将描绘出一个圆，这种光被称为圆偏振光，如图 2-20（a）所示；如果电矢量的大小也在改变，其端点描绘出一个椭圆，这种光就叫椭圆偏振光，如图 2-20（b）所示。按照电矢量旋转方向的不同，还可以区分为左旋光和右旋光。

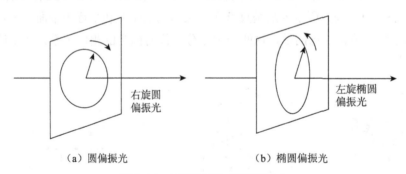

（a）圆偏振光　　　　　　　　　（b）椭圆偏振光

图 2-20　圆偏振光和椭圆偏振光

3. 部分偏振光

介于完全偏振光和自然光之间的光，被称为部分偏振光。这种光中含有自然光和完全偏振光两种成分，一般可视为自然光和线偏振光的混合。

部分偏振光如图 2-21 所示，其中图 2-21（a）表示在光的传播方向上任意一点电矢量的分布，图 2-21（b）分别表示了垂直于纸面方向电矢量较强的部分偏振光和平行于纸面方向电矢量较强的部分偏振光。

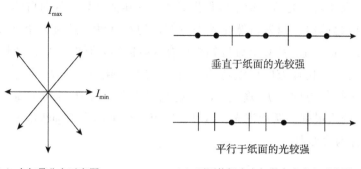

（a）电矢量分布示意图　　　　　（b）不同偏振态电矢量大小分布示意图

图 2-21　部分偏振光

如果部分偏振光沿某一方向上具有能量最大值，表示为 I_{max}，在其垂直方向上具有能量的最小值，表示为 I_{min}，通常用：

$$P = \frac{I_{max} - I_{min}}{I_{max} + I_{min}} \tag{2-18}$$

来表示偏振的程度，P 被称为偏振度，如果 $I_{max} = I_{min}$，则 $P=0$，为自然光，所以自然光可以看作偏振度等于 0 的特殊光，或者称为非偏振光。如果 $I_{min}=0$，则 $P=1$，为线偏振光，线偏振光是偏振度最大的光。

2.4.2　偏振光的获得

1. 线偏振光的获得

在光的传播方向上，光矢量只沿一个固定的方向振动，这种光称为平面偏振光，由于光矢量端点的轨迹为一直线，又叫作线偏振光。光矢量的方向和光的传播方向所构成的平面称为振动面，如图 2-19（a）所示。线偏振光的振动面固定不动，不会发生旋转。大多数光源都不发射线偏振光而发射自然光，需要经过下列措施才能获得线偏振光。

如果某一光学元件能以某种方式选择让自然光中的一束线偏振光通过，同时阻止另外一束振动方向与其垂直的线偏振光，则该光学元件被称为起偏器。自然光经过起偏器后将转变为线偏振光。偏振片是常见的起偏器，常见的有两向色性的有机晶体，如硫酸碘奎宁、电气石或聚乙烯醇薄膜在碘溶液中浸泡后，在高温下拉伸、烘干，然后粘在两个玻璃片之间就形成了偏振片。它有一个特定的方向，只让平行于该方向的振动通过，这一方向称为透振方向。其中有大量按一定规则排列的微小晶粒，对不同方向的光振动有选择吸收的性能，从而使膜片中有一个特殊的方向，当一束自然光射到膜片上时，与此方向垂直的光振动分量完全被吸收，只让平行于该方向的光振动分量通过，从而获得线偏振光。利用这个特性可以制成偏振片。

图 2-22 所示为两个平行放置、结构完全相同的偏振片 P_1 和 P_2，上面的平行虚线表示偏振片的偏振化方向，当自然光 I_0 垂直入射通过 P_1 时，由于只有平行于偏振化方向的光

矢量才能通过，因此自然光就变成了线偏振光 I_1，且其强度只有入射自然光强的一半，偏振片 P_1 此时叫作起偏器。因为自然光光矢量的均匀对称性，透过 P_1 的光强不随 P_1 在垂直传播方向的转动而变化，所以其强度始终只有入射自然光强的一半。如果 P_1 固定不动，将偏振片 P_2 绕着光的传播方向慢慢转动，当 P_2 的偏振化方向与 P_1 平行时，出射光强 I_2 最强；当 P_2 的偏振化方向与 P_1 垂直时，出射光强为零。将 P_2 旋转一周，透射光强将会逐渐变化，出现两次最强、两次消光。这种情况可以用来作为识别线偏振光的依据，偏振片 P_2 此时就被称为检偏器。

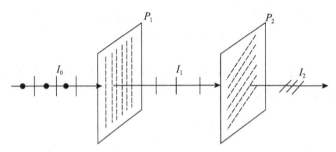

图 2-22　起偏器和检偏器

当起偏器 P_1 和检偏器 P_2 的偏振化方向的夹角为 α 时，自然光的振幅为 E_0，透过起偏器 P_1 和检偏器 P_2 后的光振幅为 $E=E_0\cos\alpha$。由此可知，若入射检偏器的光强为 I_0，则检偏器射出的光强与原光强及偏振器角度存在一定关系。

1808 年，马吕斯经实验指出，强度为 I_0 的线偏振光，透过检偏器后，透射光的强度（不考虑吸收）为：$I=I_0\cos^2\alpha$。其中，α 是入射线偏振光的光振动方向和偏振片偏振化方向之间的夹角。当 $\alpha=0°$ 或 $180°$ 时，$I=I_0$，透射光最强；当 $\alpha=90°$ 或 $270°$ 时，$I=0$，透射光强为零；当为其他值时，光强介于 0 与 I_0 之间。

2. 反射光和折射光的偏振

当一束自然光在两种介质的界面上发生反射和折射时，不仅光的传播方向要发生改变，而且光的偏振状态也要发生变化（由电磁场的边界条件决定）。反射光和折射光此时都不再是自然光，而是成了部分偏振光，在反射光中垂直于入射面的光振动大于平行于入射面的光振动，而在折射光中平行于入射面的光振动多于垂直于入射面的光振动，如图 2-23（a）所示。理论计算和实验研究的结果表明，反射光的偏振状态与入射角密切相关。当入射角为某一特定值 i_0 时，反射光将全部是光振动垂直于入射面的线偏振光，如图 2-23（b）所示，此时的入射角 i_0 被称为布儒斯特角，或者起偏角。

当光以布儒斯特角入射时，反射光和折射光的传播方向互相垂直，有 $i_0+\gamma=90°$，根据折射定律有：$n_1\sin i_0=n_2\sin\gamma=n_2\cos i_0$，进一步有 $\tan i_0=n_2/n_1$。

上式被称为布儒斯特定律，如果光从空气入射到一般玻璃上，此时 $n_1=1$，$n_2=1.5$，可得到布儒斯特角 $i_0=57°$，对于石英玻璃，$n_2=1.46$，则 $i_0=55°38'$。

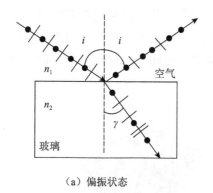

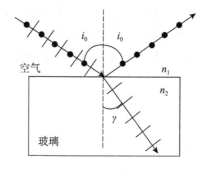

（a）偏振状态　　　　　　　　　　（b）起偏振角

图 2-23　自然光反射和折射后的偏振

当光以布儒斯特角 i_0 入射时，振动方向与入射面平行的光矢量将 100% 通过，而垂直于入射面的光矢量则大部分被折射，小部分被反射，虽然此时反射光是完全偏振的，但是光强很弱；而折射光虽然光强较强，却是部分偏振的，为了增强反射光的强度和折射光的偏振化度，可以把许多互相平行的玻璃片装在一起构成玻璃片堆（如图 2-24 所示），当自然光以布儒斯特角 i_0 入射时，光在各层玻璃面发生多次反射和折射，结果不但反射光的光强得到了增强，折射光中与入射面垂直的电矢量成分也会由于多次反射而减小，如果玻璃片的数目足够多，不但可以得到接近完全偏振的透射光，还可以得到振动面和透射光互相垂直的反射光。

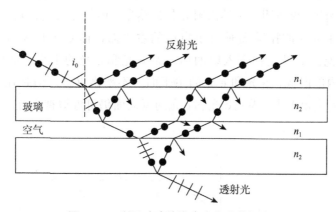

图 2-24　利用玻璃片堆产生完全偏振光

3. 双折射现象

双折射是指一条入射光线产生两条折射光线的现象。如图 2-25 所示，将一块冰洲石（透明的方解石）放在书上，看到它下面的线条和字母都变成了双影。

双折射是指光束入射到各向异性的晶体，分解为两束光而沿不同方向折射的现象。一条光线入射到冰洲石上，会在冰洲石内产生两条折射光线，如图 2-26 所示。产生双折射现象的原因是，光在非均质体中传播时，其传播速度和折射率值随振动方向不同而改变，其折射率值不止一个；光波入射到非均质体，除特殊方向外，都要发生双折射，分解成振动方向互相垂直、传播速度不同、折射率不等的两种偏振光，此现象即为双折射。自然界的晶体大多数都不同程度地产生双折射，只是没有冰洲石那样显著，因而不容易观察到。

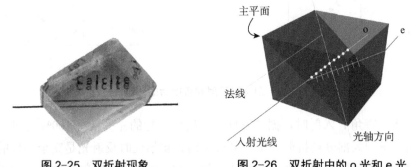

图 2-25 双折射现象　　　　　图 2-26 双折射中的 o 光和 e 光

冰洲石的两条折射光线中，一条光遵守普通的折射定律，称作寻常光（或 o 光）；另一条光不遵守普通的折射定律，称作非常光（或 e 光）。在冰洲石内，寻常光的传播速度与传播方向无关，是一个常量；非常光的传播速度则是与传播方向有关的变量。冰洲石内有一个特殊的方向，非常光沿这个方向传播的速度等于寻常光的速度。这个方向称作冰洲石的光轴。冰洲石的六个表面都是相同的菱形时，两个钝隅的连线便是光轴。

用检偏器检测的结果表明，虽然入射光是自然光，但是寻常光 o 光和非常光 e 光都成了线偏振光。其中 o 光的振动面垂直于自己的主平面，而 e 光的振动面平行于自己的主平面。一般来说，如果光轴在入射面内，则 o 光和 e 光的主平面此时严格重合；当光轴不在入射面内的时候，o 光和 e 光的主平面并不严格重合，但是在大多数情况下这两个主平面之间的夹角很小，因此 o 光和 e 光的振动面仍可近似视为互相垂直，如图 2-27 所示。

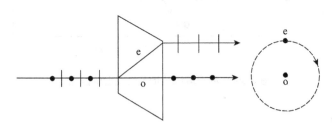

图 2-27 双折射中的 o 光和 e 光

4. 椭圆偏振光和圆偏振光

自然光在晶体内所产生的寻常光（o 光）和非常光（e 光），虽然频率相同、振动方向相互垂直，但是它们之间的位相差，即使在同一点，也因时而异，不是固定的，所以这样的 o 光和 e 光的合成不能产生椭圆偏振光。如果以一线偏振光代替自然光射到光轴平行于晶面的单轴晶体的表面，并且令其振动平面与晶体光轴成一夹角 α，如图 2-28 所示。

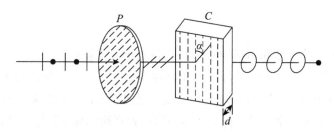

图 2-28 椭圆偏振光的产生

此时，在晶体表面上，振幅为 A 的线偏振光分解为振幅为 $A\sin\alpha$ 的 o 光和振幅为 $A\cos\alpha$ 的 e 光，并且此时 o 光和 e 光有相同的位相。当光进入晶体内，o 光和 e 光虽然在相同的方向传播，但是传播速度不同，因而产生位相差 $\Delta\varphi$。

$$\Delta\varphi = \frac{2\pi}{\lambda}(n_o - n_e)d$$

式中 n_o 和 n_e 分别为该晶体对在真空中波长为 λ 的 o 光和 e 光的主折射率，d 为两者透过晶体的厚度。使 o 光和 e 光的光程差等于 $\lambda/4$ 的镜片，称为 1/4 波片，此时：

$$\Delta\varphi = \frac{\pi}{2}, \quad d = \frac{\lambda}{4(n_o - n_e)}$$

使 o 光和 e 光的光程差等于 $\lambda/2$ 的镜片，被称为 1/2 波片，此时：

$$\Delta\varphi = \pi, \quad d = \frac{\lambda}{2(n_o - n_e)}$$

显然，1/4 波片、1/2 波片都是对某一特定的波长 λ 而言的，但是对其他波长的光并不适用。根据振动方向互相垂直、频率相同的两个简谐运动能够合成椭圆或者圆运动的原理，这样的两束振动方向互相垂直而位相差一定的光互相叠加，就形成了椭圆偏振光。如果通过 1/4 波片，则得到的光为正椭圆偏振光，此时如果再使 $\alpha=\pi/4$，有 $A_o=A_e$，则可得到圆偏振光。线偏振光如果通过 1/2 波片，仍为线偏振光，只是其振动面转了 2α 角度。

在用检偏器检验圆偏振光和椭圆偏振光时，因为光强的变化规律与检验自然光和部分偏振光时相同，无法将它们区分开。在检偏器前加上一块 1/4 波片，如果是圆偏振光，通过 1/4 波片后就变成了线偏振光，这样转动检偏器就可以观察到光强的变化，出现了最大光强和消光。如果是自然光，通过 1/4 波片后仍为自然光，转动检偏器光强没有变化，这样就可以将自然光和圆偏振光区分开来。

检验椭圆偏振光时，要求 1/4 波片的光轴方向平行于椭圆偏振光的长轴或者短轴，这样椭圆偏振光通过 1/4 波片后可变为线偏振光。而部分偏振光通过 1/4 波片后仍然是部分偏振光，这样也就可以将它们区分开来。

第五节 光的全息

全息是指应用光的干涉和衍射原理，将物体发出的光波以干涉条纹的形式记录下来成为"全息图"，并在一定的条件下再现出和原物逼真的三维衍射像的技术。由于记录了物体光波的振幅和位相信息，因而称为全息术或全息照相术，可以让从物体发射的衍射光被重现，其位置和大小同之前一模一样。从不同的位置观测物体，其显示的像也会发生变化。因此，这种技术拍下来的照片是三维的，已广泛用于显示静态三维图像。

2.5.1 全息照相

由于现有的记录介质只对光强有响应，而对位相变化无反应，因此，要记录光波的位相，就需要设法把位相关系转换成光强（即振幅）变化。由于干涉条纹的光强分布和形状与两个相干光束的振幅和位相是密切相关的，因此在全息照相中利用光的干涉原理可达到同时记录包括光波位相和振幅在内全部信息的目的，称为全息照相。普通照相是采用一步成像的方法，即将被物体表面反射、散射或辐射出的光通过透镜（照相机镜头）一次成像于感光胶片上，经过显影、定影等冲洗工序处理后便可直接获得物体的像。而全息照相是采取一种全新的"无透镜"两步成像技术。第一步是全息记录过程，即拍摄和制备全息照片（亦称全息图）；第二步是全息再现过程，即重现物像。

1. 光的干涉原理

光的干涉原理是指两束频率相同、在相遇点有相同振动方向和固定位相差的光波相干交叠在一起时，因各点的光强与各光波单独存在时的光强之和不一致，而在它们交叠的区域出现光强重新分布的现象，即一些地方光强接近于零，而另一些地方光强则较两束光波单独存在时的光强之和大很多。简单来说，光的干涉是指满足一定条件的两列相干光波相遇叠加，在叠加区域某些点的光振动始终加强，某些点的光振动始终减弱，即在干涉区域内振动强度有稳定的空间分布。

获得稳定干涉的必要条件是：两束光具有相同的频率和振动方向，并且在叠加处两束光的振动有恒定的位相差。

获得相干光的基本原理是：把光源一点发出的光束设法分为两束，然后再使它们相遇。激光是一种相干性很好的光源，它可以产生相干光波，因此全息照相多采用激光作为光源。

2. 激光全息照相的原理和基本过程

全息照相与普通照相不同。普通照相通过照相镜头或摄影机镜头把景物上各点反射回来的光记录在感光底片上，感光底片上记录的只是光的强弱（光线的振幅）变化。由于普通照相仅把景物散射光的振幅记录下来，所以得到的是与真实物体相差很大的二维平面图像，而全息照相则采用光干涉的方法，把待记录物体散射光波的振幅和位相全部以干涉条纹的形式记录下来，即将物体的全部信息（如文字、图案或三维物体的外形）记录在一种载体上。简单来说，全息照相所得到的全息图是一张薄片，上面布满肉眼无法辨认清楚、形状复杂的相间条纹结构，这种条纹结构通常称为光栅，当光束以一定角度照射在全息图上的光栅处时，则物体信息将以一定光的形式从全息图上释放出来，人眼迎着这些再现光去观看，可以从全息图的多个侧面观察到逼真的立体图像或色彩可变的图像，这与普通照片的平面像有着本质的不同。

（1）照相的拍摄要求

为了拍出一张满意的全息照片，拍摄系统必须具备以下要求：

a. 光源必须具有很好的相干性。激光的出现，为全息照相提供了一个理想的光源。这是因为激光具有很好的空间相干性和时间相干性，实际中常采用 He-Ne 激光器，用其拍摄较小的漫散物体，可以获得效果良好的全息图。

b. 要求全息台是防震的。由于全息底片上记录的是干涉条纹，而且是又细又密的干涉条纹，所以在照相的过程中极小的干扰都会引起干涉条纹的模糊，甚至使干涉条纹无法记录。比如，拍摄过程中若底片位移一个微米，则条纹就分辨不清；因此，要求全息台上的所有光学器件都用磁性材料牢固地吸在工作台面钢板上。另外，气流通过光路，声波干扰以及温度变化都会引起周围空气密度的变化。因此，在曝光时应该禁止大声喧哗，不能随意走动，保证整个实验室绝对安静，尽量减小气流的扰动。

c. 物光和参考光的光程差应尽量小。两束光的光程相等最好，最多不能超过 2cm，调光路时要精确测量；两束光之间的夹角要在 30°～60°，最好在 45°左右，因为夹角小，干涉条纹就会变得稀疏，这样对系统的稳定性和感光材料分辨率的要求较低；两束光的光强比要适当，一般要求在 1：1～1：10 都可以，光强比用硅光电池测出。

d. 需要高分辨率的感光材料。因为全息照相底片上记录的是又细又密的干涉条纹，普通照相用的感光底片，由于所使用银化物的颗粒较粗，每毫米只能记录 50～100 个条纹，需要记录全息照相的全息干版，其分辨率需达到每毫米 30000 条，才能满足全息照相的要求。

e. 冲洗过程的严格控制。需按照配方要求配药，配出显影液、停影液、定影液和漂白液。上述几种溶液都要求用蒸馏水配制。冲洗过程要在暗室进行，药液绝对不能见光，保持在室温 20℃左右进行冲洗，配制一次药液如保管得当可使用一个月左右。

（2）全息照相过程

a. 利用干涉法拍摄全息图（全息照片）的原理如图 2-29（a）所示。激光发生器激发出的激光束经分光镜一分为二。一束作为物体光束，经折射镜组折射后，照射到被拍摄物体上，经过物体的反射，携带物体的信息到达预定位置的特种感光胶片上；另一束作为参考光，经过反射及扩束镜组后，直接照射到感光胶片上与物体光束相遇，二者具有光程差，并且物体上不同位置的反射光与参考光的光程差不同，形成干涉条纹；两束光同时作用于感光胶片，即可由干涉条纹记录下物体的激光全息信息，再经过显影和定影处理，在全息干版得到物体的激光全息照片如图2-29（b）所示，可以看出其上布满了亮暗相间干涉条纹，即全息图和原物没有任何相像之处。

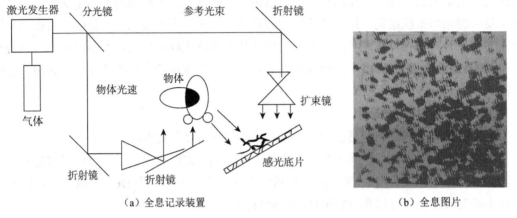

（a）全息记录装置　　　　　　　　　　（b）全息图片

图2-29　激光全息照相技术原理

　　b. 利用衍射原理将全息图上的信息再现（也称为激光彩虹全息图片的制作）。激光全息照片的再现需要参考光束的照射，即在特定的条件下才能观察到，而在普通白光下不能再现。为了在普通白光下也能观赏物体的全貌（激光全息图），就需要进一步制作彩虹全息图像。如图2-30所示，激光发生器激发出的激光束经分光镜一分为二。一束作为再现光束，经折射镜和扩束镜组后，照射到激光全息照片上，穿过全息照片的再现光束通过挡板上的水平狭缝，照射到预定位置的第二张激光全息底片上，记录下激光全息照片的光信息；另一束参考光经过扩束镜后，直接照射到第二张激光全息底片上与再现光束相遇，形成干涉条纹；经过显影和定影处理后，可以得到在普通白光下再现的激光彩虹全息图片。简单地说，激光彩虹全息图片的制作过程，即是对被拍摄物体的激光全息照片进行二次拍摄的过程。

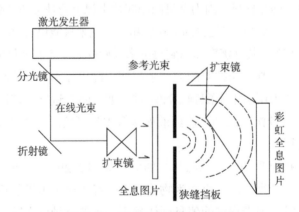

图2-30　彩虹全息图像产生原理

　　激光彩虹全息图片在普通白光下（不需要激光作为光源）即可再现，可见光中的每一种波长的光都可以被图片上的干涉条纹衍射，由于衍射的角度各不相同，因此在不同的方位欣赏图片时，就会看到不同色彩的原物图像。

2.5.2 全息照相的特点

全息照片具有普通照片完全没有的一些特点：

a. 它是完全逼真的三维立体图像，具有明显的视差效果，同时不存在前后景物的互相遮挡现象；

b. 全息照片可以分割，即使破损，其中的任一碎片都能再现出完整的被摄物影像；在普通照相情况下，物体的光波通过透镜或针孔等光学系统成像，将三维信息塌陷为二维图像后，在记录平面上所成的像点与物体上的发光点是一一对应的，如图 2-31（a）和 2-31（b）所示。像上的箭头对应物体上的箭头，像上的箭尾对应物体上的箭尾。如果记录的照片被撕破，破裂部分对应的物体信息也随之毁弃，再也看不到了。而全息照相所记录的物体信息则完全不同，记录面上的任意点，如图 2-31（e）所示的 P 点，能记录下该点所对应物体表面上所有物点的光，因此，全息图即使破损，如破裂成许多碎片的情况下，每个碎片单元仍能保持有整个物体的信息，在参考光照射下，仍可再现整个物体。

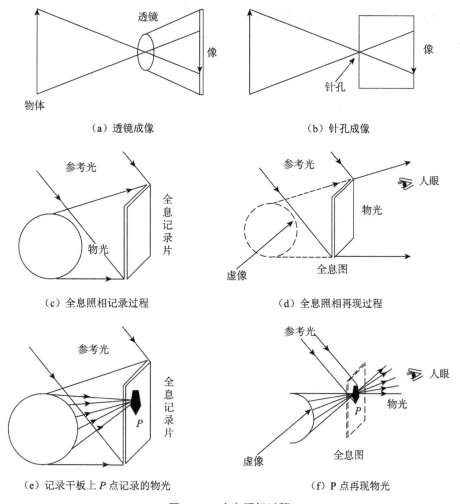

（a）透镜成像　　　　　　　　　　　（b）针孔成像

（c）全息照相记录过程　　　　　　　（d）全息照相再现过程

（e）记录干板上 P 点记录的物光　　　（f）P 点再现物光

图 2-31　全息照相过程

c. 同一全息底片可以多次曝光重复记录，只要每次拍摄时稍微改变一点底片的方位即可互不干扰地再现各个不同的图像。若物体某一部分发生极其微小的位移（微米级），只要在变化过程中重复曝光，就可以清晰地记录形变发生的精细过程，这也是微电子机械中监控产品质量的有效方法。

总体来说，全息照相是一种不用普通光学成像系统进行信息记录的照相方法，能够把物体表面发出的全部信息（即光波的振幅和相位）记录下来，并能完全再现被摄物体光波的全部信息，因此，全息技术在生产实践和科学研究领域中有着广泛的应用，包括全息电影和全息电视、全息储存、全息显示以及全息防伪商标等。

除光学全息外，还发展了红外、微波和超声全息技术，这些全息技术在军事侦察和监视上有着重要意义。一般的雷达只能探测到目标方位、距离等，而全息照相则能给出目标的立体形象，这对于及时识别飞机、舰艇等有很大作用。但是由于可见光在大气或水中传播时衰减很快，在不良的气候下甚至无法进行工作。为克服这个困难，发展出红外、微波及超声全息技术，即用相干的红外光、微波及超声波拍摄全息照片，然后用可见光再现物像，这种全息技术与普通全息技术的原理相同。

第3章　现代光学基础知识

第一节　激光原理与技术

1960 年第一台激光器诞生以来，激光及激光技术获得了迅速发展。激光具有单色性好、方向性强、亮度高等特点，使它在科学研究、工业生产、国防以及人民生活各领域都得到了广泛的应用。

早在 1917 年，爱因斯坦在他的辐射理论中就指出了光的自发发射和受激发射的差别，从而预示了激光的产生。20 世纪 50 年代以后，首先是在微波范围实现了受激发射，制成了微波激射器。其后不久，美国于 1960 年先后制成了红宝石激光器和氦氖激光器。激光在我国最初被称为"镭射"，即英语"Laser"的译音，"Laser"是"Light amplification by stimulated emission of radiation"的缩写，意思是"辐射的受激发射光放大"。20 世纪 60 年代初，根据钱学森院士的建议，"Laser"被改称为"激光"或"激光器"。

现已发现的激光工作物质有几千种，波长范围从软 X 射线到远红外。激光技术的核心是激光器，激光器的种类有很多，可按工作物质、激励方式、运转方式、工作波长等不同方法分类。根据不同的使用要求，可采取一些专门的技术提高输出激光的光束质量和单项技术等指标，如共振腔设计、选模、倍频、调谐、Q 开关、锁模、稳频和放大技术等。

3.1.1 激光的基本原理

1. 激光辐射原理

原子中的电子可以在一些特定的轨道上运动，处于定态，并具有一定的能量。因此，每种原子就有一系列与不同定态对应的能级，各能级间的能量不连续。当原子从某一能级吸收了能量或释放了能量，变成另一能级时，就称它为产生了跃迁。凡是吸收能量后从低能级到高能级的跃迁称为吸收跃迁，释放能量后从高能级到低能级的跃迁称为辐射跃迁。跃迁时所吸收或释放的能量一定等于发生跃迁的两个能级之间的能量差。如果吸收或辐射的能量都是光能，此关系可表示为：

$$E_2 - E_1 = h\gamma \tag{3-1}$$

式中 E_2、E_1 分别是两个能级的能量，$h\gamma$ 为吸收或释放的光子的能量。

（1）原子辐射

爱因斯坦从辐射与原子相互作用的量子论观点出发，提出这个相互作用包括原子的自发辐射跃迁、受激辐射跃迁和受激吸收跃迁三种过程。在激光器的发光过程中，始终伴随着这三个跃迁过程。下面分别讨论这三个跃迁过程。

a. 自发辐射

处于高能级 E_2 的原子自发地向低能级 E_1 跃迁，并发射出一个频率为 $\gamma = (E_2 - E_1)/h$ 的光子的过程称为自发辐射跃迁，如图 3-1 所示。

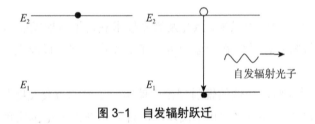

图 3-1 自发辐射跃迁

b. 受激吸收

处于低能级 E_1 上的一个原子在频率为 $\gamma = (E_2 - E_1)/h$ 的辐射场作用下，吸收一个光子后向高能级 E_2 跃迁的过程称为受激吸收跃迁，如图 3-2 所示。

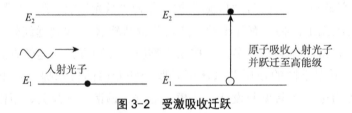

图 3-2 受激吸收迁跃

c. 受激辐射

处于高能级 E_2 上的原子在频率为 $\gamma = (E_2 - E_1)/h$ 的辐射场激励作用下，或在频率为 $\gamma = (E_2 - E_1)/h$ 的光子诱发下，向低能级 E_1 跃迁并辐射出一个与激励辐射场光子或诱发光子的状态（包括频率、运动方向、偏振方向、位相等）完全相同的光子的过程称为受激辐射跃迁，如图 3-3 所示。

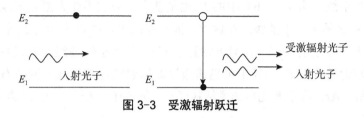

图 3-3　受激辐射跃迁

在受激辐射跃迁过程中，一个诱发光子可以使处于上能级的发光粒子产生一个与该光子状态完全相同的光子，这两个光子又可以诱发其他发光粒子，从而产生更多状态相同的光子。这样，在一个入射光子的作用下，可引起大量发光粒子产生受激辐射，并产生大量运动状态相同的光子，这种现象称为受激辐射光放大。由于受激辐射产生的光子都属于同一光子态，因此它们是相干的。通常，受激辐射与受激吸收两种跃迁过程是同时存在的，前者使光子数增加，后者使光子数减少。

当一束光通过发光物质后，究竟是光强增大还是减弱，要看这两种跃迁过程哪个占优势。在正常情况下，即常温条件以及对发光物质无激发情况下，发光粒子处于下能级 E_1 的粒子数密度 n_1 大于处于上能级 E_2 的粒子数密度 n_2。当此时有频率为 $\gamma = (E_2 - E_1)/h$ 的一束光通过发光物质时，受激吸收大于受激辐射，故光强减弱。如果采用光照、放电等方法从外界不断地向发光物质输入能量，把处在下能级的发光粒子激发到上能级上去，便可使上能级 E_2 的粒子数密度超过下能级 E_1 的粒子数密度，这种状态称为粒子数反转。只要使发光物质处在粒子数反转的状态，受激辐射就会大于受激吸收。当频率为 $\gamma = (E_2 - E_1)/h$ 的光束通过发光物质，光强就会得到放大，这便是激光放大器的基本原理。即便没有入射光，只要发光物质中有一个频率合适的光子存在，便可像连锁反应一样，迅速产生大量相同光子态的光子，形成激光。这就是激光振荡器（简称激光器）的基本原理。因此可见，形成粒子数反转是产生激光或激光放大的必要条件，为了形成粒子数反转，需对发光物质输入能量，这一过程称为激励、抽运或是泵浦。

（2）激活粒子的能级系统

产生激光的必要条件是实现粒子数反转，而为了实现粒子数反转就必须要有适合能级系统的激活粒子。在这些激活粒子的能级系统中，首先必须有激光上能级和下能级，除此之外，往往还需有一些与产生激光有关的其他能级。常用激光器的激活粒子能级系统大致可分成三能级系统与四能级系统。现分别介绍如下。

a. 三能级系统

图 3-4 所示为两种三能级系统的示意图。其中图 3-4（a）中的 E_1 为基态，作为激光下能级，泵浦源将激活粒子从 E_1 能级抽运到 E_3 能级，E_3 能级的寿命很短，激活粒子很快地经非辐射跃迁方式到达 E_2 能级。非辐射跃迁，是指不发射光子的跃迁，它是通过释放其他形式的能量如热能来完成的。E_2 能级的寿命比 E_3 长得多，称为亚稳态，并作为激光

上能级。只要抽运速率达到一定程度，就可以实现 E_2 与 E_1 两个能级之间的粒子数反转，为受激辐射创造了条件。例如，固体激光器中的红宝石激光器激活粒子——铬离子（Cr^{3+}）就属于这类能级系统。图 3-4（b）中的 E_1 也是基态，但它不作为激光下能级，而是以 E_3 和 E_2 分别作为激光的上、下能级。在这种三能级系统里，E_3 的寿命比 E_2 长，E_2 能级在热平衡条件下基本上是空的。因此，只要抽运一些粒子到达 E_3 能级，就很容易实现粒子数反转，经受激辐射后到达 E_2 的粒子可迅速通过非辐射跃迁的方式回到基态 E_1。例如，气体激光器中的氩（Ar）离子激光器的激活粒子——氩离子（Ar^+）就属于此类能级系统。

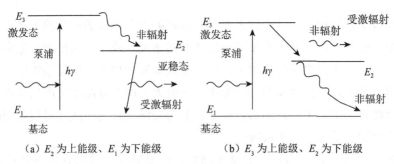

（a）E_2 为上能级、E_1 为下能级　　　　　（b）E_3 为上能级、E_2 为下能级

图 3-4　三能级系统

b. 四能级系统

图 3-5 所示为两种四能级系统的示意图，其中图 3-5（a）中的 E_1 是基态，泵浦源将激活粒子从基态抽运到 E_4 能级，E_4 能级的寿命很短，激活粒子立即通过非辐射跃迁的方式到达 E_3 能级。E_3 能级的寿命很长，是亚稳态，作激光上能级用。E_2 能级的寿命很短，热平衡时基本上是空的，作激光下能级用。E_2 能级上的粒子主要也是通过非辐射跃迁的方式回到基态。这种能级系统也很容易实现粒子数反转。例如，固体激光器中的钕离子（Nd^{3+}）便属于这类能级系统。图 3-5（b）中的 E_1 也是基态，E_4 和 E_3 分别为激光的上、下能级，E_2 能级是 E_3 与 E_1 之间的一个中间能级。E_3 能级的寿命很短，当受激辐射的粒子由 E_4 能级到达 E_3 能级后，很快会通过非辐射跃迁的方式跳到 E_2 能级，并再通过非辐射跃迁的方式回到基态。只要泵浦源将基态粒子抽运到 E_4 能级，很容易就可以实现 E_4 和 E_3 能级间的粒子数反转。例如，气体激光器中的 He-Ne 激光器的激活粒子——氖原子（Ne）与 CO_2 激光器中的激活粒子——CO_2 分子都是属于这类四能级系统。

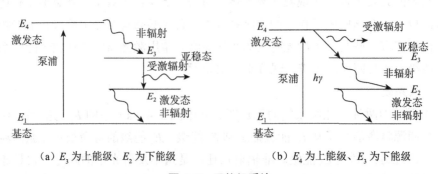

（a）E_3 为上能级、E_2 为下能级　　　　　（b）E_4 为上能级、E_3 为下能级

图 3-5　四能级系统

2. 激光器

（1）激光振荡及光学谐振腔

a. 光在增益介质中的增益

将能实现粒子数反转分布的物质称为增益介质（或激活介质）。令工作物质内部距离 $Z = 0$ 处的光强为 I_0，距离为 Z 处的光强为 I，距离为 $Z + \mathrm{d}Z$ 处的光强为 $I + \mathrm{d}I$。

光强度的增加值 $\mathrm{d}I$ 与距离 $\mathrm{d}Z$ 成正比，同时也与光强 I 成正比，即：

$$\mathrm{d}I = GI\mathrm{d}Z \tag{3-2}$$

式中，比例系数 G 称为光的增益系数。

$$G = \frac{\mathrm{d}I}{I\mathrm{d}Z} \tag{3-3}$$

增益系数可定义为光通过单位长度激活介质后光强增长的百分数。

光通过激活介质将产生光的放大，放大作用的大小通常用增益系数 G 来描述。当 I 很小时，增益系数 G 为常数。

对（3-3）式进行积分：

$$\int_{I_0}^{I} \frac{\mathrm{d}I}{I} = G \int_{0}^{z} \mathrm{d}Z \tag{3-4}$$

由此得出：

$$I = I_0 e^{GZ} \tag{3-5}$$

当光通过激活介质传播时，其强度将随 Z 的增加而增大，这就是图 3-6 所示的线性增益或小信号增益情况。

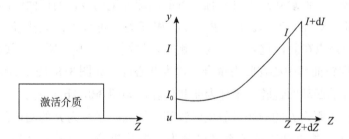

图 3-6　光通过激活介质传播的线性增益或小信号增益

若入射光强为 I_0，经过长度为 L 的增益介质后，光强变为 I，代入式（3-5）有：

$$G = \frac{1}{L} \ln \frac{I}{I_0} \tag{3-6}$$

不同增益介质，增益系数 G 有很大区别。对同一种增益介质，其 G 也因工作条件而异。如果在恒定的激发条件下，测量增益系数 G 就会发现，当入射光强 I_ν 足够小时（小信号情况），增益系数 G 是一常数；当光强 I_ν 增大到一定程度时，G 值将随 I_ν 的增大而下降。这种增益系数随光强增大而下降的现象称为增益饱和现象。

b. 光学谐振腔

综上所述，在已经建立了粒子数反转分布的增益介质中，就可以对光起到放大的作用。当介质中存在自发辐射产生的光子通过介质时，就会获得增益。新增加的光子与原来的光子具有相同的频率、位相、偏振和传播方向。但是这种增益是有限的，由式（3-5）可以看出，在增益介质中光强度的增长与介质的长度有关，按长度的指数规律增长。因此，要想获得较强的激光输出，应该延长增益介质的长度。为此，在增益介质的两端加一对平行的反射镜，使光子在反射镜之间的介质中往返通过，从而实现介质长度的增加，获得强激光输出。这对反射构成的腔体称为谐振腔，如图 3-7 所示。

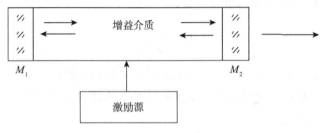

图 3-7　谐振腔

（2）光学谐振腔的稳定条件

a. 光学谐振腔的构成与分类

在激活介质的两端恰当地放置两个反射镜片就构成了激光谐振腔。激光器中常用的光学谐振腔包括平行平面腔、凹面反射腔、平凹腔。

①平行平面腔。由两块相距 L 且平行放置的平面反射镜构成，如图 3-8（a）所示。

②凹面反射腔。由两块相距 L 且共轴放置的凹球面镜构成，两球面镜的曲率半径分别为 R_1 和 R_2，如图 3-8（b）所示。R_1、R_2、L 的相互关系可分为：共焦腔，当 $R_1 = R_2 = L$ 时，两凹面镜的焦点在腔内重合，称为共焦腔，如图 3-8（b_1）所示；共心腔，当 $R_1 + R_2 = L$ 时，两凹面镜曲率中心在腔内重合，称为共心腔，如图 3-8（b_2）所示；非共焦腔，除上述两种情况外的凹球面镜腔，统称为非共焦腔，如图 3-8（b_3）所示。

③平凹腔。由相距为 L 的一块平面反射镜和一块曲率半径为 R 的凹球面镜构成的腔，如图 3-8（c）所示。按 R 和 L 的关系又可分为：半共焦腔：当 $L = R/2$ 时，平凹腔相当于半个共焦腔，称其为半共焦腔，如图 3-8（c_1）所示；非共焦平凹腔：除半共焦腔外的平凹腔统称为非共焦平凹腔，如图 3-8（c_2）所示。

此外，在某些特殊的激光器中尚有采用凸球镜构成的双凸腔、平凸腔和凹凸腔等。

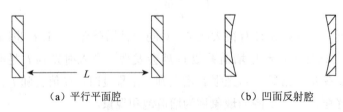

（a）平行平面腔　　　　　　　　（b）凹面反射腔

图 3-8　激光谐振腔的种类

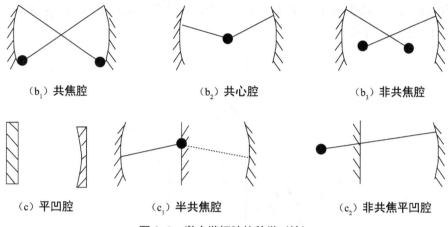

图 3-8　激光谐振腔的种类（续）

b. 谐振腔的稳定条件和稳区图

稳定条件。在光学谐振腔中，光在两反射镜之间来回不断反射，因而通常要求谐振腔能保证光在腔内来回反射的过程中始终不离开谐振腔。满足这一要求的腔被称为稳定腔。光线在谐振腔中的行为，由光线在腔内往返传输的矩阵表示法可以证明。对腔长为 L、镜面曲率半径分别为 R_1 和 R_2 的谐振腔，其稳定条件为：

$$0 < \left(1 - \frac{L}{R_1}\right)\left(1 - \frac{L}{R_2}\right) < 1$$

$$或\left(1 - \frac{L}{R_1}\right) = \left(1 - \frac{L}{R_2}\right) = 0 \tag{3-7}$$

引入腔几何参数因子，若令：

$$g_1 = 1 - \frac{L}{R_1} \tag{3-8}$$

$$g_2 = 1 - \frac{L}{R_2} \tag{3-9}$$

则谐振腔稳定条件又可表示为：　　　$0 < g_1 g_2 < 1 \tag{3-10}$

$$或 \; g_1 = g_2 = 0$$

这就是说，当腔的几何参数满足上述条件时，腔内近轴光线在腔内往返多次而不会横向逸出腔外，此时我们称谐振腔处于稳定工作状态。通常称式（3-10）为谐振腔的稳定性判据。因为有 $0 < g_1 g_2 < 1$ 的条件，对于稳定谐振腔结构，g_1、g_2 符号相同。如果它们异号，此腔便为不稳定腔。

稳区图。谐振腔的稳定条件也可以用图 3-9 表示。以 g_1 为横轴、g_2 为纵轴，由坐标轴 $g_1 = 0$、$g_2 = 0$ 和双曲线 $g_1 g_2 = 1$ 围成的区域是满足稳定条件的区域。图中斜线画出的部分为稳定区域，凡几何参数落在这些区域的谐振腔都是稳定的。图中的第二和第四象限均为不稳定区。因为 g_1 和 g_2 符号相反，在第一和第三象限中，以双曲线为界线，斜线以

外区域有 $g_1g_2>1$，因此也为不稳定区，称非稳腔。若落在稳定区的边界（$g_1 = 0$，$g_2 = 0$ 或 $g_1g_2 = 1$）上，则称临界腔。

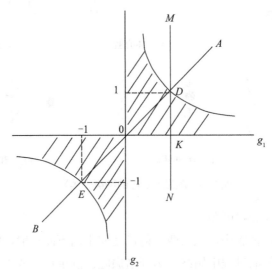

图 3-9　谐振腔的稳区条件

下面举例说明稳区图的使用。

例1　激光器腔长为 L，要用两块曲率半径相等的凹球镜（$R_1 = R_2 = R$）构成一稳定的谐振腔，如何确定 R 的取值范围？

因 $R_1 = R_2 = R$，所以 $g_1 = g_2$，对应稳区图上的点必落在图 3-9 中的直线 AB 上，从图中可以看出直线 AB 上只有 DE 段落在稳定区内。而 D 点对应 $g_1 = g_2 = 1$，即 $R_1 = R_2 = \infty$。E 点对应 $g_1 = g_2 = -1$，即 $R_1 = R_2 = L/2$。所以 DE 段内满足 $R>L/2$。

例2 如要构成一腔长为 L 的稳定平凹腔，其凹球镜的曲率半径取值范围是什么？

因 $R_1 = \infty$，即 $g_1 = 1$，所以满足此要求的腔对应稳区图上的直线为 MN，如图 3-9 所示。而 MN 上只有 DK 段落在稳区内，D 对应于 $g_2 = 1$，即 $R_2 = \infty$；K 对应于 $g_2 = 0$，$R_2 = L$。所以平凹腔的稳定条件要求为 $R_2>L$。

（3）激光器的基本组成

通常激光器都是由三部分组成的，即激光工作物质、泵浦源和光学谐振腔，如图 3-10 所示。下面分别讲述这三部分的结构及作用。

a. 激光工作物质

为了形成稳定的激光，首先必须要有能够形成粒子数反转的发光粒子，称为激活粒子。它们可以是分子、原子、离子或电子－空穴对。这些激活粒子有些可以独立存在，有些则必须依附于某些材料中。为激活粒子提供寄存场所的材料称为基质，可以是气体、固体或液体。基质与激活粒子统称为激光工作物质。根据工作物质的物相不同，激光器可分为气体激光器、固体激光器和液体激光器。

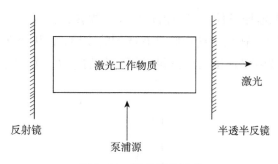

图 3-10　激光器的组成

b. 泵浦源（激励能源）

为了形成粒子数反转，需对激光工作物质进行激励，完成这一任务的是泵浦源。不同的激光工作物质往往采用不同的泵浦源。对激光物质进行光照，又称光泵浦。对于气体激光工作物质，常常是将它们密封在细玻璃管内，两端加电压，通过放电的方式来进行激励，另外还有共振转移和化学反应两种激励方式。根据激活介质的粒子状态，激光器又可分为分子激光器、准分子激光器、原子激光器、离子激光器和半导体激光器。

c. 光学谐振腔

仅使激光工作物质处于粒子数反转状态，虽可获得激光，但它的寿命很短，强度也不会太高，并且光波模式多、方向性很差。这样的激光几乎没有什么实用价值。为了得到稳定持续、有一定功率的高质量激光输出，激光器还必须有一个光学谐振腔，它由放置在激光工作物质两边的两个反射镜组成，其中之一是全反射镜，另一个作为输出镜用，是部分反射、部分透射的半透半反射镜。光学谐振腔的作用为产生与维持激光振荡，并改善输出激光的质量两个方面。

3. 激光的纵、横模

（1）激光的频率特性和谐振条件

a. 频率特性

普通的氖辉光管发出红光，其线宽为 $\Delta v_F \approx 1.5 \times 10^9/s$，如图 3-11（a）所示。激光的单色性好，即激光的谱线宽度 Δv 很小。例如，长 10cm 的稳频氦氖激光器，测量它输出激光的中心频率为 $4.74 \times 10^{14}/s$（$\lambda = 632.8nm$），线宽 $\Delta v < 10^4/s$，如图 3-11（b）所示。由于激光谐振腔的作用，输出激光往往包含着多个分立的频率。这些频率的间隔相等，但每一种频率的谱线宽度 Δv 仍然很窄。

b. 谐振条件

在光学谐振腔中，不是任意频率（波长）的光都能形成激光振荡，而是需要满足一定的条件。假如光波在谐振腔内沿轴线来回反射，经过镜面多次反射的光波之间将会产生多光束干涉。为了能在腔内形成稳定振荡，要求光波因干涉而得到加强，也就是要求光波在腔内走一个来回时位相改变量应是 2π 的整数倍，这就是谐振条件。而走过一定距离后光波位相的改变量与光波的频率有关。对一定长度的谐振腔，只有某些特定频率的光波，才有可能满足此谐振条件，在腔内形成激光振荡；而对另一些频率则不满足谐振条件，也就不能形成激光。在这里谐振腔具有选频的作用，它从通常的原子（分子或离子）所发的频带较宽的光波中仅选出某些满足谐振条件的频率，如图 3-11（c）所示，使其形成激光。

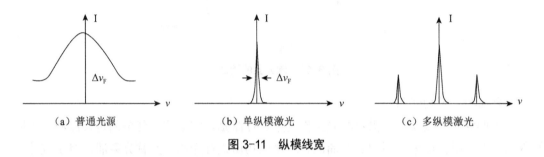

（a）普通光源   （b）单纵模激光   （c）多纵模激光

图 3-11　纵模线宽

（2）激光谐振频率和纵模

当光沿腔轴方向在腔的两个反射面之间来回传播时，将产生两束方向相反、相互干涉的光波，因此，光在腔内部沿着腔轴方向将形成驻波。若光学谐振腔的腔长为 L，腔中充满折射率为 n 的激活介质，光腔内形成稳定的驻波条件是：

$$\Delta\phi = \frac{2\pi}{\lambda} 2nL = q2\pi \tag{3-11}$$
$$\text{或 } 2nL = q\lambda$$

其中 q 为正整数，表示不同纵模。

将波长 λ 换成频率，有：
$$v = c/\lambda, \tag{3-12}$$

则
$$v_q = q\frac{c}{2nL} \tag{3-13}$$

式（3-11）、式（3-13）就是腔中沿轴向传播光波的谐振条件。而满足式（3-13）的 v_q 称为腔的谐振频率。该式表明，腔中的谐振频率是分立的。

通常把腔内沿轴方向（纵向）形成的每一种稳定驻波场分布称为腔的纵模，每一种纵模的频率 v_q 由式（3-13）所决定，腔的相邻两个纵模的频率之差 Δv_q 称为纵模间隔。由式（3-13）得出：

$$\Delta v_q = v_{q+1} - v_q = \frac{c}{2nL} \tag{3-14}$$

可以看出，Δv_q 与 q 无关，对一定的光腔为一常数，因而腔的纵模间隔是等间距排列的，如图 3-12 所示。

由式（3-13）可知，激光的纵模间隔与腔长有关，腔越长则 Δv_q 越小，能同时振荡的纵模数也越多；腔越短，Δv_q 越大。由式（3-13）所决定的谐振频率有很多，但只有落在原子（分子或离子）的荧光谱线范围内，并满足阈值条件的那些频率才能形成激光，称为纵模频率。通常称出现一个纵模频率的激光器为单频（或单纵模）激光器，而出现多个纵模频率输出的称多频（或多纵模）激光器。

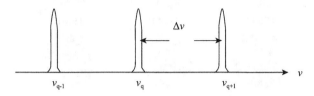

图 3-12　纵模间隔的等间距排列

（3）激光的横模

如果将可见光波段的激光投射到光屏上，并仔细观察激光光斑的光强分布，就会发现它是不均匀的，不同激光器射出来的光斑中的光强分布也各不相同。这就是说，激光在谐振腔内振荡的过程中，会在光束横截面上形成具有各种不同形式的稳定分布，光强的这种稳定分布，称为激光束的横向模式，简称横模。激光束在横截面上呈现出各种光强的不同花样的稳定分布，主要产生于谐振腔反射镜对光的衍射效应。

图 3-13（a）所示为一个光学谐振腔，两圆形反射镜的直径为 $2a$，腔长为 L。光束在腔内来回反射时，等价于光束连续通过一系列间距为 L，直径为 $2a$ 的同轴圆孔，如图 3-13（b）所示。

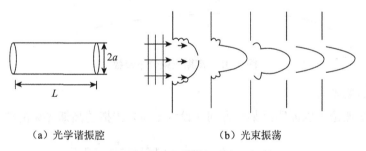

（a）光学谐振腔　　　　　　　　　（b）光束振荡

图 3-13　激光束在谐振腔中的衍射

当光垂直入射到第一个圆孔时，由于圆孔的衍射作用，将使光束的波阵面发生畸变，部分光偏离原来传播方向；当继续通过第二个圆孔时，边缘部分的光被挡，又发生第二次衍射。通过第三、第四圆孔……，将继续上述过程。每次作用的结果都是削弱边缘部分的光强，最后形成一种稳定的光强分布。这种光强分布的特点是光能量集中在光束的中心部分，而边缘部分光能较弱。图 3-14 所示就是这种光强分布的光斑图形。通常用符号 TEM_{mnq} 来表示激光的各种模式。TEM 是电磁行波的英文 Transverse Electronic and Magnetic Wave 的缩写，q 表示纵模，m、n 均为正整数，分别表示在 x 轴和 y 轴方向上光强为零的节点数目，称为模式序数。

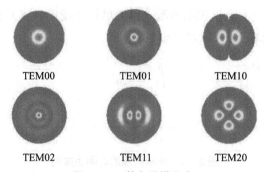

图 3-14　激光横模分布

4. 共焦腔中高斯光束的特性

稳定腔的激光器所发出的激光，将以高斯光束的形式在空间传播。共焦腔中产生的光束具有特殊结构，它既不同于点光源所发出的球面波，又不同于普通平行光束的平面波，而是一种特殊的高斯光束（亦称高斯球面波，如图 3-15 所示）。下面重点介绍共焦腔中高斯光束的特性和参数。

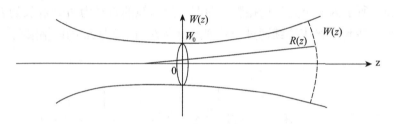

图 3-15　高斯光束分布参数

（1）基模高斯光束

由波动光学理论可以证明沿某一方向（设为 z 轴）传播的高斯光束的电矢量表示为：

$$E_0(xyz) = \frac{A_0}{W(z)} e^{-\frac{r^2}{W^2(z)}} e^{-i\left[K\left(z+\frac{r^2}{2R(z)}\right)-\varphi(z)\right]} \tag{3-15}$$

式中，A_0 为常数因子，$\dfrac{A_0}{W(z)}$ 是 z 轴上（$x=0$，$y=0$）各点的电矢量振幅，$r^2 = x^2 + y^2$，$k = 2\pi/\lambda$。$W(z)$ 称为 z 点的光斑尺寸，它是 z 的函数：

$$W(z) = W_0 \left[1 + \left(\frac{z\lambda}{\pi W_0^2} \right)^2 \right]^{1/2} \tag{3-16}$$

W_0 是 $z=0$ 处的 $W(z)$ 值，它是高斯光束的一个特征参数，称最小光斑尺寸，也称为光束的"腰粗"。式（3-15）中 $R(z)$ 是在 z 处波阵面的曲率半径，是 z 的函数：

$$R(z) = z \left[1 + \left(\frac{\pi W_0^2}{\lambda z} \right)^2 \right] \tag{3-17}$$

$\varphi(z)$ 是与 z 有关的位相因子：
$$\varphi(z) = \arctan\frac{\lambda z}{\pi W_0^2} \tag{3-18}$$

（2）高斯光束的特点

a. $z = 0$ 处的情况

将 $z = 0$ 代入式（3-17）则有 $\lim\limits_{z\to 0} R(z) = \infty$，所以有 $\dfrac{r^2}{2R(z)} = 0$，又由式（3-18）$\varphi = 0$ 有：

$$E(x, y, 0) = \frac{A_0}{W_0}e^{-\frac{r^2}{W_0^2}} \tag{3-19}$$

式（3-19）说明，光波电矢量的振幅分布是高斯函数，通常就称振幅的这种分布为高斯分布。图 3-16 画出了 $z = 0$ 处 E 的分布曲线。

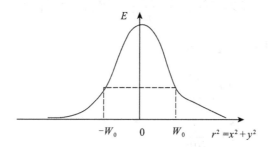

图 3-16 $z=0$ 处 E 的分布曲线

由图 3-16 可以看到：

当 $r = 0$（即光斑中心）处振幅 A 有最大值，即 $A(0, 0, 0) = A_0/W_0$；

当 $r = W_0$ 时有 $A(r, 0) = A_0/eW_0 = A(0, 0, 0)/e$，即电矢量振幅下降到极大值 $1/e$；

而当 r 继续增大时，E 值继续下降而趋于零。可见光斑中心最亮，向外逐渐减弱。所以通常以电矢量振幅下降到中心值 $1/e$（或光强为中心值的 $1/e^2$）处的光斑半径 W_0 作为光斑大小的量度，称为"腰粗"。

从上述分析可知，高斯光束在光腰处波阵面是一平面。这一点与平面波相同，但光强分布是一种特殊的高斯分布。这一点又不同于通常讨论的均匀平面波。也正由于这一点差别，决定了它沿 z 方向传播时不再保持平面波特性，而是以高斯球面波的特殊形式传播。

b. $z > 0$ 处情况

从式（3-15）高斯光束电矢量表示式可见其等相面为球面。式（3-17）给出了其球面的曲率半径：

$$R(z) = z\left[1 + \left(\frac{\pi W_0^2}{\lambda z}\right)^2\right] > z$$

即波阵面的曲率半径大于 z，且 $R(z)$ 随 z 而异，也就是作为波阵面球面的曲率中心不在原点。其电矢量的振幅分布为：

$$E(x, y, z) = \frac{A_0}{W(z)} e^{\frac{r^2}{W^2(z)}}$$ (3-20)

式（3-20）仍为高斯分布，即中心最强，同时按高斯函数形式向外逐渐减弱与图3-16所示 $z = 0$ 时的分布形式相同。但此时光斑尺寸为：

$$W(z) = W_0 \left[1 + \left(\frac{z\lambda}{\pi W_0} \right)^2 \right]^{1/2} > W_0$$ (3-21)

c. 光束发散角

从式（3-17）可见，高斯光束的光斑尺寸 $W(z)$，随 z 的增大而加大，表示光束逐渐发散，通常以发散角 2θ 来描述光束的发散度，表示为：

$$2\theta = 2\frac{\mathrm{d}W(z)}{\mathrm{d}z} = \frac{2\lambda^2 z}{\pi W_0} [\pi^2 W_0^4 + \lambda^2 z^2]^{-1/2}$$ (3-22)

当 $z = 0$ 时（束腰处），　　　　$2\theta = 0$

当 $z = \frac{\pi W_0^2}{\lambda}$ 时，　　　　$2\theta = \frac{\sqrt{2}\lambda}{\pi W_0}$

当 $z \to \infty$ 时，　　　　$2\theta = \frac{2\lambda}{\pi W_0}$

称其为远场发散角。通常把 z 值从零到 $z = \frac{\pi W_0^2}{\lambda}$ 这段距离称为高斯光束的准直距离，在此区间内光束发散度很小。

（3）共焦腔中的高斯光束

对共焦腔中的高斯光束，当 $z_1 = \pi W_0^2/\lambda$ 时，波阵面的曲率半径可由式（3-17）算得：

$$R(z_1) = z_1 \left[1 + \left(\frac{\pi W_0^2}{\lambda z_1} \right)^2 \right] = 2z_1$$ (3-23)

如果在 $z = \pm z_1$ 处各放一凹球镜组成谐振腔，其曲率半径 R_A 和 R_B 为：

$$R_A = R_B = R(z_1) = 2z_1$$ (3-24)

这两镜构成了腔长 $L = 2z_1 = R_A = R_B$ 的共焦腔。因腰粗 W_0 的高斯光束在 z_1 处波阵面的曲率半径与镜面曲率半径 R_B（或 R_A）相等，即波阵面与镜面相重，所以腰为 W_0 的高斯光束，腔长 L 为：

$$L = 2z_1 = 2\frac{\pi W_0^2}{\lambda}$$ (3-25)

其共焦腔中来回反射能保持其特性不变，说明该共焦腔中可以产生腰粗 W_0 的高斯光束。从式（3-25）算得腔长为 L 的共焦腔对应的高斯光束的参数为：

腰粗　　　　　　　　　　$$W_0 = \left(\frac{\lambda L}{2\pi} \right)^{1/2}$$ (3-26)

镜面上的光斑尺寸
$$W_A = W_B = \left(\frac{\lambda L}{\pi}\right)^{1/2} \qquad (3\text{-}27)$$

发散角（远场）
$$2\theta = 2\left(\frac{2\lambda}{\pi L}\right)^{1/2} \qquad (3\text{-}28)$$

可见，共焦腔中高斯光束特性完全由腔长决定。

例如，有一腔长 $L = 150\mathrm{cm}$ 的氩离子激光器，采用共焦腔结构，则在基模工作时，对 $\lambda = 514.5\mathrm{nm}$ 的激光光束将有下述参数：

腰粗
$$W_0 = \left(\frac{\lambda L}{2\pi}\right)^{1/2} = 0.35\mathrm{nm}$$

发散角
$$2\theta = 2\left(\frac{2\lambda}{\pi L}\right)^{1/2} = 0.9\times10^{-3}\mathrm{rad}$$

镜面上的光斑尺寸
$$W_A = W_B = \left(\frac{\lambda L}{\pi}\right)^{1/2} = 0.49\mathrm{mm}$$

3.1.2 激光的特性

概括地说，激光有四大特性：高亮度、高方向性、高单色性和高相干性。它们之间不是互相独立的，而是互有联系，激光所具有的上述特性是其他普通光源所不能比拟的。

1. 激光的高亮度

光源的亮度（B）定义为光源单位发光表面（S）沿给定方向上单位立体角（Ω）内发出的光功率（P）的大小，即：

$$B = P/S\Omega \qquad (3\text{-}29)$$

其中，B 的单位为 $\mathrm{W/（cm^2 \cdot sr）}$。

普通光源发出的光是连续的，并且在 4π 立体角内传播，能量十分分散，所以亮度不高，如太阳光的亮度值约为 $2\times10^3\ \mathrm{W/（cm^2 \cdot sr）}$，而气体激光器的亮度值为 $10^8\ \mathrm{W/（cm^2 \cdot sr）}$，固体激光器的亮度值更高，可达 $10^{11}\mathrm{W/（cm^2 \cdot sr）}$，这是由于激光器的发光截面（$S$）和立体发散角（$\Omega$）都很小，而其输出功率（$P$）都很大的缘故。不仅如此，具有很高亮度的激光束经过透镜聚焦后，能在焦点处产生数千度乃至上万度的高温，这就使其可能加工几乎所有的材料。

2. 激光的高方向性

激光的高方向性主要是指其光束的发散角小。光束的立体发散角 Ω 为：

$$\Omega = \pi\theta^2 \qquad (3\text{-}30)$$

式中，θ 为平面发散角，当 $\theta = 10^{-3}\mathrm{rad}$ 时，$\Omega = 10^{-6}\pi$，一般工业用高功率激光器输出光束的发散角为 mrad 量级。

激光束的发散角主要是由在激光器输出孔径处产生的衍射角造成的，它还与振荡模式、腔长、工作物质等有关。基横模的发散角最小，横模的阶次越高，发散角越大。因此，选择适当的横模技术，使激光器工作在基横模状态有利于改善激光的方向性。谐振腔越长，方向性越好。在各类激光器中，气体激光器的方向性最好，固体激光器次之，半导体激光器最差。激光的高方向性使其能有效地传输较长的距离，同时还能保证聚焦后得到极高的功率密度。另外，高方向性还可获得高的横向空间相干性。

M^2 是一个与发散角有关的可以作为光束质量度量的几何因子，它被定义为：

$$M^2 = \frac{\pi\omega_0\theta}{\lambda} \tag{3-31}$$

式中，ω_0 为激光束的束腰半径，θ 为平面发散角，λ 为波长。

3. 激光的高单色性

单色性常用 $\Delta v/v$ 或 $\Delta\lambda/\lambda$ 来表征，其中 v 和 λ 分别为辐射波的中心频率和波长，Δv 和 $\Delta\lambda$ 是谱线的宽度。原有单色性最好的光源是氪 [86] 灯，其值为 10^{-6} 量级。而稳频激光器的输出单色性可达 $10^{-13} \sim 10^{-10}$ 量级，比原有单色性最好的氪 [86] 高几万倍至几千万倍。

目前单色性能最好的激光器是单纵模稳频气体激光器，如 He-Ne 激光器，它的线宽可小至几个 Hz 量级。激光器的单色性还与振荡模式以及激光工作物质有关，多纵模激光器的单色性显然比单纵模激光器差，固体激光器的单色性比气体激光器差，单色性最差的激光器要属半导体激光器。因此，使用选模技术和稳频技术对改善激光器的单色性能有着重要意义。激光的高单色性保证了光束经聚焦元件后能得到很小的焦斑尺寸，从而得到很高的功率密度。另外，高单色性可获得高的时间相干性。

4. 激光的高相干性

激光的相干性是在光的波动理论基础上描述光波各个部分的位相关系。由于激光中每个光子的运动状态（频率、位相、偏振态、传播方向）都相同，因此是极好的相干光源，它的相干性能要比普通光源强得多，一般称激光光源为相干光，普通光源为非相干光。相干性有时间相干性与空间相干性之分，下面分别讨论激光的这两种相干性。

（1）时间相干性

描述沿光束传播方向上各点的位相关系。光源的时间相干性（或称纵向空间相干性）与单色性相关。光源的谱线宽度 Δv 越窄，相干时间 t_c 就越长，相干长度也越长。相干长度 $L = ct_c = c/\Delta v$。激光的线宽非常窄，故它的时间相干性比普通光源好得多。红宝石激光的相干长度是 8000mm，He-Ne 激光的相干长度为 1.5×10^{11}mm，而原有相干性最好的氪 [86] 灯相干长度仅为 800mm。

（2）空间相干性

描述垂直于光束传播方向的波面上各点之间的位相关系，因此这里所说的空间相干性，主要是指横向空间相干性，它与光源的方向性相联系。普通光源所发出的光分属众多的模式，只有在一定空间范围中的光子才是相干的。因此，可以使用相干面积来描述光的空间相干性，相干面积 $S = (\Delta\lambda/\theta)^2$。对于激光来说，只有属于同一个横模模式的光子才是空间相干的，不属于同一横模模式的光子则是不相干的。因此，激光的空间相干性由激光器的横模结构所决定。如果激光器是单横模，则它是完全空间相干的；如果激光器是多横模，则它的空间相干性能变差。此外，单基横模的方向性最好，横模阶次越高方向性越差。这表明激光的方向性越好，它的空间相干性程度就越高。激光的相干性有很多重要应用，如使用激光干涉仪进行检测，比普通干涉仪速度快、精度高。用激光作为全息照相的光源，也是利用它的相干性能好这一特点。

第二节　光电效应

　　光照射到物体上会使物体发射电子、电导率发生变化或产生光电动势等，这种因光照而引起物体电学特性的改变统称为光电效应。光电效应可归纳为两大类：第一类是物质受到光照后向外发射电子，这种现象称为外光电效应，多发生于金属和金属氧化物；第二类是物质受到光照后所产生的光电子只在物质的内部运动而不会逸出物质外部，这种现象称为内光电效应，包括光电导效应和光生伏特效应。

　　本节主要介绍外光电效应。如果被激发的电子能逸出光敏物质的表面而在外电场作用下形成光电流，这就是光电发射效应或称外光电效应。光电管、光电倍增管等一些特种光电器件，都是建立在外光电效应基础上的。光电子发射效应的主要定律和性质如下。

2.2.1　光电子发射效应的主要定律

1. 斯托列托夫定律

斯托列托夫定律也称光电发射第一定律。当入射光线的频率成分不变时（同一波长的单色光或者相同频率成分的光线），光电阴极的饱和光电发射电流 I_k 与被阴极所吸收的光通量 Φ_k 成正比，即：

$$I_k = S_k \Phi_k \tag{3-32}$$

　　式中，S_k 为表征光电发射灵敏度的系数。这个关系看上去十分简单，但却非常重要，因为它是用光电探测器进行光度测量、光电转换的一个重要依据。

2. 爱因斯坦定律

爱因斯坦定律也称光电发射第二定律。发射出光电子的最大动能随入射光频率的增高而线性地增大，而与入射光的光强无关，即光电子发射的能量关系符合爱因斯坦公式：

$$h\gamma = \left(\frac{1}{2}m_e v^2\right)_{max} + \Phi_0 \tag{3-33}$$

式中，h 为普朗克常量；γ 为入射光的频率；m_e 为光电子的质量；v 表示出射光电子的速度；Φ_0 为光电阴极的逸出功。电子逸出功是描述材料表面对电子束缚强弱的物理量，在数量上等于电子逸出表面所需的最低能量，也可以说是光电发射的能量阈值。

根据 1905 年爱因斯坦提出的光的量子理论可以很容易地解释式（3-32）和式（3-33）。实际上，光敏物体在光线作用下，物体中的电子吸取了光子的能量，就有足够的动能克服光敏物体边界势垒的作用而逸出表面。根据爱因斯坦提出的假说，每个电子的逸出都是吸收了一个光子的结果，而且一个光子的全部能量都由辐射能转变为光电子的能量。因此，光线越强，也就是作用于阴极表面的光子数越多，就会有越多的电子从阴极表面逸出。同时，入射光线的频率越高，也就是说每个光子的能量越大，阴极材料中处于最高能级的电子在取得这个能量并克服势垒作用逸出界面之后，其具有的动能就越大。

3. 光电发射的红限

在入射光线频率范围内，光电阴极存在着临界波长。当光波波长等于临界波长时，光电子刚能从阴极逸出，这个波长通常称为光电发射的"红限"，或称为光电发射的阈值波长（光电阴极波长阈值 λ_0）。显然，在红限处光电子的初速度（即动能）应该为零。因此 $h\gamma = \Phi_0$，临界频率 $\gamma_0 = \Phi_0/h$，所以临界波长为：

$$\lambda_0 = \frac{c}{\gamma_0} = \frac{ch}{\Phi_0} = \frac{1.24}{\Phi_0} \tag{3-34}$$

式中，λ_0 的单位为 μm。最短波长的可见光（0.38μm）在表面逸出功（也称功函数）不超过 3.2eV 的阴极材料中产生光电发射，而最长波长的可见光（0.78μm）只有在功函数低于 1.6eV 的阴极材料中才会产生光电发射。

4. 光电发射的瞬时性

光电发射的瞬时性是光电发射的一个重要特性。实验证明，光电发射的延迟时间不得超过 3×10^{-13}s 的量级。因此，实际上可以认为光电发射是无惯性的，这就决定了外光电效应器件具有很高的频响。光电发射瞬时性是由于它不涉及电子在原子内迁移到亚稳态能级的物理过程。

以上的结论严格地说是在温度为 0K 时才是确定的。因为随着温度的增加，阴极材料内电子的能量也将提高，所以有可能在原来的红限以下逸出表面。但是，实际上由于温度提高时，这种具有很大能量的电子数目很少，在高温场合实际测量光电发射时，因受仪器灵敏度的限制，爱因斯坦定律和红限的结论对大多数金属来说仍是正确的。

最早的时候，认为光电发射效应只发生在阴极材料的表面，即阴极表面的单原子层或者离表面数十纳米的距离内。但在发现了灵敏度很高的阴极材料后，认为光电发射不仅发生在物体的表面层（称为光电发射的表面效应），而且还深入到阴极材料的深层（称为光电发射的体积效应）。光发射过程包括三个基本阶段：

（1）电子吸收光子后产生激发，即得到能量；

（2）得到光子能量的电子（受激电子）从发射体内向真空界面运动（电子传输）；

（3）受激电子越过表面势垒向真空逸出。

电子激发阶段的情况取决于材料的光学性质。凡是光发射材料，都应具有光吸收能力。光学吸收系数应当尽量大，使得受激电子产生在离表面较近的地方，使其激发深度较浅。在固体中，受激电子向表面运动时，由于各种相互作用，将损失一部分能量。受激电子的传输能力可用有效逸出深度表示。它是指到达真空界面的受激电子所经过的平均距离。逸出深度与受激深度之比越大，发射体的效率就越高。为了完成光电发射，即电子最终逸入真空，到达表面的电子能量应当大于材料的逸出功。逸出功越小，电子从物体向真空发射的概率就越大。电子从物体发射出去以后，就由外部电源的电子流来补偿，这样才能满足光阴极材料电导率的要求。

5. 金属的光电发射

金属反射掉大部分入射的可见光（反射系数达 90% 以上），吸收效率很低。光电子与金属中大量的自由电子碰撞，在运动中损失很多能量。只有很靠近表面的光电子，才有可能到达表面并克服势垒逸出，即金属中光电子逸出深度很浅，只有几纳米，而且金属逸出功大多为 3eV 以上，对能量小于 3eV（$\lambda > 410$nm）的可见光来说，很难产生光电发射，只有铯（2eV 逸出功）对可见光最灵敏，故可用于光阴极。但因在光电发射前两个阶段能量损耗太大，纯金属铯量子效率很低，小于 0.1%。金属有大量的自由电子，没有禁带，费米能级 E_F（温度为绝对零度时固体能带中充满电子的最高能级）以下基本上为电子所填满，费米能级以上基本上是空的，表面能带受内外电场影响很小，E_F 取决于材料。所以金属的电子逸出功定义为 $T = 0$K 时真空能级与 E_F 之差，它是材料的参量，可以用来作为光电发射的能量阈值。

第三节　CCD 光电成像技术

电荷耦合器件（Charge Coupled Devices，CCD）是具有代表性的固体成像器件。它具有体积小、工作电压低、功耗低、信噪比高、输入光动态范围大等诸多优点，因而日益受到人们的重视。根据光敏像素的排列形式，CCD 分为线阵列和面阵列两种，前者主要用于文字字符识别、传真和尺寸检测等方面；后者主要用于记录图像，用来装配轻型摄像机供工业监视和民用电视摄像等。CCD 属于集成光电传感器，主要应用于光电图像传感，因此也称其为 CCD 光电图像传感器。

3.3.1　电荷耦合器件 CCD

CCD 是一种半导体集成器件，它由 MOS（Metal Oxide Semiconductor）光敏元件、移位寄存器、电荷转移栅等部分组成，光敏元件中相邻两光敏单元的中心距离在 7 ～ 16μm

范围内。CCD 可以把光信息转换成电脉冲信号，而且每个脉冲只反映一个光敏元的受光情况。脉冲幅度的高低反映该光敏元受光照的强弱，输出脉冲的顺序可以反映光敏元的位置，这样就起到了图像记录的作用。

1. MOS 光敏单元工作原理

MOS 结构一般都以硅作为半导体衬底，在其上热生长一层二氧化硅（SiO$_2$），并在二氧化硅上面沉积具有一定形状的金属层作为电极，如图 3-17 所示。因为它是由金属（M）、氧化物（O）、半导体（S）三层组成的，故称为 MOS 结构。

衬底可以是 P 型或 N 型半导体，下面以 P 型为例进行说明。当在金属电极上加正电压 U 时，在电场的作用下，电极附近 P 型区域里的多数载流子空穴被排斥，将离开电极形成一个"耗尽区"。而对于少数载流子电子，电场则吸引它到电极附近的耗尽区。耗尽区对带负电的电子而言是一个势能很低的区域，称为"势阱"。如果此时有光线从背面或正面入射到半导体硅片上（图中为背面，即从下面入射），在光子的作用下，半导体硅产生电子–空穴对，由此产生的光生电子被附近的势阱所收集，而空穴则被电场排斥出耗尽区。此时，势阱内吸收的光生电子数量与入射到势阱附近的光强成正比。这样一个 MOS 结构单元就称为一个光敏元或一个像素（pixel）；而把一个势阱所收集的若干个光生电荷称为一个电荷包。图 3-17 中仅给出了一个光敏单元结构。

通常在半导体硅片上制成有成千上万个相互独立的 MOS 光敏元件，如果在金属电极上加上正电压，则在半导体硅片上就形成成百上千个相互独立的势阱。如果此时照在这些光敏单元上是一幅明暗起伏的图像，那么这些光敏单元就会产生出一幅与光照强度相对应的光生电荷图像，因而得到了影像信号。

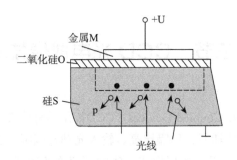

图 3-17　MOS 光敏单元结构

2. 移位寄存器

移位寄存器也由金属电极、氧化物介质及半导体三部分组成，也是 MOS 结构，它与上述 MOS 光敏单元的区别是不能受光照射，所以应防止外来光线的干扰。如图 3-18（a）所示，在二氧化硅表面排列多个金属电极 a_1，b_1，c_1；a_2，b_2，c_2；a_3，b_3，c_3；…；a_n，b_n，c_n 等，每 3 个电极（如 a_1，b_1，c_1）组成一个传输单元，在 3 个电极上分别加上三相脉冲电压 U_a，U_b，U_c，它们的波形如图 3-18（b）所示。

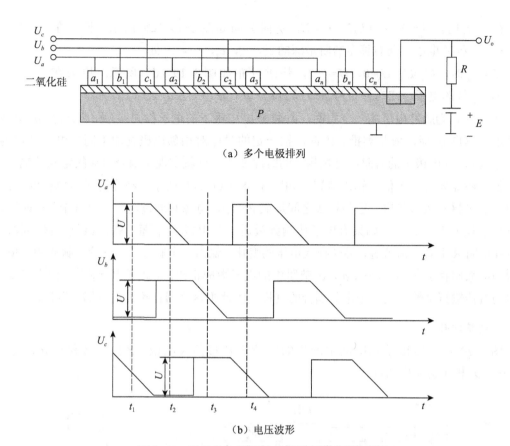

（a）多个电极排列

（b）电压波形

图 3-18　移位寄存器及其电极上所加电压的波形

在 $t=t_1$ 时，$U_a=U$，$U_b=0$，$U_c=U/2$。金属电极上所加正电压越高，它下面的电场越强，所形成的势阱越深。图 3-19（a）表示该瞬时的势阱深度分布，图中假设 a_1，a_2，a_3，…，a_n 势阱中已有若干电子（注入方法将在下面说明），并以虚线表示电子的数量。

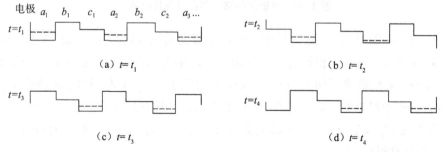

（a）$t=t_1$　　　　　　　　　　　（b）$t=t_2$

（c）$t=t_3$　　　　　　　　　　　（d）$t=t_4$

图 3-19　CCD 的电荷移位

在 $t=t_2$ 时，$U_a=U/2$，$U_b=U$，$U_c=0$。根据电极上的电压越高，下面的势阱越深的原则，势阱分布如图 3-19（b）所示。原来在 a_1，a_2，a_3，…，a_n 处的电子移向势阱最深的 b_1，b_2，b_3，…，b_n 处，即电子向右方移动了。

在 $t=t_3$ 时，$U_a=0$，$U_b=U/2$，$U_c=U$，势阱分布如图 3-19（c）所示。原来在 b_1，b_2，b_3，…，b_n 处的电子，向右移至势阱最深的 c_1，c_2，c_3，…，c_n 处。

在 $t=t_4$ 时，$U_a=U$，$U_b=0$，$U_c=U/2$，势阱分布如图 3-19（d）所示。原来在 c_1，c_2，c_3，…，c_n 处的电子，向右移至势阱最深的 a_2，a_3，a_4，…，a_n 处。

从 $t_1\sim t_4$ 为脉冲电压的一个周期，原来在 a_1 电极下的电子移向 a_2 极，原来在 a_2 电极下的电子移向 a_3 极，依此类推。因此，按一定的时序对相邻电极施加不同的电压（称为时钟电压），使电极下的势阱深度按相应的时序变化，这就实现了信号电荷的定向传输。

最后还需要有一个信号输出装置，如图 3-18（a）右端所示，在靠近最右电极的一侧扩散一个 N 区作为收集区，它与衬底之间形成 PN 结。电源 E 通过电阻 R 加在 PN 结两端，使它处于反向偏置状态。如果有电子传输到最后一个电极 c_n 下面，就被该收集区接收，此时在电阻 R 上有电流流过，并转换成电压的变化，输出一个脉冲。显然输出脉冲的幅值，依次与原来储存于 a_n，a_{n-1}，…，a_2，a_1 势阱中的电子数成正比，是属于串行输出。由上可知，信号向右传输直至输出是一个电荷耦合的过程，因此把这类器件称为电荷耦合器件。

3. 电荷转移

图 3-20（a）给出了光敏区中产生的电荷由转移门（电极）Z 控制转移至 a_1，a_2，a_3，…，a_n 极下势阱中的过程。

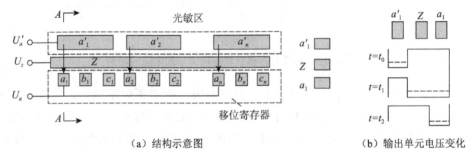

（a）结构示意图   （b）输出单元电压变化

图 3-20　光敏区向移位寄存器转移电荷

现以 A—A 截面的电极为例进行分析。把 A—A 截面的电极旋转 90°，如图 3-20（b）所示，得到与图 3-19 中 a_1，b_1，c_1 相似的一个传输单元，如果在电极 a_1'，Z 及 a_1 上分别加上电压 U_a'，U_z 及 U_a（它们的波形如图 3-21 所示），则对应于 t_0，t_1，t_2 时刻的势阱波形如图 3-20（b）所示。由图中可以看出，从 t_0 到 t_2，光敏单元 a_1' 中的电荷已转移至 a_1 极下的势阱。同理，光敏单元 a_2'，a_3'，…，a_n' 中的电荷已转移至 a_2，a_3，…，a_n 极下的势阱。这是一个平行的并行转移过程。

由于 t_2 以后，转移电极 Z 上的电压恢复为零，相当于把光敏区和移位寄存器之间的"门"阻塞。自 t_3 以后，光敏单元又重新进行光积累（光积分），移位寄存器 a_1，b_1，c_1；a_2，b_2，c_2…a_n，b_n，c_n 等进行移位（电荷传输），各自执行自己的任务。

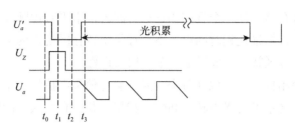

图 3-21 U_a'，U_z，U_a 的电压波形

为了光敏单元 a_1' 中的电荷不会转移至 b_1 和 c_1 极下的势阱，需要靠制造适当的沟道及在 b_1，c_1 极上加适当的电压来实现。当 $t=t_1$ 时，在转移电极 Z 上加正脉冲，这时 $U_a=U$，$U_b=0$，$U_c=U/2$，即此时在 b_1，c_1 极下将不会产生势阱。这样，a_1' 中的电荷就可以沿沟道转移至 a_1 极下的势阱，而不会跑到 b_1 和 c_1 极下。

上述光敏区中的电荷信号，是靠移位寄存器传输给输出二极管读出的，故移位寄存器一般称为读出寄存器。除上述三相脉冲和单边读出寄存器的结构外，实际使用中常采用如两相脉冲，使电荷移位和光敏区的两边都有读出寄存器。光积累后，偶数像素中的电荷移入右边的读出寄存器，奇数像素中的电荷移入左边的读出寄存器。然后把两个寄存器中的信息按一定的次序读出，重新组成图像信号输出。此种结构的优点是封装密度较高，分解能力比前一种结构高，而且读出信息的转移级数较少，因此转移效率较高。

4. 面阵 CCD

面阵 CCD 由多个线阵器件组成。如果有 m 个线阵列，每个线阵列包含 n 个光敏元，则可将这 m 个线阵列平行组排；每两列之间以沟阻隔开，以防止沟道弥散，使每列都成为独立的像传感器件。驱动电极在水平方向横贯光敏面，则由此组成像素总数为 $m \times n$ 的成像光敏面，接收的光构成平面图像。

面阵 CCD 因信号电荷传输方式的不同，而有帧转移、行间转移和线寻址转移之分。因为信号电荷转移方式的差异，它们具有不同的整体结构。

（1）帧转移器件

图 3-22 是帧转移器件结构示意，它包括光敏区（成像区）、存储区（暂存区）、读出寄存器和输出电路等部分。成像区是接收光辐射的敏感面，而暂存区和读出寄存器是避光的，暂存区的行数和成像区的行数相同。

光生信号电荷在一个场扫描正程时间内积累，而在场扫描回程时间内，光敏区各电极都得到帧转移高速时钟脉冲电压，使整场图像快速转移至暂存区。在下一个场扫描正程时间内，暂存区由行转移时钟脉冲驱动，以每次一行的方式将暂存区的信号

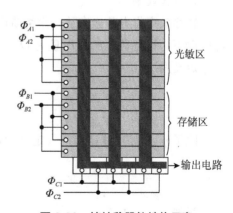

图 3-22 帧转移器件结构示意

电荷逐行送进读出寄存器。在一个行扫描正程时间内，水平时钟脉冲驱动信号电荷逐位由输出通道读出。而在行扫描逆程时间内，下一行又由暂存区进入读出寄存器。待把暂存区各行都读出完毕，光敏区就又完成了下一个场扫描正程。

帧转移方式的突出优点是成像区每个单元都参与信息电荷的产生和积累，因而灵敏度较高。其缺点是暂存区不参与光电转移和信号积累，却占有与成像区同样的面积，故芯片较大。

（2）行转移器件

在行转移器件里，将成像线元与暂存线元相间地排列在半透明多晶硅栅上。其中成像线元的各列，在场积分脉冲作用下做光电转换和信号累积。成像线元列间的垂直移位寄存器是采用不透明金属栅列，并与成像线元一一对应。在一场积分完毕后，垂直时钟脉冲电压令成像线列内的信号电荷，转移至相邻的垂直移位寄存器中；而后由各垂直移位寄存器同步运作，一次一行地将信号电荷送至水平移位寄存器；最后由水平移位寄存器逐位将信号电荷输出。

行转移方式的优点是垂直方向上转移次数比帧转移方式少，还易于实行隔行扫描。其最大缺点是只能正面接收入射光（背面照射会有干扰），其灵敏度比背面入射的帧转移器件低得多，工艺也要难一些。

（3）线寻址转移器件

这种器件没有专门的暂存区，只是把多个线元按行组排，且每行都编有各自的地址。由线寻址垂直扫描发生器逐行启动，将各行信号电荷依次送至输出寄存器，再按顺序读出。它需要专门的垂直扫描发生器，因此电极结构较为复杂，且噪声较大。

3.3.2　CCD 的性能参数

评价 CCD 器件性能优劣的特性参数主要包括转移效率、光电特性、光谱特性、暗电流、噪声、分辨率、动态范围等。

1. 转移效率

转移效率指电荷包在从一个势阱向另一个势阱中转移时的传输效率。在一定的时钟脉冲驱动下，设电荷包的原电量为 Q_0，转移到下一个势阱时电荷包的电量为 Q_1，则转移效率 η 定义为：

$$\eta = \frac{Q_1}{Q_0} \tag{3-35}$$

除了 η，也常用损耗率 ε（定义为残留于原势阱中的电量与原电量之比）表示：

$$\varepsilon = \frac{Q_0 - Q_1}{Q_0} \tag{3-36}$$

显然，$\eta + \varepsilon = 1$。

造成电荷没有转移过去的因素主要有，表面态对电子的俘获、电荷转移速度太慢、电极间隙的影响、表面复合等。位数越多，要求转移效率越高，对于长线阵和大面积的 CCD，要求 $\eta > 99.99\%$，对 100 万像素以上的 CCD，要求 $\eta > 99.9999\%$。

2. 光电特性

光电特性指在一定的光谱范围内，CCD 的输出电压与照度之间的关系。照射到光敏元上的单位辐射功率所产生的电压（或电流），定义为 CCD 的响应度，单位为 V/W（或 A/W）。在低照度下，CCD 的输出电压与入射照度有良好的线性关系。照度超过 100lx 以后，输出有饱和现象。典型的 CCD 光电特性如图 3-23 所示。

3. 光谱特性

光谱特性指 CCD 的响应度与波长之间的关系，主要由光敏元件材料决定。由于现有 CCD 中的感光元件都是用半导体硅材料制成的，所以光谱响应范围一般在 $0.4 \sim 1.15\mu m$，峰值波长（对入射光最灵敏的波长）范围在 $0.6 \sim 0.9\mu m$。典型的 CCD 光谱特性，如图 3-24 所示。

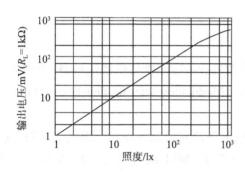

图 3-23 CCD 的光电特性曲线

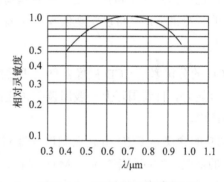

图 3-24 CCD 的光谱特性曲线

4. 暗电流

暗电流指在既无光射入，又无电注入情况下的输出电流。其主要来源有以下四个方面：

①导体衬底的热产生；

②由耗尽区里产生复合中心的热激发；

③耗尽区边缘的少数载流子扩散；

④界面上产生中心的热激发。其中耗尽区里产生复合中心的热激发是产生暗电流的主要原因。

暗电流的存在对 CCD 的性能影响很大，它不仅限制了 CCD 的动态范围，还会引起附加的散粒噪声。工作时光敏区里的暗电流形成一个暗信号图像，会叠加到光信号图像上，从而引起固定的图像噪声。因此在 CCD 的制作过程中，应尽量地完善工艺以降低暗电流。

5. 噪声

CCD 的噪声可归纳为三类，即散粒噪声、转移噪声和热噪声。

散粒噪声。是指 CCD 在光注入、电注入或热作用下所产生的信号电荷包的电子数目的不确定性，也就是电子数目围绕平均值上下波动所形成的噪声。这种噪声与频率无关，是一种白噪声。

转移噪声。主要是由转移损失及界面态俘获引起的噪声，具有 CCD 噪声所独有的两个特点，即累积性和相关性。累积性是指转移噪声在转移过程中逐次累积起来的，与累积次数成正比；相关性是指相邻电荷包的转移噪声是相关的。因为电荷包在转移过程中，每当有一过量 ΔQ 电荷转移到下一个势阱时，必然在原来势阱中留下一减量 ΔQ 电荷，这份减量电荷将叠加到下一个电荷中。所以电荷包每次转移要引入两份噪声，这两份噪声分别与前、后相邻周期的电荷包的转移噪声相关。

热噪声。热噪声是由于固体中载流子的无规则热运动引起的，对于半导体材料而言，无论其中有无外加电流流过，都会有热噪声存在。这里指的是信号电荷注入及输出时引起的噪声，它相当于电阻热噪声和电容的总宽带噪声之和。

以上三种噪声源是独立无关的，所以 CCD 的总噪声功率是它们的均方和 CCD 工作时，信号电荷包在体内存储和转移是与外界隔离的，因此只要注入和信号检测的方法得当，且有一定的制冷措施，是可以实现低噪声探测的。

6. 分辨率

CCD 的分辨率是 CCD 摄像器件最重要的参数之一，它是指摄像器件对物像中明暗细节的分辨能力。目前国际上一般用调制传递函数（Modulation Transfer Function，MTF）来表示分辨率。

MTF 的含义是 CCD 引起调制度（即对比度）下降对空间频率的依赖性。MTF 是空间频率的函数，空间频率越低，MTF 越高。在零频时，MTF 达到最大值 1。MTF（γ）的最小值为零，此时的空间频率称为 CCD 的截止频率。所以在频率响应范围内，MTF（γ）值越大，表示 CCD 所成像的对比度越高。故 MTF 是衡量 CCD 质量的一个重要参数。

7. CCD 的动态范围

CCD 的动态范围为光敏单元满阱信号与等效噪声信号之比。其上限决定于光敏单元满阱信号容量，下限决定于能分辨的最小信号，即等效噪声信号。等效噪声信号是指 CCD 正常工作条件下，无光信号时的总噪声。等效噪声信号可用峰 - 峰值，也可用均方根值表示。通常 CCD 光敏单元满阱信号容量约为 $10^6 \sim 10^7$ 个电子，均方根总噪声约为 10^3 个电子数量级。所以，动态范围在 $10^3 \sim 10^4$ 个电子数量级。

3.3.3 互补金属氧化物半导体（CMOS）

互补金属氧化物半导体（Complementary Metal Oxide Semiconductor，CMOS）是一种已大量使用的光集成器件，它可以把更多的功能（如像素阵列、计时逻辑、采样电路、放大器、参考电压等）集合在一体，价格低廉，原理和功能与 CCD 接近，在精度要求不高的普及型场合得到了广泛的应用。近年来，CMOS 光电成像器件已成为固体成像器件研究开发的热点，在很多领域已经取代了 CCD，如高端相机以前都使用 CCD 器件，而现在基本都采用 CMOS 器件。

1. CMOS 的像素结构

CMOS 成像器件的像素电路分为无源像素型（PPS）和有源像素型（APS）。CMOS 像素结构主要有光电二极管型无源像素结构、光电二极管型有源像素结构和光栅型有源像素结构。

（1）无源像素结构

单管的光电二极管无源像素，允许在给定的像元尺寸下有最高的设计填充系数，或者在给定的设计填充系数下可以设计出最小的像元尺寸。由于填充系数高和没有许多 CCD 中的多晶硅叠层，无源像素结构量子效率较高。但是，由于传输线电容较大，CMOS 无源像素传感器读出的噪声较高，这是个较为致命的弱点。

（2）光电二极管型有源像素结构

在像元内引入缓冲器或放大器，可以改善像元的性能，这种像元内有有源放大器的传感器称为有源像素传感器。CMOS 有源像素传感器的功耗比 CCD 小。与无源像素结构相比，有源像素结构的填充系数小，其填充系数的典型值为 20% ~ 30%，接近于行间转移 CCD。

（3）光栅型有源像素结构

光栅型有源像素型 CMOS 主要应用于高性能科学成像和低光照条件下成像，读出噪声较低。

（4）其他像素结构

CMOS 还有其他像素结构以满足不同的需求。如在有些情况下，传感器非线性输出是人们所希望的。当光信号被压缩时，非线性输出可以增大动态范围。

2. CMOS 成像器件的总体结构

图 3-25 所示为 CMOS 光电成像器件的总体结构。它们一般由光敏单元阵列、行选通逻辑、列选通逻辑、定时和控制电路、模拟信号处理器构成，更高级的 CMOS 光电成像器件，还集成有模 / 数（A/D）转换。

行选通逻辑和列选通逻辑可以是移位寄存器或译码器，定时和控制电路的作用是限制信号读出模式、设定积分时间、控制数据输出率等，而在片模拟信号处理器具有完成信号积分、放大、取样和保持、相关双取样等功能。在片模拟 / 数字转换器是在片数字成像系统所必需的。

CMOS 光电成像器件可以是整个成像阵列有一个 A/D 或几个 A/D（每个一种颜色）转换器，也可以是成像阵列每列各有一个 A/D 转换器。CMOS 光电成像器件图像信号有几种读出模式：

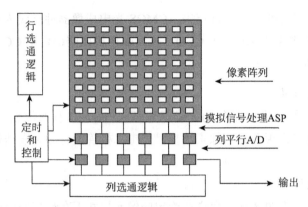

图 3-25　CMOS 光电成像器件的总体结构

①整个阵列逐行扫描读出模式，这是一种普遍的读出模式；

②窗口读出模式，这种模式仅读出感兴趣窗口内像元的图像信息，因此增加了感兴趣窗口内信号的读出率；

③跳跃读出模式，这种模式是每隔一个（或几个）像元读出，这种读出模式以降低分辨率为代价，允许图像有选择性取样，以增加读出速率。

此外，将跳跃读出模式与窗口读出模式结合，可实现电子全景摄像、倾斜摄像和可变焦摄像。

3.3.4　CCD 与 CMOS 器件的比较

CCD 与 CMOS 光电成像器件，在 20 世纪 70 年代末几乎是同时起步的。由于 CCD 器件有光照灵敏度高、噪声低、像素面积小等优点，因而在随后的 15 年中其一直主宰着光电成像器件的市场。到 20 世纪 90 年代初，CCD 技术已得到非常广泛的应用。与之相反，早期的 CMOS 器件，由于亚微米方法所需要的高掺硅所引起的暗电流较大，导致图像噪声较大、信噪比较低，同时 CMOS 存在着如光电灵敏度不高、像素面积大、分辨率低等缺点，因此一直无法和 CCD 技术抗衡。

但是随着 CCD 应用范围的扩大，其缺点也逐渐显露出来。这些缺点主要是 CCD 光敏单元阵列很难与驱动电路及信号处理电路单片集成，不易处理一些模拟和数字功能，这些功能包括 A/D 转换器、精密放大器、存储器、运算单元等元件的功能。而且，CCD 阵列驱动脉冲复杂，需要使用相对高的工作电压，不能与深亚微米超大规模集成电路技术兼容。与此同时，随着大规模集成电路技术的不断发展，过去 CMOS 器件制造过程中不易解决的技术问题，到 20 世纪 90 年代中期都开始找到了相应的解决办法，从而大大改善了 CMOS 的图像质量。目前，CMOS 单元面积的像素已与 CCD 相当，可达到较高的分辨率。由于具有集成能力强、体积小、工作电压单一、功耗低、动态范围宽等优点，因此逐步得到了广泛的应用。随着多媒体、数字电视、可视通信等市场的增加，CMOS 光电集成器件应用前景将更加广阔。

第二篇
几何光学在印刷中的应用

第4章 印刷光源

第一节 光度学基础

4.1.1 常用辐射度量

长期以来，国际上采用的辐射度量和光度量的名称、单位、符号等很不统一。国际照明委员会（CIE）在1970年推荐采用的辐射度量和光度量，单位基本上和国际单位制（SI）一致，并在后来为越来越多的国家（包括我国）所采纳。

有时为避免混淆，在辐射度量符号上加下标"e"，而在光度量符号上加下标"v"，如辐射度量 Q_e, Φ_e, I_e, L_e, M_e, E_e 等，对应的光度量为 Q_v, Φ_v, I_v, L_v, M_v, E_v 等。表4-1列出了基本的辐射度量的名称、符号、定义方程及单位名称、符号。

表4-1 基本辐射度量的名称、符号和定义方程

量的名称	符号	定义方程	单位名称	单位符号
辐射能量	Q_e, W_e		焦（耳）	J
辐射通量，辐射功率	Φ_e, P_e	$\Phi_e = \mathrm{d}Q_e/\mathrm{d}t$	瓦（特）	W
辐射强度	I_e	$I_e = \mathrm{d}\Phi_e/\mathrm{d}\omega$	瓦（特）/球面度	W/sr
辐射亮度，辐射度	L_e	$L_e = \mathrm{d}I/\mathrm{d}A\cos q$	瓦（特）/球面度平方米	W/(sr·m²)
辐射出射度	M_e	$M_e = \mathrm{d}\Phi_e/\mathrm{d}A$	瓦（特）/平方米	W/m²
辐射照度	E_e	$E_e = \mathrm{d}\Phi_e/\mathrm{d}A$	瓦（特）/平方米	W/m²

量的名称	符号	定义方程	单位名称	单位符号
辐射发射率	e	$e=M/M_0$	—	—
吸收比	a	$a=\Phi_d/\Phi_i$	—	—
反射比	r	$r=\Phi_r/\Phi_i$	—	—
透射比	t	$t=\Phi_s/\Phi_i$	—	—

注：M_0 是黑体的辐射出射度；Φ_i 是入射辐射通量；Φ_a、Φ_r、Φ_s 分别是吸收、反射和透射的辐射通量

表 4-1 中各辐射度量的具体定义如下：

1. 辐射能量

以电磁辐射形式发射、传输或接收的能量称为辐射能量，通常用 Q_e 表示。度量辐射能量的单位为焦耳（J）。

2. 辐射通量（或辐射功率）

单位时间内发射、传输或接收的辐射能量称为辐射通量，用 Φ_e 表示，即：

$$\Phi_e = \mathrm{d}Q_e / \mathrm{d}t \tag{4-1}$$

单位为瓦特（W）。

3. 辐射强度

通常我们所接触的辐射源（如光源），在不同方向上的辐射通量是不一样的。为了描述辐射体在不同方向上的辐射特性而引入辐射强度的概念。辐射源在给定方向上的辐射强度定义为该辐射源在给定方向的立体角元 $\mathrm{d}\omega$ 内传输的辐射通量 $\mathrm{d}\Phi_e$ 除以给定方向的立体角元 $\mathrm{d}\omega$，即单位立体角内的辐射通量：

$$I_e = \mathrm{d}\Phi_e / \mathrm{d}\omega \tag{4-2}$$

单位为瓦特每球面度（$W \cdot sr^{-1}$）。式（4-2）中立体角元 $\mathrm{d}\omega$ 越小，就越能表示辐射强度的精确性。对于各向同性光源，随着立体角元 $\mathrm{d}\omega$ 的增大，它所对应的受辐射面积也增大，辐射强度是不变的。对于尺寸小的辐射源，即相对于它与被照面之间的距离小到可以忽略不计的辐射源，称为点辐射源。它在整个空间各个方向的辐射强度为：

$$I_e = \Phi_e / 4\pi \tag{4-3}$$

式中 Φ_e 为通过整个球面的辐射通量。假如辐射源沿各个方向均匀辐射，则可用下式表示：

$$I_e = \Phi_e / \omega \tag{4-4}$$

如果已知辐射体在不同方向上的辐射强度，就可求得它所发出的总辐射通量 Φ_e。因为 $\mathrm{d}\Phi_e = I_e\mathrm{d}\omega$，对此式积分得：

$$\Phi_e = \int_0^\omega I_e \mathrm{d}\omega \tag{4-5}$$

如果某一辐射体对整个空间均匀辐射，则：

$$\Phi_e = I_e \int_0^\omega \mathrm{d}\omega = 4\pi I_e \tag{4-6}$$

即它所发射的总辐射量为 $4\pi I_e$。对于各向异性辐射源，其各个方向的 I_e 是变化的。

4. 辐射出射度

对于具有一定面积的辐射体，其表面上不同位置辐射的强弱可能是不一样的。为了描述任意一点处的辐射强弱，在该点周围取面积元 $\mathrm{d}A$，假定它所发射的辐射通量为 $\mathrm{d}\Phi_e$，则该点的辐射出射度可表示为：

$$M_e = \mathrm{d}\Phi_e / \mathrm{d}A \tag{4-7}$$

即发光面上一点的辐射出射度是该面积元的辐射通量 $\mathrm{d}\Phi_e$ 除以该面积元之商。辐射出射度的单位为瓦特每平方米（$\mathrm{W \cdot m^{-2}}$）。当整个辐射面 A 均匀发光时，上式可表示为：

$$M_e = \Phi_e / A \tag{4-8}$$

5. 辐射照度

如果某一表面被辐射体辐照，为表示某点被辐照的强弱，在该点取微小面积元 dA，它所接收的辐射通量为 $\mathrm{d}\Phi_e$，则 $\mathrm{d}\Phi_e$ 与 $\mathrm{d}A$ 之比就称为辐射照度。其表达式为：

$$E_e = \mathrm{d}\Phi_e / \mathrm{d}A \tag{4-9}$$

即表面上一点的辐射照度是入射在该面积元上的辐射通量 $\mathrm{d}\Phi_e$ 除以该面积元 $\mathrm{d}A$ 之商。单位为瓦特每平方米（$\mathrm{W \cdot m^{-2}}$）。

6. 辐射亮度

辐射出射度仅能表示面辐射体的部分辐射特性，而不能充分表示出具有一定面积的辐射体的全部辐射特性。因为辐射出射度只表示单位面积发射的辐射通量大小，它没有涉及辐射的方向问题。辐射亮度表示辐射表面不同位置、不同方向上的辐射特性。图 4-1 为描述辐射亮度的示意。

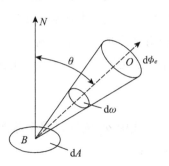

图 4-1　辐射亮度示意

图中以 B 点为中心，在其周围取一微面元 $\mathrm{d}A$，在与辐射面的法线 N 成 θ 角的方向 BO 上取立体角元 $\mathrm{d}\omega$，设在 $\mathrm{d}\omega$ 立体角内发射的辐射通量为 $\mathrm{d}\Phi_e$，且 $\mathrm{d}A$ 在 BO 垂直方向上的投影面积为 $\mathrm{d}A\cos\theta$，则辐射亮度表示为：

$$L_e = \mathrm{d}\Phi_e / (\mathrm{d}A\cos\theta\mathrm{d}\omega) = \mathrm{d}I_e / (\mathrm{d}A\cos\theta) \tag{4-10}$$

即辐射源表面上一点处在给定方向的辐射亮度是该点在给定方向的辐射强度与面积元在垂直于该方向的平面上的正交投影面积之商。辐射亮度的单位为瓦特每平方米每球面度（$W \cdot m^{-2} \cdot sr^{-1}$）。辐射亮度的大小与辐射面的特性和辐射方向有关。

4.1.2 光度量

1. 光度量

光度量和辐射度量的定义、定义方程是一一对应的。表 4-2 列出了基本光度量的名称、符号、定义方程，以及单位名称、单位符号。

表 4-2　基本光度量的名称、符号和定义方程

名称	符号	定义方程	单位名称	单位符号
光量	Q_v		流明·秒 流明·小时	lm·s lm·h
光通量	Φ_v	$\Phi_v = dQ_v/dt$	流明	lm
发光强度	I_v	$I_v = d\Phi_v/d\omega$	坎德拉	cd
（光）亮度	L_v	$L_v = dI_v/dA\cos q$	坎德拉 / 平方米	cd/m²
光出射度	M_v	$M_v = d\Phi_v/dA$	流明 / 平方米	lm/m²
（光）照度	E_v	$E_v = d\Phi_v/dA$	勒克斯（流明 / 平方米）	lx（lm/m²）
光视效能	K	$K = F_v/F_e$	流明 / 瓦	lm/W
光视效率	V	$V = K/K_m$	—	—

表 4-2 中各光度量的具体定义如下：

（1）光通量

辐射通量中以人眼的视觉强度度量的辐射通量称为光通量。用 Φ_v 表示，单位为流明（lm）。

（2）发光强度

光源在给定方向上的发光强度是该光源在给定方向的立体角元 $d\omega$ 内传输的光通量 $d\Phi_v$ 与该立体角元之商，即

$$I_v = d\Phi_v / d\omega \qquad (4-11)$$

发光光强的单位为坎德拉（cd）。发光强度具有和辐射强度类似的特性，如均匀发射的点光源，其在整个空间的总光通量为 $4pI_v$。

（3）面发光度

光源单位发光面积上发出的光通量，定义为光源的面发光度，用 M_v 表示。面发光度表示为：

$$M_v = d\Phi_v / dA \qquad (4-12)$$

面发光度的单位为流明每平方米（lm·m⁻²）。如果发光面各点均匀发光，式（4-12）可表示为：

$$M_v = \Phi_v / A \qquad (4\text{-}13)$$

式中，M_v 表示在 A 面上各点面发光度的平均值。

（4）光照度

单位受照面积接收的光通量定义为受照面的光照度，用 E_v 表示。光照度表示为：

$$E_v = d\Phi_v / dA \qquad (4\text{-}14)$$

光照度的单位为勒克斯（lx），$1lx=1lm·m⁻²$。

（5）光亮度

为了描述具有一定大小的发光体发出的可见光在空间分布的情况，我们导入光亮度的概念。光源表面上一点处在给定方向的光亮度是该点的面积元在给定方向的发光强度与面积元在垂直于该方向的平面上的正交投影面积之商，用 L_v 表示。其表达式为：

$$L_v = d\Phi_v / (dA\cos\theta d\omega) = I_v / (dA\cos\theta) \qquad (4\text{-}15)$$

由式（4-15）可见，θ 方向的光亮度 L_v 是投影在给定方向的单位面积上的发光强度。或者说是投影到 θ 方向的单位投影面积单位立体角内的光通量。光亮度的单位为坎德拉每平方米（cd·m⁻²）或称尼特。

（6）光源的发光效率

光源的发光效率是一个十分重要的物理量。一个照明电光源，除要求具有较好的显色特性和长寿命外，还要求其光效要高。光源发出的光通量与所消耗电功率之比称为光源的发光效率。用 η 表示，即：

$$\eta = \Phi_v / P \qquad (4\text{-}16)$$

发光效率的单位为流明每瓦特（lm·W⁻¹）。作为照明用光源，要求光源所发射的光辐射尽可能多地落在可见光范围内，特别是落在光谱光效率较高的位置，这样可以提高发光效率。

（7）光度学计量单位的确定

光度学的计量单位与其他计量单位一样，分为基本单位和导出单位。在光度学中，用发光强度的单位"坎德拉"作为基本单位，其他单位如流明、勒克斯、尼特等作为导出单位。

一个坎德拉的国际规定是光源发出频率为 $540×10^{12}$ Hz 的单色辐射，在给定方向上的辐射强度为 1/683W 每球面度时，其发光强度为 1 坎德拉（cd）。$540×10^{12}$Hz 的频率相当于折射率为 1.00028 的空气中 555nm 的波长。这里之所以用频率是因为频率与介质的折射率无关，而波长却与折射率有关。光强的单位确定后，就可以确定其他光度量的单位。

如果发光强度为 1cd 的点光源，在 1 个球面度单位立体角内所发射的光通量就定为 1lm。若此点光源是各向同性的，则它向四周所发射的总光通量为 4πlm。

如果 1 lm 的光通量均匀分布在 1m² 的面积上，则光照度为 1 lx。如果 1m² 表面沿法线方向发射 1cd 的光强，则发光面的亮度就定为 1cd/m² 或 1 尼特。

表 4-3 给出了常见发光体表面光亮度的近似值，表 4-4 为常见受照物体表面光照度值。

表 4-3　常见发光体表面光亮度近似值

光源名称	亮度（cd/m²）
在地球上看到的太阳	15×10^8
普通电弧	15×10^7
太阳照射下漫射的白色表面	3×10^4
钨丝白炽灯灯丝	$(500 \sim 1500) \times 10^4$
在地球上看到的月亮表面	25×10^2
白天的晴朗天空	5×10^3
超高压气体放电灯	25×10^8

表 4-4　常见受照物体表面光照度值

被照表面	照度（lx）
无月夜间在地面上产生的照度	5×10^{-4}
满月时对地面产生的照度	0.2
辨认方向所需要的照度	1
办公室工作所需要的照度	$20 \sim 100$
晴朗夏日采光良好时室内照度	$100 \sim 500$
太阳直射的照度	10^5

随着光源技术的飞速发展，光源的种类越来越多。对于照明光源的光学特性，仅用以上所讲的辐射量参数来描述是不够确切的，因为辐射量没有考虑人眼的视觉特性，而照明的效果是与人眼的视觉特性密切相连。因此，照明光源的特性必须用光度量来描述，如光通量、光照度、光亮度等。光度量就是结合人眼的视觉特性考虑的辐射量。

2. 光谱光效率

人眼有两种视细胞：锥体细胞和杆体细胞，这两种细胞有着不同的视觉功能。在光亮条件下，即亮度在几个 cd/m² 以上时，人眼的锥体细胞起作用，可以很好地分辨物体的颜色与细节，称为锥体细胞视觉或明视觉。在暗条件下，即亮度在百分之几 cd/m² 以下时，人眼的杆体细胞起作用，只有明暗感觉，不能分辨颜色和细节，称为杆体细胞视觉也叫暗视觉。在明视觉和暗视觉之间的亮度水平条件下，称为中间视觉，这时锥体细胞和杆体细胞共同参与视觉作用。

能量相同而波长不同的光，对人眼所引起的亮度感觉是不同的。眼睛的灵敏度与波长的依赖关系，称为光谱光效率（或称视见函数）。由于人眼有明视觉和暗视觉两种视觉功能，光谱光效率也分明、暗两种。CIE（国际照明委员会）分别于 1924 年和 1951 年根据不同科学家的实验结果规定了明视觉光谱光效率 $V(\lambda)$ 和暗视觉光谱光视效率 $V'(\lambda)$，如图 4-2 所示。在这个图上，$V(\lambda)$ 和 $V'(\lambda)$ 的相对值代表波长为 λ 的等能单色光辐射所引起的人眼明亮感觉的程度。明视觉光谱光视效率曲线 $V(\lambda)$ 的最大值在 555nm，即眼睛对波长为 555nm 的黄绿光最敏感，越趋向光谱两端的光感觉越弱，越显得发暗。暗视觉曲线 $V'(\lambda)$ 的最大值在 507nm，即暗视觉在 507nm 处感觉最明亮。整个 $V'(\lambda)$ 曲线相对于 $V(\lambda)$ 曲线向短波方向推移了 48nm，而且长波端的能见范围缩小，短波端的能见范围略有扩大。

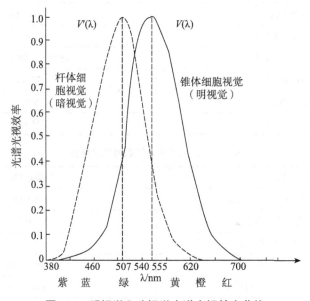

图 4-2 明视觉和暗视觉光谱光视效率曲线

CIE 明视觉和暗视觉光谱光视效率是光度学计算的重要依据。CIE 推荐采用明视觉和暗视觉光谱光视效率 $V(\lambda)$ 和 $V'(\lambda)$ 作为标准光度观察者，代表人眼的平均（光）视觉特性。

3. 光度量与辐射量的关系

按照 CIE 标准光度观察者来评价的辐通量 Φ_e 即为光通量 Φ_V。辐通量与光通量的关系式为：

明视觉：
$$\Phi_V = K_m \int_{380}^{780} \Phi_e(\lambda) V(\lambda) \mathrm{d}\lambda \tag{4-17}$$

暗视觉：
$$\Phi_{V'} = K_m' \int_{380}^{780} \Phi_e(\lambda) V'(\lambda) \mathrm{d}\lambda \tag{4-18}$$

式中，$V(\lambda)$ 为明视觉光谱光视效率；$V'(\lambda)$ 为暗视觉光谱光视效率；Φ_V，Φ_{V}' 为光通量，单位是流明（lm）；$\Phi_e(\lambda)$ 是以波长为自变量的辐通量，单位是瓦（W）；K_m=683 流明 / 瓦（lm/W）；K_m'=1755 流明 / 瓦（lm/W）。对于介于明视觉和暗视觉之间的中间视觉的光谱光视效率，尚无明确的数据，仍待进一步研究。

4. 光度学中的基本定律

（1）朗伯余弦定律

对于均匀发光的物体，无论其发光表面的形状如何，在各个方向上的亮度都近似相等。在光度计算中，假定光源向各个方向以同样亮度进行辐射，可使计算大为简化。下面我们讨论辐射体在各个方向的亮度相同时，不同方向上光强变化的规律。

设 dA 为一发光面或漫射光表面，由亮度的定义可知，在与法线成 θ 角方向的亮度为：

$$L_\theta = I_\theta / (dA \cos \theta) \tag{4-19}$$

式中 I_θ 为 θ 方向上的发光强度，如图 4-3 所示。

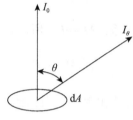

图 4-3　发光强度示意

同样，在法线方向上的亮度为：

$$L_0 = I_0 / dA \tag{4-20}$$

如果发光面或漫射表面的亮度不随方向改变，则在法线方向和成 θ 角方向的亮度相等。因此有：

$$L_\theta = L_0, \quad I_\theta / (dA \cos \theta) = I_0 / dA \tag{4-21}$$

即：

$$I_\theta = I_0 \cos \theta \tag{4-22}$$

式（4-22）为朗伯余弦定律（简称朗伯定律）的数学表达式。遵从朗伯定律的光源称为朗伯光源，它的亮度是不随观察的方向改变而变化的。严格地讲，只有绝对黑体才是朗伯光源。被均匀照明的烟熏的氧化镁表面、毛玻璃或乳白玻璃表面，都可以近似地看作遵从朗伯定律的光源。在日常生活中，我们所看到的大多数物体本身并不发光，而是被光源照射后，光线在物体表面进行漫反射。现根据朗伯定律来讨论本身不发光的物体表面的亮度问题。

设一遵从朗伯定律的漫射表面元 dA，它的光照度为 E，根据光通量和光照度之间的关系，面积元 dA 所接收到的光通量为 $d\Phi = EdA$。设漫射光表面的漫射系数为 ρ，面积元 dA 所反射出来的总光通量为 $d\Phi'$，则：

$$\mathrm{d}\Phi' = \rho\mathrm{d}\Phi = \rho E\mathrm{d}A \tag{4-23}$$

根据朗伯定律的定义，漫射光表面的亮度是不随方向改变的。因此，漫射光表面所发出的总光通量和亮度之间的关系为（推导略）：

$$\mathrm{d}\Phi' = \pi L\mathrm{d}A \tag{4-24}$$

将 $\mathrm{d}\Phi' = \pi L\mathrm{d}A$ 代入前式，则得：

$$\rho E\mathrm{d}A = \pi L\mathrm{d}A \tag{4-25}$$

$$L = \frac{1}{\pi}\rho E \tag{4-26}$$

根据光出射度和光照度之间的关系，$M_v = \rho E$，所以式（4-26）又可写成：

$$L = \frac{1}{\pi}M_v, \quad M_v = \pi L \tag{4-27}$$

即单位面积所发射的光通量（即光出射度）为其亮度的 π 倍。

（2）光能传播定律

光辐射传播过程的能量损失对光通量和光亮度有着重要的影响。现设有两个面积元 $\mathrm{d}A_1$ 和 $\mathrm{d}A_2$ 的中心连线 OO' 的距离为 l，两面积元的法线与中心连线之间的夹角分别为 θ_1 和 θ_2，设两面积元在沿 OO'（或 $O'O$）方向所传递的光能量均投射在相对应地面积元 $\mathrm{d}A_2$ 和 $\mathrm{d}A_1$ 上，即光能量无损失，两面积元的光亮度分别为 L_1 和 L_2，如图 4-4 所示，则由 $\mathrm{d}A_1$ 面发射到 $\mathrm{d}A_2$ 面上的光通量为：

$$\mathrm{d}\Phi_{12} = L_1\mathrm{d}A_1\cos\theta_1\mathrm{d}\omega_1 = \frac{L_1}{l^2}\cos\theta_1\cos\theta_2\mathrm{d}A_1\mathrm{d}A_2 \tag{4-28}$$

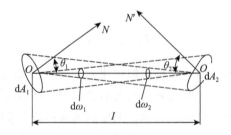

图 4-4　光辐射传播示意

相应由 $\mathrm{d}A_2$ 面发射到 $\mathrm{d}A_1$ 面上的光通量为：

$$\mathrm{d}\Phi_{21} = L_2\mathrm{d}A_2\cos\theta_2\mathrm{d}\omega_2 = \frac{L_2}{l^2}\cos\theta_2\cos\theta_1\mathrm{d}A_1\mathrm{d}A_2 \tag{4-29}$$

因为假设光辐射在所限定的空间内传播时，无能量损失，则：

$$\mathrm{d}\Phi_{12} = \mathrm{d}\Phi_{21} \tag{4-30}$$

相应可得到：

$$L_1 = L_2 \tag{4-31}$$

从以上讨论可知，光辐射在同一均匀介质中和所限定的空间内传播时，如果无能量损失，则在传播方向上的任一截面上的光通量和光亮度均保持不变。如果光辐射在传播过程中有能量损失，则 $\Phi_{12} \neq \Phi_{21}$，相应地 $L_1 \neq L_2$。

如果 $\mathrm{d}A_1$ 面为发光面，$\mathrm{d}A_2$ 面为接收面（如光电接收器表面），则由 $\mathrm{d}A_1$ 面发射，$\mathrm{d}A_2$ 面接收到的光通量为：

$$\mathrm{d}\Phi = \frac{L}{l^2} \cos\theta_1 \cos\theta_2 \mathrm{d}A_1 \mathrm{d}A_2 \tag{4-32}$$

式（4-32）中 L 为发光面的光亮度，这就是光能传播定律。从式（4-32）可看出，只要测得 $\mathrm{d}\Phi$，即可计算光亮度。式（4-32）在光度学计算及测量中得到应用。

（3）照度的距离平方反比定律

设点光源在单位立体角内所发射的光线是均匀的，在距点光源为 l 距离处截一面积元 $\mathrm{d}A$，则通过 $\mathrm{d}A$ 的光通量也是均匀的，如图 4-5 所示。

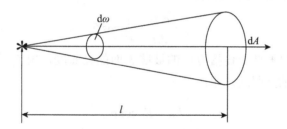

图 4-5　通过 $\mathrm{d}A$ 的光通量示意

根据光强的定义，在给定方向的光强为：

$$I = \mathrm{d}\Phi / \mathrm{d}\omega \tag{4-33}$$

所以有 $\mathrm{d}\Phi = I\mathrm{d}\omega$，为通过 $\mathrm{d}A$ 面所接收到的光通量。而：

$$E = \frac{\mathrm{d}\Phi}{\mathrm{d}A} = \frac{I}{\mathrm{d}A}\mathrm{d}\omega \tag{4-34}$$

将 $\mathrm{d}\omega = \mathrm{d}A/l^2$ 代入上式得到：

$$E = \frac{I}{l^2} \tag{4-35}$$

式（4-35）说明，垂直于光线传播方向的被照表面的光照度与从光源到接收面的距离平方成反比，与光强成正比。这一原理称为照度的距离平方反比定律。此定律包含了发光强度、照度与距离之间的关系，在光度学和辐射度学中广泛应用。

另设 S 为点光源，它到面积元 $\mathrm{d}A$ 的距离为 l，S 对 $\mathrm{d}A$ 所张的立体角为 $\mathrm{d}\omega$，光线的轴

线与 dA 的法线之间的夹角为 θ，如图 4-6 所示。从图 4-6 中可知，光源 S 向 dA 所发射的光通量为：

$$\mathrm{d}\Phi = I\mathrm{d}\omega = \frac{I}{l^2}\mathrm{d}A\cos\theta \tag{4-36}$$

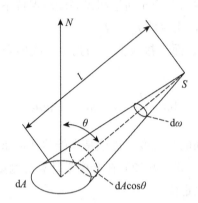

图 4-6　光源 S 向 dA 发射的光通量示意

很显然，在 dA 面上产生的照度：

$$E_\theta = \frac{\mathrm{d}\Phi}{\mathrm{d}A} = \frac{I}{l^2}\cos\theta \tag{4-37}$$

式中 I/l^2 为点光源垂直于传播方向的被照表面的光照度，用 E_0 表示。E_θ 为光线以倾角 θ 斜射到被照表面的光照度，即：

$$E_\theta = E_0\cos\theta \tag{4-38}$$

这就是光度学中的照度余弦定则。由式（4-38）可看出，当 θ 角为零时，照度值最大；随着 θ 角的不断增大，照度值将变小。在照明工程中，在计算各种物体表面的光照度或用照度计直接测量光照度时，必须考虑由 θ 角的变化而带来的测量和计算误差。

需要指出的是，任何光源都有一定的形状和大小，只有当测试距离比光源本身的线度大得多，即光源的线度可忽略时，才可将光源当作点光源来处理，这时应用式（4-38）计算所带来的误差很小。

设光源的最大线度为 R，测量的距离为 l，当 R/l 小于 0.1 时，计算的相对误差小于 1%。所以当测量距离 l 比光源的线度 R 大 10 倍以上，可将光源作为点光源处理。

5. 光学成像系统像面的光照度

（1）轴上像点的照度

图 4-7 表示了一个光学成像系统。dA 和 dA' 分别代表轴上点附近的物和像的微小面积，物方孔径角为 U，像方孔径角为 U'，物面和像面的光亮度分别为 L 和 L'。若物被看作是余弦辐射体，则微面积 dA 向孔径角为 U 的光学成像系统发出的光通量 dΦ 为：

$$\mathrm{d}\Phi = \pi L\mathrm{d}A\sin^2 U \tag{4-39}$$

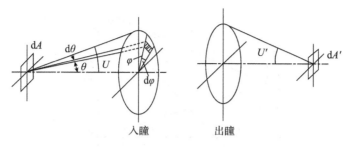

图 4-7　成像光学系统

从出瞳入射到像面微面积 dA' 上的光通量为：

$$d\Phi' = \pi L' dA' \sin^2 U' \tag{4-40}$$

光在光学系统中传播时，存在能量损失，若光学系统的光透过比为 τ，则 $d\Phi' = \tau d\Phi$，因此：

$$d\Phi' = \tau \pi L dA \sin^2 U \tag{4-41}$$

轴上像点的光照度为：

$$E' = \frac{d\Phi'}{dA'} = \tau \pi L \frac{dA}{dA'} \sin^2 U \tag{4-42}$$

又由于：

$$\frac{dA}{dA'} = \frac{1}{\beta^2} \tag{4-43}$$

所以：

$$E' = \frac{1}{\beta^2} \tau \pi L \sin^2 U \tag{4-44}$$

当系统满足正弦条件时，

$$\beta = \frac{n \sin U}{n' \sin U'} \tag{4-45}$$

故：

$$E' = \frac{n'^2}{n^2} \tau \pi L \sin^2 U' \tag{4-46}$$

式（4-44）和式（4-46）就是像面轴上点照度的表达式，式（4-44）表明，轴上像点的照度与孔径角正弦的平方成正比，和垂轴放大率的平方成反比。

（2）轴外像点的照度

图 4-8 表示了轴外点成像的情况。轴外像点 M' 的主光线和光轴间有一夹角 ω'，此角就是轴外像点 M' 的像方视场角。它的存在使轴外像点的像方孔径角 U'_M 比轴上点的像方孔径角 U' 小。在物面亮度均匀的情况下，轴外像点的照度比轴上点低。

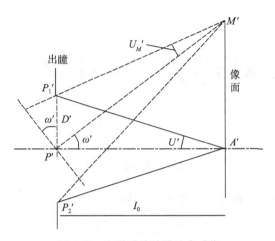

图 4-8　光学系统的轴外点成像

在物面亮度均匀的情况下，轴外像点 M' 的照度可用式（4-47）表示：

$$E'_M = \frac{n'^2_2}{n^2} \tau \pi L \sin^2 U'_M \qquad (4\text{-}47)$$

设 D' 为出瞳直径，l'_0 为像面到出瞳的距离，当 U'_M 较小时，有：

$$\sin U'_M \approx \tan U'_M = \frac{\dfrac{D'}{2}\cos\omega'}{\dfrac{l'_0}{\cos\omega'}} = \frac{D'\cos^2\omega'}{2l'_0} \approx \sin U'\cos^2\omega' \qquad (4\text{-}48)$$

将 $\sin U'_M$ 代入式（4-47），得到：

$$E'_M = \frac{n'^2}{n^2} \tau \pi L \sin^2 U'\cos^4\omega' \qquad (4\text{-}49)$$

即：

$$E'_M = E'_0 \cos^4\omega' \qquad (4\text{-}50)$$

式（4-50）中 $E'_0 = (n'^2/n^2)\,\tau\pi L\sin^2 U'$，为轴上点像面的照度。

式（4-50）表明，轴外像点的光照度随视场角 ω' 的增大而降低。表 4-5 表示了对应于不同视场角 ω' 的轴外像点照度降低的情况。

表 4-5　不同视场角 ω' 的轴外点照度与轴上像点照度比

ω'	0°	10°	20°	30°	40°	50°	60°
E'_M / E'_0	1.000	0.941	0.780	0.563	0.344	0.171	0.063

第二节　印刷光源

4.2.1　印刷技术对光源的要求

在印刷技术中，光源是非常重要的。光源的种类很多，分类的方法也比较多。一般将光源分为两大类：即天然光源和人造光源。这两类光源在印刷技术中都得到了广泛应用，在不同的生产环节和设备中使用了不同类型的光源。例如，为了保证制版的质量，根据制版工艺的要求，对光源提出一些基本要求。

1. 发光强度

在各种制版工艺中，常使用滤色片、网屏、毛玻璃、隔热玻璃及各种光学系统，如透镜、棱镜等，它们都会使光能量损失一部分，因而降低了亮度，使感光材料上得到的光能量减少。为保证在感光底片上有足够的光能量进行光化学反应，要求光源有足够的发光强度，以保证原稿层次，尤其是暗调层次的表现。此外为保证复制质量，发光强度不但要大而且要稳定。

2. 光谱特性

在各种彩色原稿的分色制版中，对光源的光谱特性要求严格。总的要求是光源的光谱特性接近日光，显色性要好，光谱能量分布要均匀，光谱功率分布为连续光谱，与各种感光材料或光电元件的光谱灵敏度相适应。此外，还要求光源的光谱特性在工作中保持稳定。

3. 光照均匀

光源照明原稿时，为使原稿中心、四角和上下左右都保持照度均匀，要求各点照度之差不超过15%，这样才能使各感光元件接收照度均匀或感光底片上密度基本一致。当然，做到照度均匀，不仅光源发光要均匀，还与照明系统的设计、光源的放置等有密切关系。

4. 发热少，操作方便，安全卫生，节省电能

由于光源发热会损伤原稿，因此要求光源发热要少，这对于珍贵原稿（如古代藏画、文物等）的复制具有特殊的意义，必要时还要采取一些其他保护措施。

总之，由于印刷制版工艺的特点，不同制版设备对光源提出了不同的要求，工作中应注意对光源的选择，操作中也应严格遵守操作规程的要求。

为保证忠实地再现原稿的颜色，避免色彩失真，影响产品的质量，有必要规范印刷行业的照明条件，我国制定了印刷行业的颜色评价照明标准，标准中对观察颜色时使用的光源、照明条件、环境条件等都做了详细规定。

（1）光源色温：观察反射样品时应使用 D_{65} 光源，接近日常照明条件；观察透射样品应使用 D_{50} 光源，因为透射样品主要是通过照相获得的照相底片和反转片，照相的照明条件一般是色温5000K左右，所以也应在此色温条件下进行颜色的还原。

（2）显色指数：以上两种光源的显色指数都应在90以上，这样才能够保证观察颜色的可靠性与一致性。

（3）光照均匀：光源发出的光在观察表面应形成均匀的漫射光，照度均匀度应大于80%，即光线在观察面上不能有照射点和阴影，中心与边缘照度的差别小于20%。同时要

求在观察反射样品时，在观察面上形成的照度应在 500 ～ 1500lx 范围，视所观察样品的明暗程度来决定。如果样品以亮调为主，可降低一些照度；相反如果样品以暗调为主，就应适当加大照度。

另外需要注意的是，观察颜色前最好预热 15 分钟后再使用，避免刚启动时光色不稳定而带来辨色误差。使用荧光灯时还应注意，在光源使用 500 小时后，色温会发生变化，应及时更换。

值得说明的是，以上对照明和观察条件的要求是依据我国印刷行业执行的行业标准：CY/T 3 色评价照明和观察条件，而现行的印刷行业国际标准 ISO 3664. Graphic technology and photography — Viewing conditions 中规定无论对于观察反射样品还是透射样品都使用 D_{50} 光源，与我国的标准略有不同。但是，因为在实际应用中 D_{50} 光源与 D_{65} 光源对于观察印刷品颜色的影响并不大，而且印刷行业使用的其他国际标准中也使用 D_{65} 标准照明体，如显示器颜色的标准 IEC 61966-2-1 Multimedia systems and equipment — Colour measurement and management — Part 2-1: Colour management — Default RGB colour space — sRGB 和 12640-4：2011 Graphic technology — Prepress digital data exchange —Part 4:Wide gamut display-referred standard colour image data [Adobe RGB (1998)/SCID]。实际生产中 D_{50} 光源与 D_{65} 光源对于印刷品颜色的影响也可以通过色彩管理进行转换。

为适应绿色化、数字化、智能化转型升级的需求，对印刷包装行业常用光源也提出了环保和节能的需求，其中激光光源和 LED 光源以其高发光效率、长使用寿命、环保节能等特点，在印刷行业的制版、照明、光固化等领域得到了广泛应用。

4.2.2　激光光源及其应用

光源作为制版过程中的重要因素，必须与感光材料的光谱特性相匹配，一直以来受到了广泛关注。随着激光器的出现，使得印前制版过程更加数字化和自动化，图 4-9 为不同版材对于光源的需求情况。CTP 制版机每束微激光束的直径及光束的光强分布形式，决定了在印版上形成图像潜影的清晰度及分辨率；微光束的光斑越小，光束的光强分布越接近矩形，则潜影边缘的清晰度越高，激光束的数目则决定了扫描时间的长短，数目越多，则刻蚀一个印版所需的时间越短。

1. 光敏 CTP 光源

红色激光：产生红色波段的激光器主要有两种，氦氖气体激光器（632.8nm）和激光二极管（650nm、780nm）。氦氖激光器在早期的激光照排机中应用比较广泛，因为它的价格比较便宜，但是功率较低，寿命较短。一般适用于静电照相和银盐照相材料的直接成像，但由于感红色波段的光敏版种类比较少，所以红色激光的应用逐渐减少了。

蓝绿激光：产生这个波段的激光器主要是氩离子气体激光器和倍频钇铝石榴石（Nd:YAG）固体激光器（532nm）。氩离子激光器的寿命比较短，输出激光的功率低，而功率高的需要制冷。倍频钇铝石榴石（Nd:YAG）固体激光器高功率下也需要制冷，适合于静

电照相、银盐照相和特殊增感后的感光性高分子材料的直接成像，但由于感蓝绿激光波段
的光敏版同样会对紫激光感光，氩离子激光器逐渐被半导体紫激光器所取代。

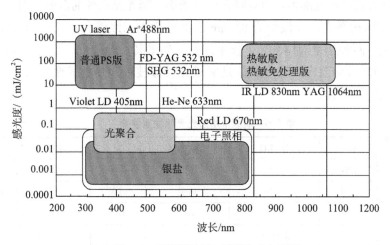

图 4-9　不同版材与光源的对应情况

　　紫激光：紫激光成像技术是一项新的成像技术。紫激光器（405nm）属于半导体激
光器，功率做得越来越大，从开始的几毫瓦到几十毫瓦、几百毫瓦，寿命达到了几千个小
时。紫激光的优势主要是波长短，可以得到更小的激光光斑，实现高分辨率；发光波长处
于传统光化学感光材料的感光波长范围，版材曝光需要的激光能量小，印版敏感度高，内
鼓式中的转镜速度可以更高，达到高制版速度。目前紫激光的成本仍然偏高，但是因为内
鼓式机型只使用单一激光，所以占 CTP 总成本有限；外鼓式机型由于受限于印版滚筒的
体积和重量，转速无法提高，故常使用多路激光光束以弥补转速上的不足，因此目前市面
上的 CTP 只有内鼓式的机种率先采用紫激光（如图 4-10 所示）。

图 4-10　内鼓式紫激光制版光源

2. 热敏 CTP 光源

　　热敏成像，是指应用红外激光器产生的激光，经过光学系统对热敏版材进行曝光，在
热敏版材的药膜层上聚集一定的能量，只有能量达到印版单位面积上某一个能量量值时，
药膜层才能产生热敏潜影，再经显影药液的冲洗后，显出曝光的影像。曝光能量在热敏版
材单位面积上所达到的这一量值，称为热敏版材的曝光阈值，只有达到或超过曝光阈值，

才产生热敏潜影（完成曝光），低于阈值，不会产生热敏潜影。我们通常将这种由于阈值的存在，在阈值上下产生截然两种不同状态的现象称为二值性。热敏成像就是二值性曝光模式，曝光光点的能量超过阈值，印版曝光产生潜影，曝光光点外的散射光对印版无影响。红外光源主要有两种激光，即波长为 830nm 的红外激光二级管和波长为 1064nm 的 YAG 钇铝石榴石激光，两种都是固体激光，技术成熟，功率高，寿命长，是热敏成像的主要光源。对于目前 CTP 市场上应用较多的就是紫激光成像技术和热敏成像技术。表 4-6 为制版常用激光光源性能参数。

表 4-6　制版常用激光光源性能参数

激光光源	YAG	IR-LD	倍频 YAG	Ar$^+$	UV-LD	UV
波长 /nm	1064	830	532	488	400~410	360~460
发光范围	红外	红外	可见	可见	可见	可见、紫外
功率 /（W/cm^2）	10^1	10^1	10^{-1}	10^{-2}	10^{-2}	10^0
寿命 /kh		3～10	10		3～10	
安全灯	明室	明室	红	红	黄	黄
适用版材	热烧蚀	热敏非烧蚀型	光敏版	银盐版	光聚合	CTcP 版

4.2.3　LED 光源及其应用

1. LED 基本结构

LED（light emitting diode）发光二极管，是一种固态的半导体器件，它可以直接把电能转化为光能。其结构为一块电致发光的半导体芯片，封装在环氧树脂中，通过针脚支架作为正负电极并起到支撑作用，如图 4-11 所示。

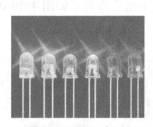

图 4-11　LED 灯珠

LED 的"心脏"是一个半导体的芯片，芯片的一端附在一个支架上，一端是负极，另一端连接电源的正极，使整个芯片被环氧树脂封装起来。半导体芯片由两部分组成，一部分是 P 型半导体，在它里面空穴占主导地位；另一部分是 N 型半导体，在这边主要是电子。这两种半导体连接起来的时候，它们之间就形成一个 PN 结。当电流通过导线作用于这个晶片的时候，电子就会被推向 P 区，在 P 区里电子与空穴复合，然后就会以光子的形式发出能量，这就是 LED 发光的原理。光的波长决定了光的颜色，是由形成 PN 结的材料所决定的。

实际上作为一个 PN 结，如图 4-12 所示，它是自发辐射的发光器件，可以发射紫外光、可见光及红外光。其发光原理是电致发光，在 P 型和 N 型半导体的接触面，即在 PN 结加正向电流后，自由电子与空穴复合而将电能转变为可见光辐射能。

图 4-12　LED 结构示意

2. LED 发光原理

发光二极管是注入型电致发光器件，在外加正向电压下注入大量非平衡载流子（分别向 P 区和 N 区注入空穴和电子），在外加电场作用下 N 区的电子向 P 区漂移，P 区空穴向 N 区漂移，越过 PN 结势垒发生复合并产生发光。制造发光二极管的发光条件包括：

（1）化合物半导体晶体的禁带宽度要能够用来获得所希望的发光波长；

（2）以禁带宽度的材料夹在活性层发光区域的两侧，活性层的带隙比覆面层的带隙小，活性层的折射率比覆面层的折射率大，所发光很容易由内部出射；

（3）有稳定的物理及化学结构。结晶的离子性高，禁带带宽 E_g 也较大，熔点也较高，所形成的化合物半导体晶体材料能在较高温度环境下工作，如 GaP、AlP、GaN 等化合物的半导体。

（4）有直接迁移带或间接迁移带的晶体。发光区域多为直接迁移带隙材料，其有较高的发光效率，电子（空穴）的移动度也比间接迁移带隙材料要高。

3. LED 光学特性参数

发光二极管有红外（非可见光）与可见光两个系列，前者可用辐射度，后者还可用光度来度量其光学特性。主要包括以下特性参数：

（1）法向光强及其角分布 I_θ。法向光强是表征发光器件发光强弱的重要性能。LED 大量应用要求是圆柱、圆球封装，由于凸透镜的作用，都具有很强的指向性：位于法向方向光强最大，其与水平面交角为 90°。当偏离正法向不同 θ 角度时，光强也随之变化。发光强度的角分布 I_θ 描述 LED 发光在空间各个方向上光强分布，它主要取决于封装的工艺（包括支架、模粒头、环氧树脂中添加散射剂与否等）。为获得高指向性的角分布（图 4-13），LED 管芯位置应离模粒头距离较远；使用圆锥状（子弹头）的模粒头；封装的环氧树脂中勿加散射剂。半强度角 $\theta_{1/2}$ 是指发光强度值为轴向强度值一半的方向与发光轴向（法向）的夹角。图 4-13 给出了 LED 管芯在不同法向的光强分布，可见当半强度角 $\theta_{1/2}$ 越小时，LED 管芯的方向性越好。采取上述措施可使 LED 散射角（$2\theta_{1/2}$）=6° 左右，极大地提高了指向性。当前常用封装的圆形 LED 散射角为 5°、10°、30°、45°。

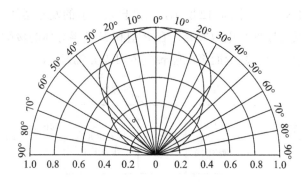

图 4-13　LED 发光强度角分布

（2）峰值波长及其光谱分布。LED 的光谱分布曲线确定后，器件的有关主波长、纯度等相关色度学参数也可随之而定。LED 的光谱分布与制备所用化合物半导体种类、性质及 PN 结构（外延层厚度、掺杂杂质）等有关，而与器件的几何形状、封装方式等无关。

如图 4-14 所示，绘制出由不同化合物半导体及掺杂制得 LED 光谱响应曲线。其中，①是蓝色 InGaN/GaN 发光二极管，发光谱峰 λ_p=460～465nm；②是绿色 GaP:N 的 LED，发光谱峰 λ_p=550nm；③是红色 GaP:Zn-O 的 LED，发光谱峰 λ_p=680～700nm；④是红外 LED 使用 GaAs 材料，发光谱峰 λ_p=910nm；⑤是 Si 光电二极管，通常作光电接收用；⑥是标准钨丝灯。由图可见，无论什么材料制成的 LED，都有一个相对光强度最强处（光输出最大），与之相对应有一个波长，此波长称为峰值波长，用 λ_p 表示。

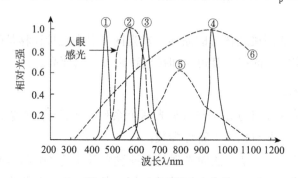

图 4-14　LED 光谱响应曲线

（3）谱线宽度。在 LED 谱线的峰值两侧 $\pm\Delta\lambda$ 处，存在两个光强等于峰值（最大光度）一半的点，此两点分别对应 $\lambda_p-\Delta\lambda$ 和 $\lambda_p+\Delta\lambda$，二者之间的波长宽度称为谱线宽度，也称半功率度或半高宽度。半高宽度反映谱线宽窄，即 LED 单色性的参数，一般来说，LED 半高宽度小于 40nm。

（4）主波长。有的 LED 发光不只是单一色，即不仅有一个峰值波长，甚至有多个值，并非单色光。为此描述 LED 色度特性而引入主波长。主波长就是人眼所能观察的，由 LED 发出主要单色光的波长。随着 LED 长期的工作，结温升高而主波长向长波偏移。

（5）光通量。光通量 F 是表征 LED 总光输出的光辐射能量，它标志器件的性能优劣。F 为 LED 向各个方向发光的能量之和，它与工作电流直接有关。电流增加，F 随之增大。可见光 LED 的光通量单位为流明（lm）。

LED 向外辐射的功率－光通量与芯片材料、封装工艺水平及外加恒流源大小有关。目前单色 LED 的光通量 F 最大约 1lm，白光 LED 的 F=1.5～1.8lm（小芯片），对于 1mm×1mm 的功率级芯片制成白光 LED，其 F=18lm。

（6）发光效率。LED 量子效率有内部效率（PN 结附近由电能转化成光能的效率）与外部效率（辐射到外部的效率）之分，前者用来分析和评价芯片优劣的特性。LED 最重要的光电特性是辐射出光能量（发光量）与输入电能之比，即发光效率 η。

（7）流明效率。LED 的光通量 F 与激发时输入的电功率或被吸收的其他形式能量总功率之比，它可用于评价具有外封装 LED 的特性，LED 的流明效率高是指在同样外加电流下辐射可见光的能量较大，故也叫可见光发光效率。表 4-7 列出了几种常见 LED 流明效率。

表 4-7　几种常见 LED 流明效率（可见光发光效率）

LED 发光颜色	λ_p/nm	材料	可见光发光效率/(lm/W)	外量子效率 /%	
				最高值	平均值
红光	700	GaP:Zn-O	2.4	12	1~3
	660	GaPALAs	0.27	0.5	0.3
	650	GaAsP	0.38	0.5	0.2
黄光	590	GaP:N-N	0.45	0.1	
绿光	555	GaP:N	4.2	0.7	0.015～1.15
蓝光	465	GaN		10	
白光	谱带	GaN-YAG	小芯片 1.6，大芯片 18		

（8）发光亮度。亮度是 LED 发光性能的又一个重要参数，具有很强的方向性。若光源表面是理想漫反射面，亮度 B_0 与方向无关，为常数。晴朗的蓝天和荧光灯的表面亮度约为 $5×10^3 cd/m^2$，从地面看太阳表面亮度约为 $15×10^8\ cd/m^2$。

LED 亮度与外加电流密度有关，一般的 LED，J_0（电流密度）增加，亮度 L_0 也近似增大。另外，亮度还与环境温度有关，环境温度升高，η_c（复合效率）下降，L_0 减小。当环境温度不变时，电流增大足以引起 PN 结温度升高，温度升高后，亮度呈饱和状态，如图 4-15 所示。

（9）寿命。LED 发光亮度随着长时间工作而出现光强或光亮度衰减现象称为老化。器件老化程度与外加恒流源的大小有关，可描述为 $L_t=L_0 e^{-t/\tau}$，B_t 为 t 时间后的亮度，L_0 为初始亮度。通常把亮度降到 $L_t=1/2L_0$ 所经历的时间 t 称为二极管的寿命。

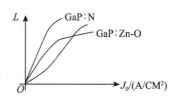

图 4-15　LED 亮度－电流密度曲线

4. 发光二极管实现白光的方式

为提高 LED 光源的显色性，目前广泛采用的方式是进行多个 LED 通道光谱组合的调节，可实现 LED 光源具有不同的光强和颜色。传统光源的光谱功率分布（Spectral Power Distribution, SPD）基本是固定的，如图 4-16 所示。钨丝灯的光谱能量与 CIE 照明体 A、冷白荧光灯辐射与 CWF 较为接近，通过电路调节仅能改变每种光源的亮暗，而无法实现其光谱功率分布 SPD 的调节。

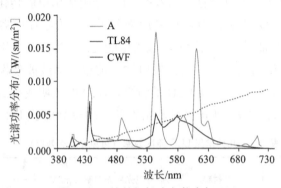

图 4-16　钨丝灯与冷白荧光灯 SPD

光谱功率分布 SPD 是光源最核心的光品质参数，如果复现了某光源的 SPD，则相当于复现了该光源的色温、显色指数、色品坐标等参数，也就实现了模拟某一照明场景的目的。不同主波长的 LED 灯珠具有不同的峰值波长和光谱功率分布 SPD，如图 4-17 所示。通过不同 LED 灯珠的组合并调节它们各自的发光强度，可以组合出具有不同光谱功率分布的光源。要达到良好的 SPD 可调性能，首先需要挑选满足目标的合适的出射峰值波长的 LED 通道组合，通常组合通道越多，可调性就越好。由于 LED 波长的窄带性，选择不同主波长的 LED 灯珠，通过调节不同峰值波长 LED 的亮度，进行混光，从而调成具有不同光谱功率分布的照明光源。

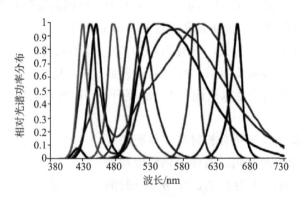

图 4-17　不同峰值波长的 LED 出射 SPD

图 4-18 和图 4-19 为常州千明智能照明科技有限公司研发的 LEDView 观察箱和 LED

Cube 照明光源组合。主要通过光谱照度计和 LED-Navigator 软件可实现光源的快速精准的反馈和校准，补偿 LED 老化和多变的使用环境所造成的光品质波动，可极大地提升 LEDView 的稳定性和使用寿命。该公司的样本库中包含有上百种不同峰值波长出射的彩色和白色 LED，覆盖紫外－可见光红外区域；可通过设定需要的光谱、色温或显色指数等，模拟目标 LED 光源。

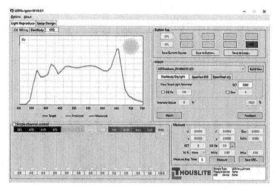

图 4-18　LED View 观察箱

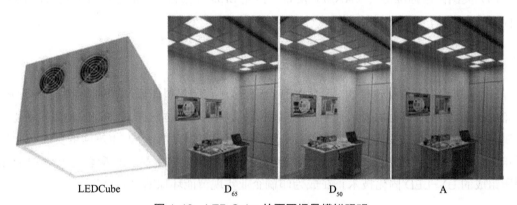

LEDCube　　　　D$_{65}$　　　　D$_{50}$　　　　A

图 4-19　LED Cube 的不同场景模拟照明

5. 白光 LED 颜色的标准化

厂商根据公差将 LED 光源分类，并归入不同的"筛选格"，"筛选格"由小颜色四边形组成，它们在日光轨迹附近覆盖了色度图，包含了大范围的色温（见图 4-20），这就是"筛选"。四边形的界限平行于普朗克轨迹并位于等色温线上。这些方格的面积在 $u'v'$ 色度图中是相等的。在指定方格内，二极管的颜色只变化几个单位的 CIELUV 色差。

为了进行标准化并给出建议，应提及下列组织：

（1）CIE 发布了关于 CRI 的参考技术报告 [CIE 95]；测量 LED 发射光通量、特别是测量光谱通量的推荐方法及对 LED 光品质新指数要求的技术报告 [CIE 07a]。

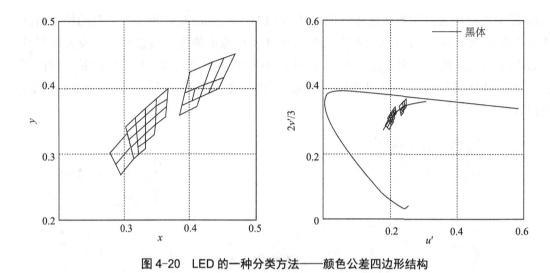

图 4-20 LED 的一种分类方法——颜色公差四边形结构

（2）北美照明工程协会（IESNA）发布了基于二极管光源和系统的技术报告 [IES 02]。

（3）美国国家标准协会（ANSI）发布了白光 LED 与色温有关的色度公差建议值 [ANS 07]。

4.2.4 UV-LED 固化光源及其应用

UV 油墨凭借其固化速度快、不含溶剂、适合多种承印材料印刷、印刷时免喷粉等优势，在印刷行业得到了广泛的应用。目前，印刷行业使用的 UV 固化装置普遍采用高压汞灯、金属卤素灯等传统 UV 光源，不仅能耗高，寿命短，使用过程中还会产生难闻的臭氧。为此，近年来业界研发出 UV-LED 光源，因其能耗更低、固化效率更高，与配套的 UV-LED 油墨所组成的 UV-LED 固化技术正在成为印刷企业实现节能环保的"新宠"。

1.UV-LED 固化光源的优势和局限

（1）优势

与现有 UV 光源相比，UV-LED 光源的优势主要体现在以下几个方面：

① 能耗更低，有效发光效率高，能够减少 70% ～ 80% 的能源消耗。

② 固化过程中不产生臭氧，UV-LED 光源不会产生短波紫外光，因此在固化过程中不会产生臭氧，无须安装除味装置或排风管道等辅助装置，能够保持清洁的工作环境，这使得 UV-LED 固化装置在周围建筑物密集的工厂也可采用。

③ 灵活性更高，UV-LED 光源采用点光源，可结合纸张尺寸，分级设置照射范围。

④ 可瞬间开（关）灯，传统 UV 光源需预热 1 分钟之后才能启动，冷却 4 分钟之后才能关闭。为提高工作效率，操作人员通常会一直开着 UV 光源，从而造成很大浪费。而 UV-LED 光源能在印刷时瞬间开启，工作效率大幅提升。

⑤ 发热量小，传统 UV 光源耗电量大，光电转换效率低，除 20% 左右的能量转化成紫外光能外，其余均转化成热量，使得灯管表面温度最高可达 800℃，发热量大，易对印刷机本身和承印材料造成损伤。而 UV-LED 光源的光电转换效率高，灯管表面温度仅为 60℃左右，能有效地防止印品因过热而产生收缩变形，从而达到较高的套印精度。

⑥ 使用寿命长，UV-LED 光源使用寿命可高达 2 万～ 3 万个小时，是现有高压汞灯和金属卤素灯（1500 小时）的十几倍，可大幅减少光源更换次数。

（2）局限

UV-LED 光源目前仍存在以下局限：

①照射强度较弱，若印刷速度过快，容易导致油墨固化不彻底。

②只能发出长波紫外光，不能发出短波紫外光，因此不利于 UV 光油的固化。

③UV-LED 光源价格偏高。

④现有印刷机改造困难，这是因为 UV-LED 光源照射距离短，必须与承印材料表面近距离照射，才能保证油墨的良好干燥和固化。

2.UV-LED 点光源结构设计

目前，单个 UV-LED 芯片不像白光芯片，其功率非常有限，市场上输入功率为 1W，波长为 380 ～ 385nm 的大功率 UV-LED 的发光功率为 10 ～ 20mW，要作为固化光源，这个功率是远远不够的。因此，为了获得大功率和使大功率 UV-LED 器件稳定而可靠地工作，又要做到封装结构简单紧凑，就必须提出 UV-LED 阵列设计。也就是说，把多个 UV-LED 芯片集成在一个小模块里，从而得到较大光强的光源，我们称之为 SiP（System in Packaging）/COB（Chip-On-Board）技术，它是一种直接把芯片或者完成倒装焊的芯片焊接在金属散热基板上的一种技术。采用 COB 封装技术，可以尽可能地减少从芯片到外部环境之间的接触层，从而减少热阻，减少材料不匹配的问题。配合外部制冷器，可让大功率 UV-LED 芯片在较低温度下保持长时间的持续高亮度发光，保证 UV-LED 光源的可靠性和稳定性。

由于芯片的发光是从芯片的四周向外界各个方向进行发射，因此，在进行 UV-LED 点光源结构设计时，影响 UV-LED 出光效率的因素主要有：①用于光反射的反射杯结构；②光线通过透镜的透过率和折射率；③封装工艺；④封装材料的防紫外老化能力。这些参数都会直接影响到 UV-LED 的出光效率，如果 UV-LED 的封装结构里面没有设计反射杯，则很大一部分光线会损失，转化成热量，从而也间接地增加了热管理的难度。

目前，UV-LED 主要有环氧树脂封装和硅胶 / 玻璃透镜封装。前者主要应用于大于 400nm 的近紫外 LED 或白光 LED 封装，紫外光会加快该材料的老化，后者主要应用于波长小于 400nm 的 UV-LED 封装。又由于 GaN 和蓝宝石折射率分别为 2.4 和 1.76，而气体折射率为 1，较大的折射率差导致全反射限制光的逸出较为严重，封装后器件的出光效率低。因此，在透镜的设计方面，要综合考虑器件在紫外波段的光透过率、耐热能力和耐紫外老化能力，图 4-21（a）和图 4-21（b）为两种典型的封装结构。

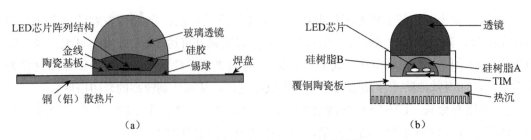

图 4-21　典型的 UV-LED 封装结构

这两种结构均采用了折射率很高的硅胶和玻璃透镜，充分消除了光的全反射效应，大大提高了出光效率。这两种结构非常类似，都是将 LED 芯片直接固定在低温共烧陶瓷基板的银导热块上，陶瓷基板通过锡球焊接在铜铝散热片或热沉上，使整个封装结构的热阻较小，外层封装折射率为 1.5 的硅胶和玻璃透镜，反射板采用陶瓷基板自带的反射腔体，唯一的区别在于后者多加了一层封装硅树脂 B，形成折射率递减的三层结构，可减少全反射的光线损失。以下重点介绍图 4-21（b）所示的结构。

图 4-21（b）所示的结构共有 3 层，采用硅树脂 A 进行里层密封，因为硅树脂 A 的折射率为 1.54，有利于充分提高 UV-LED 的光萃取效率，且固化后为弹性硅胶，其较低的机械强度能较好地保护芯片和电极引线。硅树脂 B 作为石英玻璃透镜和硅树脂 A 层的中间过渡层，由于其透过率较高，折射率为 1.53，固化后硬度大、黏结性强，能很好地固定玻璃透镜。外层是已成型的高透过率 JGS2 型石英玻璃或 K9 玻璃透镜，折射率为 1.46，用于光的导出，并形成一定的光场分布，其极高的紫外光透过率减少了光在激射过程中的损失。

在整个结构中，树脂层厚度都较薄，可以尽可能地减少硅树脂对紫外光的吸收损耗，且折射率逐层递减的三层结构有利于减少光在传播过程中的菲涅尔损耗。在某些场合，若需更大地提高光线透过率，可以在光学系统各面均镀制光学增透膜。

在上述封装结构中，反射腔体的设计也尤为重要。为达到最佳的出光光强，如图 4-22 所示，反射腔体的反射角度 θ 应设为 55° 的最佳反射角，或腔体夹角为 70°，反射角过大或过小都会导致发光强度的降低。

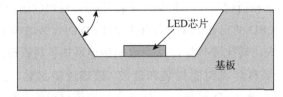

图 4-22　UV-LED 反射腔体示意

3.UV-LED 面光源结构设计

按前述结构制备的 UV-LED 点光源，功率和发光面积还不能满足油墨固化要求，为此，在上述方案的基础上，可以设计新的封装结构。

（1）大功率窄条面光源

为增大目标辐照面的辐照强度，可以采用空间弧面阵列的方式，以满足油墨固化应用要求，具体的设计思路如图 4-23 所示的 LED 结构设计框。

图 4-23　LED 结构设计框

先采用 LED 裸芯制备出点光源，然后再将该点光源以阵列的形式固定到条形的基板上，形成线光源。最后将制备好的线光源，以母线方向按阵列形式固定到弧面基板上，从而制备出大功率线光源。

由上述框图设计制作的 UV-LED 光源系统是一个窄条的面光源（或线光源），具有很高辐照强度，若芯片数目适当，完全可以满足油墨固化应用条件。图 4-24 为 UV-LED 排布在半径为 r 的弧面基板示意图，UV-LED 阵列行距均为 L，每行相邻 UV-LED 间隔为相同的圆心角 α。UV-LED 发出的紫外辐射光，经光学准直系统会聚成平行光，沿弧形半径方向射向圆心，于是排列在同一弧线上的 UV-LED 发光将会聚于圆心处，此处的紫外光辐照度为同一行 UV-LED 的辐照度之和。调整行距 L，使各行会聚所得光斑连结，同时行距 L 的调节还必须满足辐照均匀的要求。

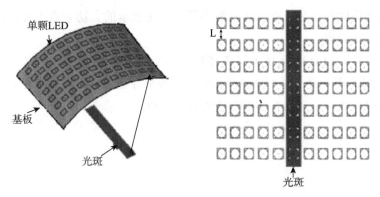

图 4-24　UV-LED 空间阵列光学系统结构设计

（2）大功率宽面光源

上述方案尽管可以得到大功率、高强度的 UV-LED 线光源，但是由于工作距离较大，因此光功率在传播的过程中有很大的损失，实际上的光效率不高。在有些工作距离较小、辐照面积较大的应用场合，则上述阵列结构就无能为力了，下面介绍一种新型的大功率 UV-LED 面光源阵列结构（图 4-25）。

针对这种阵列结构，一般是先制备点光源，然后封装成较小尺寸的 UV-LED 面光源（如 3×20LEDs）模块，然后在此模块的基础上，再开发一系列阵列结构的固化光源，如图 4-26 所示。

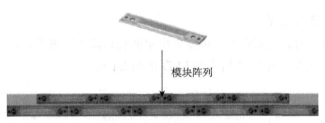

图 4-25　面光源模块阵列

图 4-26 为 3×20 LEDs 的面光源模块的实物图，基板材料为铜或铝，厚度为 1.6mm。如果 LED 封装了 3×3 小功率单颗裸芯，单颗裸芯 LED 的功率为 3 ～ 5mW，而采用大功率裸芯（功率为 10 ～ 15mW），则可达 0.6 ～ 0.9 W 的功率。

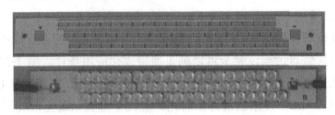

图 4-26　3×20 阵列 UV-LED 面光源

该设计方案是在点光源基础上阵列而成，因此具有模块化、制作方便、易于大功率集成和设计散热结构等优点，但是照射面上的光强与单颗 UV-LED 照射的光强相差不大，因此要想满足油墨固化工艺，必须首先制备满足固化要求的大功率点光源，同时对该点光源的制备提出了高要求。

综上所述，UV-LED 固化技术绿色环保，环境适应性较好，具有广阔的发展前景。UV-LED 点光源、线光源、面光源已开始应用于各个行业。相信经过全行业的共同努力，未来的 UV 固化行业一定会拥有环保节能的崭新天地。

第**5**章　常用印刷设备光学系统

第一节　照相机

　　照相机是最常用的成像设备，是模拟人眼的典型装置。从照相机的用途上划分，可将其分为专用照相机、专业级照相机和普及型或家用型照相机。专用照相机是为完成某种特殊用途的照相机，如以前照相制版使用的照相机。专业级相机是从事艺术摄影专业人员使用的高档照相机，通常功能比较强，成像质量比较高，但是价格也比较高。普及型或家用型照相机是最常用的照相机，是为一般人使用的相机，一般具有使用简单、小巧、便携、价格便宜等特点。目前，很多智能手机都内置了相机的功能，替代了很多普及型相机的功能，使相机更加小型化、智能化。

　　从照相机使用的感光材料上划分，可将其分为使用感光胶卷的模拟式相机和不使用胶卷的数字式相机。数字相机使用光电转换器件将镜头成的像记录为电子文件，保存在存储器中。数字相机最常用的光电转换器件有面阵的电荷耦合器件（Charge Coupled Device，CCD）和互补金属氧化物半导体器件（Complementary Metal Oxide Semiconductor，CMOS）。目前数字相机是发展趋势，而使用胶卷的相机越来越少，逐渐退出市场。但无论是模拟相机还是数字相机，其基本的光学结构和原理都是相同的。本节主要介绍相机的光学系统部分。

5.1.1 单镜头反光式相机的光学系统

随着数字化技术的发展，很多专业级的相机也采用数字相机，只不过这类相机的光学结构更加复杂，成像质量更高。目前使用最多的专业级相机基本都是单镜头反光式（Single Lens Reflex），利用同一个镜头进行取景和拍摄（所以也称为 TTL 取景，Through the Lens），其设计基本避免了取景视差的问题，结构如图 5-1 所示。该结构相机只有一个镜头，不拍摄时，取景器通过反光镜和镜头进行取景，拍摄时反光镜翻转，挡住取景器光路，从镜头进来的光直接成像于相机后背的胶片或光电成像器件上，如图 5-2 所示。目前市面上有 135 画幅和 120 画幅两种。

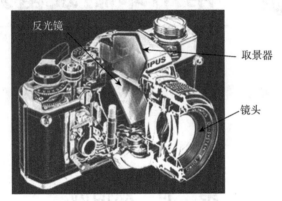

图 5-1　单镜头反光照相机结构

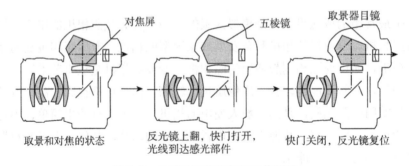

图 5-2　单镜头反光照相机工作原理

1. 单反相机的取景器

取景器由对焦屏、五棱镜和目镜组成。对焦屏的位置与胶片的成像距离相同，通过取景器可以看到对焦屏上的像是否清晰，当对焦屏上的像清晰时，胶片或光电转换器件上的像也一定清晰。但由于镜头成像的原因，对焦屏上的像与实际的物是反像，要得到正像，就要经过五棱镜进行转像。五棱镜的结构和光路如图 5-3 所示，经过两次反射后，可将像颠倒过来。

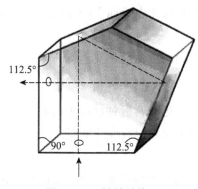

图 5-3 五棱镜结构

2. 单反相机镜头的光学参数

照相镜头的光学特性可由三个参数来表示，即照相镜头的焦距 f'、相对孔径 D/f' 和视场角 2ω。其实就 135 照相机而言，其标准画幅已确定为 24mm×36mm，则其对角线长度为 $2\eta = 43.27$mm。照相机镜头的焦距 f' 和视场角 ω 之间存在着以下关系：$tg\omega = \eta/f'$。

照相机镜头的另一个最重要的光学特征指标是相对孔径。它表示镜头通过光线的能力，用 D/f' 表示。它定义为镜头的光孔直径（入瞳直径）D 与镜头焦距 f' 之比。例如，有个照相机镜头的最大光孔直径是 25mm，焦距是 50mm，那么这个照相机镜头最大相对孔径就是 1/2。相对孔径的倒数称为镜头的光圈指数或光圈数或光圈，又称 F 数，即 $F=f'/D$。

在照相机的镜头上一般都标有光圈数。由于照度与"相对孔径"的平方成正比，所以光圈指数 F 常以 $\sqrt{2}$ 的等比级数数列表示，这样，相邻两级光圈，像面上的照度相差一倍。国家标准按照光通量的大小规定了各级光圈数的排列次序是 0.7，1.0，1.4，2.0，2.8，4.0，5.6，8.0，11.0，16.0，22.0。但国家标准允许镜头的最大相对孔径标记可以不符合标准系列中的数字。当焦距 f' 固定时，F 数与入瞳直径 D 成反比。由于通光面积与 D 的平方成正比，通光面积越大则镜头所能通过的光通量越大。因此，当光圈数最小时，光孔最大，光通量也最大。如果不考虑各种镜头透过率差异的影响，不管是多长焦距的镜头，也不管镜头的光孔直径有多大，只要光圈数值相同，它们的光通量都是一样的。对照相机镜头而言，F 数是个特别重要的参数，F 数越小，镜头能够通过的最大光通量就越大，适用范围就越广。

5.1.2 照相镜头的像差

日常使用的照相镜头由于受光学设计、加工工艺及装调技术等诸多因素的影响，要对一定大小的物体成理想像是不可能的，它实际所成的像与理想像总是有差异，这种成像的差异就称为镜头（或成像光学系统）的像差。

像差是由光学系统的物理条件（光学特性指标）所造成的。从某种意义上来说，任何光学系统都存在有一定程度的像差，而且从理论上来讲不可能将它们完全消除。肉眼和其它光学系统都有一定的分辨能力限制，因此只要像差的数值小于一定的限度，就可以认为该系统的像差得到了矫正。各种像差在前面已经介绍过，下面对照相镜头的像差类型、形成和矫正方法做一简单介绍。

透镜的像差可以分成两大类：单色像差及色差。

1. 单色像差

如果镜头只对单色光成像，则共有五种性质不同的像差。它们是影响成像清晰度的球差、彗差、像散、场曲和影响物像相似程度的畸变。

（1）球差

前面知识已经介绍，球差为轴上物点宽光束形成的像点沿光轴方向散开，从而使得一个垂直于光轴的像面上不是一个像点，而是一个弥散斑的现象。由于球差的大小与物点位置和成像光束的孔径角大小有关。当物点位置确定后，孔径角越小所产生的球差也就越小。随着孔径角的增大，球差的增大与孔径角的高次方成正比。在照相镜头中，光圈数增加一档（光孔缩小一档），球差就缩小一半。因此，在拍摄时，只要光线强度允许，就应该使用较小的光孔拍照，以减小球差的影响。

（2）彗差

彗差为光轴外的某一物点成像时在像平面上形成的不对称的弥散光斑，这种弥散光斑的形状呈彗星形，即由中心到边缘拖着一个由细到粗的"尾巴"，其首端明亮、清晰，尾端宽大、暗淡、模糊。彗差的大小是以它所形成的弥散光斑的不对称程度来表示的。彗差的大小既与孔径有关，也与视场有关。在拍摄时与球差一样，可采取减小光孔的办法来减少彗差对成像的影响。

摄影行业一般将球差和彗差所引起的模糊现象称为光晕。在绝大多数情况下，轴外点的光晕比轴上点要大。由于轴外像差的存在，对于轴外像点的要求不应该比轴上点高，最多要求一致，即两者具有相同的成像缺陷，此时就称为等晕成像。随着相对孔径的增大，球差和彗差的校正将更加困难，所以在使用大孔径镜头时，应事先了解镜头的性能，注意到哪档光圈渐晕最小，在可能的情况下，应尽量缩小光孔，以提高成像质量。

（3）像散

像散是描述轴外细光束成像缺陷的一种像差，仅与视场有关。由于轴外光束的不对称性，使得轴外点的子午细光束的会聚点与弧矢细光束的会聚点处于不同的位置，与这种现象相应的像差，称为像散。子午细光束的会聚点与弧矢细光束的会聚点之间距离在光轴上的投影大小，就是衡量像散程度的数值。由于像散的存在，使得轴外视场的像质显著下降，即使光圈开得很小，在子午和弧矢方向均无法同时获得非常清晰的影像。像散的大小仅与视场角有关，而与孔径大小无关。因此，在广角镜头中像散就比较明显，为避免像散影响，在拍摄时应尽量使被摄物体处于画面的中心位置。

（4）场曲

当垂直于光轴的物平面经光学系统后不成像在同一像平面内，而在一以光轴为对称的弯曲表面上，这种成像缺陷即为场曲。场曲也是与孔径无关的一种像差。由于像散的存在，子午细光束所形成的弯曲像面与弧矢细光束所形成的弯曲像面往往不重合，它们分别称为子午场曲和弧矢场曲。用存在场曲的镜头拍照时，当调焦至画面中央的影像清晰时，画面四周的影像就模糊；而当调焦至画面四周影像清晰时，画面中央处的影像又开始模糊，无法在平直的像平面上获得中心与四周都清晰的像。因此，在某些专用照相机中，故意将底片处于弧形位置，以减少场曲的影响。因为广角镜头的场曲总是比一般镜头大，因此在拍团体照时将被摄体做圆弧形排列，就是为了提高边缘视场的像质。

（5）畸变

畸变是指物体所成的像在形状上发生变形。畸变并不影响成像的清晰度，只影响物像的相似性。由于畸变的存在，物空间的一条直线在像方就变成一条曲线，造成像的失真。畸变像差又分为桶形畸变和枕形畸变两种。畸变与相对孔径无关，仅与镜头的视场有关。所以在使用广角镜头时要特别注意畸变的影响。

2. 色差

由于实际拍摄都是包含各种波长的复色光，如日光和室内荧光等。由前面知识可以知道，对于视场中心，即光轴及附近的景象存在着位置色差，使像面上的像点弥散为不同颜色的环斑，降低影像的清晰度；对于远离视场中心的景物，其像存在着不同波长光线引起不同横向放大率的倍率色差，像面上外边缘附近的棱边类形状容易形成彩色的边缘。实际应用中经常对人眼敏感的黄绿色光线进行这两个方面的色差矫正。

5.1.3　照相镜头的分类

照相镜头的分类方法有很多，但通常按下述的方法来分类。

1. 按镜头的焦距或视场角来分类

按镜头的焦距或视场角来分类，可将镜头分成标准镜头、短焦（广角）镜头和长焦（望远）镜头三类。

一般照相机在出售时，大都配置为标准镜头。标准镜头的焦距和底片画幅的对角线长度基本相等。其视场角虽仍有大小差别（一般在45°～55°），但大都接近人眼的视角。因此，用标准镜头拍摄的照片，其画面景物的透视关系比较符合人眼的视觉习惯。由于标准镜头的焦距、视场角、拍摄范围、景深，以及在相同拍摄距离上所获得的影像尺寸等均比较适中，因而这种镜头应用最广泛，最适合拍摄人像、风光、生活等各种照片。

广角镜头就是短焦距镜头。根据焦距的长短又有广角与超广角镜头之分。其特点是：焦距短、视场角大、拍摄景物范围广。在环境狭窄无法增加距离的情况下，使用广角镜头可以扩大拍摄视野，在有限距离范围内拍摄出全景或大场面的照片。广角镜头还具有超比例渲染近大远小的特点，有夸张前景的作用。在摄影中可充分利用其所创造的特殊透视关系，来夸大景物的纵深感，突出所强调的主体部分。广角镜头的焦距较短，景深较长，拍出的照片远近都很清晰。因此，它比较适合于抓拍一些来不及从容对焦的活动，比较适宜拍摄大场面的新闻照片，或在室内拍摄家庭生活照片等。由于广角镜头的视场角大，景深范围大，在风光摄影中它是不可缺少的摄影镜头。

中焦距镜头属于长焦距镜头一类，中焦距镜头的焦距约为标准镜头焦距的两倍，长焦距镜头的焦距则更长一些。二者的共同特点是：焦距长，视场角小，在底片上成像大。所以在同一距离上能拍得比标准镜头更大的影像，它适合于在远处拍摄人物或动物的活动，拍摄一些不便于靠近的物体，从而获得神态自然、生动逼真的画面。由于中、长焦距镜头的景深范围比标准镜头小，利用此特性有利于虚化对焦主体前后杂乱的背景，而且被拍摄主体与照相机一般相距比较远，在人像或主景的透视方面出现的变形较小，拍出的人像会更生动，因此人们常把中焦镜头称为人像镜头。一般的民用相机很少使用长焦镜头，这是因为长焦镜头的镜筒较长，重量重，价格相对来说也比较贵，而且其景深比较小，在实际使用中较难对准焦点，因此常用作专业摄影。

2. 按镜头的通光能力

按镜头的通光能力分为超透光力镜头、强透光力镜头、正常透光力镜头和弱透光力镜头四类：

超透光力镜头：其相对孔径应达到 1:2.8 以上。

强透光力镜头：其相对孔径可达到 1:3.5～1:5.8；制版照相机镜头的相对孔径可达 1:5.6。

正常透光力镜头，其相对孔径一般在 1:6.3～1:9。

弱透光力镜头：其相对孔径小于 1:9。

3. 按镜头焦距能否变化

按镜头的焦距能否变化，又可分为定焦镜头和变焦镜头两类。

在一定范围内可以改变镜头的焦距值，从而得到不同宽窄的视场角，不同大小的影像和不同景物范围的照相机镜头称为变焦距照相物镜，简称变焦镜头。变焦镜头可以在不改变拍摄距离的情况下，通过变动焦距来改变拍摄范围，因此非常有利于画面构图。由于一个变焦镜头可以担当起若干个定焦镜头的作用，因此外出旅游时不仅减少了携带摄影器材的数量，也节省了更换镜头的时间。目前，国外生产的高档全自动照相机几乎都配置有 3～5 倍小变倍比的变焦镜头。

变焦镜头根据变焦方式的不同，又可分为单环式和双环式两种。单环式变焦距镜头，变焦和调焦使用同一拨环，推拉它变焦、转动它调焦，其优点是操作简便、迅速；双环式变焦距镜头，变焦距和调焦面各用一个环，分别进行，其优点是变焦和调焦两者互不干扰，精度较高，但操作比较麻烦。在目前上市的变焦距镜头中，有些在镜头前圈上还标 "Micro" 字样，意为可作微距摄影，也可作超近摄影，这样的变焦距镜头更具有多用性。

但是，变焦距镜头由于其光学系统和机械结构较为复杂，因此加工和制造比较困难，受价格、体积和重量的制约。变焦镜头的相对孔径不可能做得很大，而且在不同焦距时的像差大小也不完全一样，有时为减小体积或为保证像差，镜头往往只能变孔径。

第二节 3D 显示光学系统

5.2.1 3D 显示技术

"D"是英文 Dimension（维度）的字头，3D 则是指三维空间。3D 立体显示技术相对于二维显示技术所含信息量更大（比二维平面多 50% 以上），更逼真，感染力也更强，富于交互性，使观察者能更好地还原真实情景，以达到身临其境、以假乱真的目的。

1. 3D 成像的原理——双目视差

由于人的两眼瞳孔之间的距离大约为 65mm，在观看三维场景中的一个物体时，左、右眼的相对位置是不同的，因此左、右眼看到的不是完全相同的图像，在两眼的视网膜上感受的也是稍有差异的刺激，这就产生了双目视差，即左、右眼看到的是有差异的图像。

如图 5-4 所示，当双眼同时观看正前方一定距离的一个三棱柱时，由于左眼和右眼相对于棱柱的位置稍有差异，故左、右眼分别看到了棱柱不同的面，左眼看到了 A 面，右眼看到了 B 面。当左、右眼的视网膜观看到的图像同时传输给神经中枢，并融合成一幅图像时，人的大脑便会认为这个三棱柱有立体感。A、B 两面在视网膜上所成的像在水平方向的差异称为水平视差，在竖直方向上的差异称为垂直视差。

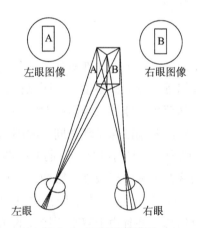

图 5-4 双目视差模型

水平视差可分为负视差、零视差和正视差，如图 5-5 所示。图中 O_L 表示物点 O 在左视差图像中在显示平面上成的像点位置，即人的左眼看到的像点；O_R 表示物点 O 在右视差图像中在显示平面上成的像点位置，即人的右眼看到的像点。当 O_L 位于 O_R 左侧时，如图 5-5（a）所示，形成负视差，观看者看到的物点 O 位于显示平面的后方；当 O_L 与 O_R 重合时，形成零视差，看到的物点 O 位于显示平面上；当 O_L 位于 O_R 右侧时，形成正视差，观看者看到的物点 O 位于显示平面的前方。由于视差的存在，以及视差大小和方向的不同，观看者在大脑中重构出的像点 O 的位置也不同，从而形成不同的深度感，即立体感。

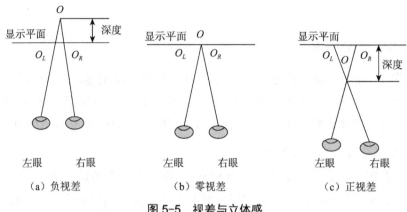

（a）负视差　　　　　　（b）零视差　　　　　　（c）正视差

图 5-5　视差与立体感

2.3D 显示技术的分类

目前的 3D 技术可以分为眼镜式和裸眼式两种。裸眼式 3D 技术目前还主要应用在工业及图片显示方面，眼镜式 3D 技术则已经运用于电视和电影显示。眼镜式 3D 技术又可细分为色差式、快门式和偏光式三种，而裸眼式 3D 技术可分为光屏障式、柱状透镜式、指向光源式、集成成像式和全息式等。

（1）眼镜式 3D 技术

a. 色差式 3D 显示技术

色差式 3D 显示技术又称为分色技术，如红蓝滤光成像技术就是色差式 3D 显示技术的一种。这种技术需要观看者佩戴红蓝立体眼镜。之所以称之为红蓝立体眼镜，是因为这种眼镜的两个镜片分别为红色和蓝色，能够对画面中对应的红色和蓝色进行过滤。如果将左眼和右眼看到的具有细微差别的两幅图像呈现在同一幅图像中，那么由于红蓝眼镜的过滤作用，同一幅图像就会被还原为两幅具有细微差别的原始图像，分别映射到左眼与右眼。根据人眼成像的基本原理，最终在大脑中形成立体影像。这种技术成像原理最为简单，成本也最低廉，当然 3D 效果也是最差的，由于左右眼接收到的是颜色信息互补的图像，因此最终形成的三维图像无彩色信息，并且由于双眼所接收的颜色信息不平衡，容易造成视神经疲劳，不能长时间使用。

b. 快门式 3D 显示技术

快门式 3D 显示技术又称为分时技术，以"帧"为单位，左眼与右眼的图像分别对应不同的帧，连续交替显示。左眼对应的帧显示在屏幕上时，通过显示器上的红外线控制开关，将观看者佩戴的 3D 眼镜的右眼镜片关闭；反之则关闭左眼镜片，快速交替播放左眼画面和右眼画面使大脑产生 3D 视觉效应。显示器交替显示图像数据，每个矩形代表一帧。这项技术 3D 效果逼真，但是成本较高，同时由于液晶快门眼镜结构笨重且需充电从而造成了使用的不便。

c. 偏光式 3D 显示技术

偏光式 3D 显示技术又称为分光技术，是目前国内大部分影院采用的技术。这种技术利用了光线具有振动方向的特性，将左眼与右眼图像按照水平偏振与垂直偏振两个方向分解成两组画面，观看者通过佩戴具有偏光镜片的特制眼镜，左眼与右眼镜片的偏振方向相互垂直，使左眼与右眼只能看到相应偏振方向的图像，将这两组画面分别映射到左眼和右眼，经过大脑的合成后形成 3D 影像。这项技术的 3D 效果逼真，色彩显示准确，辅助设备结构简单且成本低；但是由于在图像的显示过程中，将一幅画面分成了两幅，结果就会造成分辨率减半，清晰度大大降低，因此对输出设备分辨率的要求相对较高。偏光式 3D 技术与红蓝滤光成像技术原理相似，原理图如图 5-6 所示，唯一不同的地方是两种技术对光线的过滤方式不同。红蓝滤光成像技术对颜色进行过滤，而偏光式 3D 技术对偏振光的方向进行过滤。

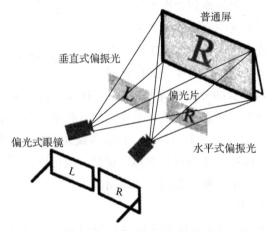

图 5-6　偏光式 3D 技术原理

（2）裸眼式 3D 技术

a. 光屏障式 3D 显示技术

光屏障式 3D 显示技术又称为视差栅栏、狭缝光栅式立体显示技术。它利用视差栅栏遮挡住部分显示进行分光，视差栅栏由具有挡光功能的屏障和有透光作用的狭缝两部分组成，它被放置在显示屏的前面或后面形成前置栅栏或后置栅栏。图 5-7 是光屏障式 3D 技术的成像原理。显示屏上交替显示着左右眼图像的各个像素，左眼的像素通过狭缝投射到左眼，右眼的图像通过狭缝投射到右眼，从而使视差图像分别投射到左右眼，产生立体视觉。这项技术无须佩戴辅助设备，但最大的问题在于随着观看者位置的移动，阻挡视线的立体光栅也要改变其位置，只有在特定位置附近观察才具有立体感，这就极大地限制了视角范围，而且画面亮度低，主要用于灯箱广告。

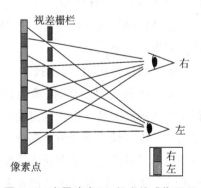

图 5-7　光屏障式 3D 技术的成像原理

b. 柱状透镜式 3D 显示技术

柱状透镜式 3D 显示技术又称为双凸透镜或微柱透镜技术，其基本原理与光屏障式 3D 显示技术类似，而区别在于它利用柱状透镜单元的折射作用，引导光线进入特定的观察区域，产生对应左右眼的立体图像对，在大脑的合成处理下产生立体视觉。图 5-8 是柱状透镜式 3D 技术的成像原理图。显示屏前覆盖的凸透镜使得液晶屏的像平面与凸透镜焦平面重合，每个透镜下面含有各个视角的子像素，透镜通过折射投影显示到人眼观看的各个视点。以两个视点为例，当观看者在液晶屏中心点观看画面时，屏幕的奇数列像素和偶数列像素分别通过透镜以不同的光的传播方向传输到两眼，奇数列和偶数列像素的内容为视差画面，视差画面在人脑中合成立体效果。柱状透镜式 3D 技术显示效果比其他裸眼 3D 技术更为出色，且亮度不受到影响，但因为要将图像分解

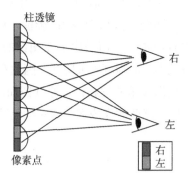

图 5-8　柱状透镜式 3D 技术的成像原理

为左右两个视图，使显示图像的分辨率降低。对于 3D 显示技术来说，相关制造与现有的液晶面板工艺不兼容，目前并未达到大批量生产，而且柱状透镜与液晶屏幕固定安装在一起，只能用于立体显示，无法兼容平面显示。柱状透镜式 3D 技术也广泛用于印刷品，可以通过直接在柱状透镜光栅板上印刷得到立体印刷品，也可以按照立体印刷方法先印刷到纸张上然后再与柱状透镜光栅板复合得到立体印刷品。

c. 指向光源式 3D 显示技术

一般来说指向光源式 3D 显示系统都会配备两组背光，这两组背光就叫作指向光源，它们可以让光线有指向性地照射到人的左眼或右眼，当两组背光交替工作时，屏幕显示的左右眼图像也与之同步配合显示，这样人的双眼就能分别看到左右眼图像，两幅左右眼画面存在的视差，在观看者大脑中综合形成立体效果，达到形成 3D 效果的目的。指向光源式 3D 显示技术在效果上会比前两种技术好很多，其原因一是这种技术在不影响现有的架构设计基础上保持了原有图像的显示亮度；二是 3D 显示效果尤为出色，人们能够通过此技术享受高清的 3D 体验；三是此技术可以广泛应用在便携显示设备，如 PAD、MP4 等，用户能够轻松便捷地体验真正的 3D 效果。不过，由于这种技术的研制开发进程较为缓慢，产品效果差，无法量产。

d. 集成成像式 3D 显示技术

集成成像式 3D 显示技术是利用二维平面周期型排列的微透镜阵列对真实三维场景进行记录和再现的真三维裸视自动立体显示技术。传统的集成成像技术包含元素图像阵列的记录和三维图像的再现两个部分，其原理如图 5-9 所示。记录过程是通过记录微透镜阵列对物空间场景成像，从而获取物空间场景不同视角的空间信息，形成元素图像阵列，如图 5-9（a）所示。再现过程是把元素图像阵列放在具有同样参数的再现微透镜阵列物空间的相应位置处，根据光路可逆原理，光线通过再现微透镜阵列聚集还原重建出物空间场景的

原物形貌，如图 5-9（b）所示，可在一个有限的视角内从任意方向观看。集成成像 3D 显示技术仅需要一个透镜阵列和对应的元素图像阵列即可实现三维显示。根据元素图像阵列显示方式的不同，可以将集成成像三维显示系统分为两大类：平板集成成像三维显示系统和投影集成成像三维显示系统。

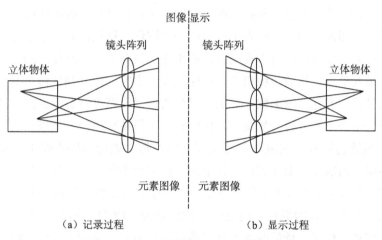

图 5-9　集成成像式 3D 技术的成像原理

e. 全息式 3D 显示技术

全息式 3D 显示技术原理如图 5-10 所示。全息显示技术是利用相干光的干涉和衍射原理再现物体真实三维图像的一种三维显示技术。

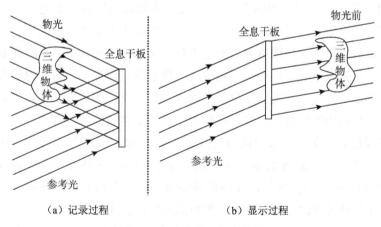

图 5-10　全息显示技术原理

全息技术虽然能够真实还原物光波的波前，但是全息显示技术需要相干光源且系统结构复杂。虽然随着激光技术和相关器件的大力发展，全息技术有了极大的进步，但是因其需要相干光源，因此全息显示技术的真彩色三维再现尚有欠缺。为了在普通白光下也能观察到物体的全貌，需要进一步制作彩虹全息图像，即将被拍摄物体的激光全息照片进行二次拍摄，这样得到的激光彩虹全息图片在普通白光下即可再现。可见光中不同波长的光被图片上的干涉条纹衍射，由于衍射的角度各不相同，因此在不同的方位可观察到不同色彩的原物图像。

3. 光场相机光学系统

传统相机的基本原理是以主镜头捕捉光线，再聚焦在镜头后的胶片或光电器件上，每个像素的值是能够到达该像素上所有光线的强度总和，记录每个像素的值，由每个像素光强分布构成最后的图像。传统相机为了获取锐利的图像，往往需要调节光圈和快门速度，大光圈通光孔径大，景深小，对焦难度大，而小光圈景深大，但曝光时间长，不适合运动场景的拍摄。采取单点对焦的传统相机，只能允许一个方向的光到达传感器，因此用户只能得到一个场景的一部分清晰影像，对焦点以外的场景清晰度就会降低，这就代表着所获取的只能是场景中一个部分的清晰图像。使用光场相机就可以轻易地解决这个问题，光场相机放置一个微透镜阵列于主镜头和感光器之间，每个微透镜接收经主透镜进入的光线后，然后将不同方向的光线聚焦到微透镜下的不同位置的像素。这样，传感器所有像素被 N×N 的微透镜阵列划分为 N×N 个子图像，子图像中每个像素都对应着某个特定方向的光线，代表着目标某部分的成像。通过微透镜的划分，CCD 同时记录了二维的强度信息和二维的方向信息，构成光场的四维数据，最后通过方向信息和强度信息的算法重建，完成图像的重聚焦功能。这种方式的成像不需要拍摄时进行对焦，在大光圈的条件下仍然可以做到大景深，打破了传统相机光圈大小和景深大小的一对矛盾关系，有着很好的应用前景。

（1）光场相机的原理

如图 5-11 所示，光场相机由主透镜、微透镜阵列和图像传感器构成。图像传感器位于微透镜阵列的焦平面上，且图像传感器与主透镜的光瞳关于微透镜共轭。透过主透镜的光线穿过微透镜后，投射到该微透镜后面与之相对应的若干像素上，这些像素共同构成一幅微单元图像。每幅微单元图像的位置对应场景像点的几何坐标，而一幅微单元图像中所包含的图像传感器单元表示三维场景位于不同视角的信息，即通过微透镜阵列成像后的像素单元只记录了光线的强度信息，同时其相对于每一个微透镜的位置不同，也记录了来自不同方向的光线信息。例如，假设微透镜阵列是 10×10，像素阵列为 50×50，则每个微透镜分配到 5 个像素，这 25 个像素分别记录了通过主透镜的 25 个不同位置并到达此微透镜的 25 根光线的强度信息。这样，仅用微透镜阵列和光电传感器，就可记录通过主透镜的所有光线。在后期处理时，只要对光线重新追迹即可完成重聚焦。

从宏观上讲，光场相机拍摄的图像与普通相机拍摄的相片在本质来说是一样的。但是从微观上讲，光场相机拍摄的图像包含了一幅幅不同的微单元图像。这些微单元图像不仅包含外部场景的光场信息，而且也获得了物体的深度位置关系，如图 5-12 所示，为光场图像的三维显示。相比于微透镜阵列采集，光场相机采集系统是远场采集，采集景深大。

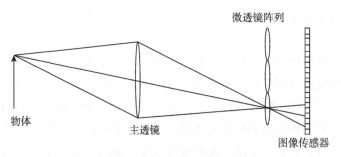

图 5-11 光场相机结构

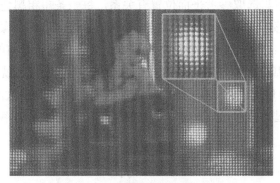

图 5-12 光场图像及其部分放大

　　由于光场相机中微透镜尺寸较小，会产生衍射弥散效应和结构上的误差，使得微单元图像质量严重下降。针对该问题，提出了如图 5-13 所示的"聚焦型光场相机"。其中，每一个微透镜获取一幅聚焦的微单元图像。图像传感器与微透镜阵列的距离是 b，主镜头像面与微透镜阵列的距离是 a，并且 a 和 b 满足高斯成像公式：$1/a+1/b=1/f$，f 为微透镜焦距。微透镜阵列将主透镜像面上的信息投射到图像传感器上，增大了 b/a 倍。

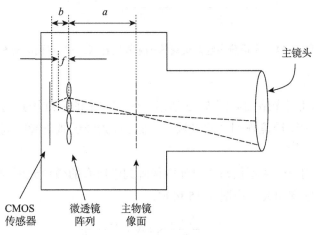

图 5-13 聚焦型光场相机结构

（2）光场相机参数分析

a. 分辨率

光场相机的分辨率包含空间分辨率和角分辨率。考虑微透镜阵列前面 a 处平面的光场分布，采集光场的空间分辨率是采集图像分辨率的 b/a 倍。如图 5-14 所示，横纵坐标 q、p 分别表示空间坐标与角度坐标，每一段黑色粗线表示一个像素点接收的光线范围（接收一个微透镜单元内不同传播方向的所有光线）。图中虚线表示的平行四边形框内的像素属于同一个微透镜，即表示了一个微透镜的成像范围，虚线框的斜率为 $-1/a$，因此图像形式与参数 a，即主镜头像面与微透镜阵列的距离相关。在图 5-14 中，属于同一个微透镜的像元斜向排列，其斜率与选取参考平面位置有关系，每一条短粗黑色线段的宽度与像元尺寸相关。假设图像传感器的像素无穷小且微透镜的孔径是 d，一个像素点在 p 方向上采样的范围大小为 d/a，在 q 方向上采样一个位置，一个微透镜在 q 方向的采样范围大小为 da/b。在任意位置 q，聚焦型光场相机记录光场的角分辨率是 a/b。也就是说，不会重叠的范围是 a/b。一个像素的角宽度是 d/a，因此微透镜阵列的采样范围大小是 d/b，超过 a/b 的采样会出现串扰。通过改变参数 a 和 b，可以控制光场的空间采样率和方向采样率，进而提高采集图像的质量。

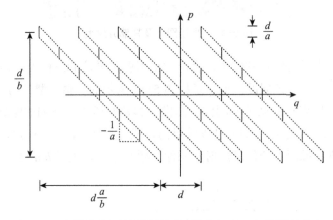

图 5-14　光场分布经微透镜阵列采样后在（q, p）平面的分布

b. F 数影响

光场相机内部几何光路图如图 5-15 所示。物空间中的三维场景通过主镜头成像在虚拟物空间（主镜头和微透镜阵列之间区域），虚拟场景经过微透镜阵列再次成像在图像传感器平面上。

光场相机的空间分辨率不仅与微单元图像阵列中所有的微单元图像质量有关，而且与微单元图像的大小紧密相关，由图 5-15 可知：

$$\frac{B}{D} = \frac{B_L - B}{D_L} \Leftrightarrow N = N_L - \frac{B}{D_L} \tag{5-1}$$

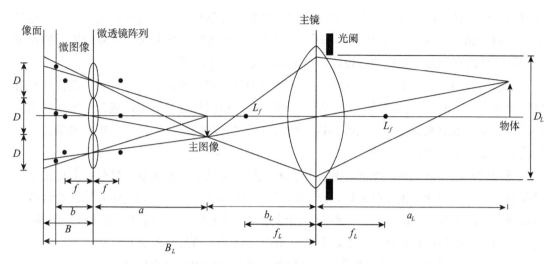

图 5-15　光场相机内部几何光路

其中，N、N_L 分别是微透镜和主透镜的 F 数，F 数定义为微透镜的焦距与微透镜的大小的比，D 是微透镜间距大小，D_L 是主透镜的孔径大小，B 是成像平面与微透镜阵列之间的距离，B_L 是成像平面与主透镜之间的距离。由于 $B<D_L$，近似得到 $N≈N_L$。当 $N>N_L$ 时，相邻微单元图像之间相互重叠，造成串扰；当 $N<N_L$ 时，相邻微单元图像之间存在很多黑色区域，造成图像传感器的损失和浪费，无法有效利用。所以选取的微透镜和主透镜的 F 数应当匹配，使一个微单元图像覆盖的图像传感器的像素数目越多越好，而且相邻微单元图像之间不会出现重叠现象。

光场相机利用微透镜阵列获得三维场景的四维光场数据，保留了对图像重塑的可能性，能够得到更加灵活化、多元化的图像信息，可以得到非常广泛的应用，如可以再现三维场景；通过对光场图像的数字重新聚焦技术，计算不同深度的二维图像，实施聚焦，进而实现"先拍照后对焦"的目标；通过视差等信息，提取场景的深度图；拓展聚焦功能，解决失焦、跑焦问题；提高图像计算处理的灵活度；根据光场获取的数据计算生成视角图像，实现 3D 显示目的；通过对获取的光场数据进行反演，数字自动化校正光学系统存在的像差，从而使光学系统的设计和加工难度降低等。可以说，光场成像技术能够延伸到目前所有应用于光学成像的领域，使得现有光学成像技术能够获得的信息量得到扩展。

5.2.2　三维扫描技术

三维扫描技术是利用光电的特殊性质对物体的形体结构及色彩进行扫描，从而获取物体表面的空间坐标。大部分三维扫描技术通过创建物体几何表面的点云，然后将物体的表面形状利用点云布满并填充，点云越密集就可以创建越精确的三维数字化模型，这个过程称为三维重建。若扫描仪能够获取物体的表面颜色，则可进一步在重建的三维虚拟模型表面上粘贴材质贴图，亦即所谓的材质映射。它的重要意义在于能够通过非接触、速度快、精度高的测量及扫描方法，将实物的立体信息转换为计算机能直接处理的数字信号。而且可将其扫描结果直接与多种软件相互转换，如在 CAD 软件系统中就可以将扫描后的虚拟化三维模型进行修改、调整和再设计，可缩短产品的制造周期。

三维扫描的方法有很多，其扫描系统主要分为接触式和非接触式两大类。现代计算机技术和光电技术的发展使得基于光学原理、结合计算机图像处理的方法成为三维扫描的主要手段。从技术上来讲，光学三维扫描方法又分为飞行时间法、干涉法、摄影测量法、莫尔轮廓术法以及结构光法五种。

飞行时间法是系统发出光脉冲到物体表面，经反射回来后被接收器接收，测出发出与接收的时间，从而计算出飞行距离，距离越远飞行时间就越长。此方法中共轴的光源和反射波光束保证不存在阴影和盲区，不需要图像处理，系统简单，速度快。在大范围测量中，飞行时间法三维扫描是较好的方法。但其分辨率比较低，通常都在毫米级别。

干涉法是采用相干光源，物体波前和参考波前在空间中互相叠加产生干涉条纹，以干涉条纹的光学信息来反映待测物体的深度信息和几何形状，结合相移、外差技术，可以达到很高的精度。但是系统的测量范围通常较小，并且测量系统对坏境条件要求苛刻，温度、湿度、气压等均会极大影响系统稳定性。常见的干涉法又包括相干雷达法、白光干涉法、散斑干涉法等。

摄影测量法是一种被动式的测量方法，可分为单目视觉和双目视觉法。单目视觉法只用一个摄像机通过聚焦或离焦来获取三维深度信息。聚焦法因为要寻找准确的聚焦位置而导致测量速度慢，而离焦法又难以准确标定。双目视觉法是用两台摄像机模拟人眼的双目视觉，获取同一视场的两幅图像后根据视差恢复被测面的三维信息。此方法原理简单，对物体以及背景等因素要求低，在大型的三维测量中优势明显，但两幅图中多点的匹配算法计算量大，精度也较低。

莫尔轮廓术法的原理是利用莫尔条纹形成的机制，用一块基准光栅来检测被测轮廓面调制的像栅，由观测到的莫尔图样绘出等高线进而推断物体的表面轮廓，原理图如 5-16 所示。其中光源和相机位于同一高度 L，点光源发出的光透过周期为 P 的光栅，投影在距离光栅为 h_n 的物体上形成阴影光栅，该阴影光栅的周期为 $p'=P(L+h_n)/h_n$，当相机透过光栅观察时，由于实光栅与阴影光栅的交叠作用，得到了阴影莫尔条纹图。此方法精度较高，但莫尔轮廓术不能判定物体的凹凸，以及光栅制作有大小、周期等，存在一定的局限性。

结构光法是一种主动式三角测量技术，其基本原理是投射器投射可控制的点、线、面的结构光到物体表面形成特征点，并由光电传感器采集图像，再通过整个系统模型的定标演算得到被测物体的三维信息。其中面结构光大大加快了结构光法测量的速度，此方法所用装置

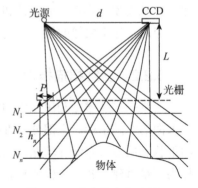

图 5-16 莫尔轮廓术法原理

体积小、计算简单、精度高、速度快，也逐渐成为三维扫描技术的热点。该方法是 20 世纪 70 年代初由 Will 和 Pennington 首先提出的。20 世纪 80 年代初，Sato.Y. 和 McPherson 等人分别采用激光或白光作为投影光源形成点、线或光栅的投影，通过三角法得到物体的三维形体。目前，对该方法的研究主要集中在精度和速度的提高上。随着光电技术的不断发展，诸如液晶显示器（LCD）、硅基液晶（LCOS）、数字微镜器件（DMD）等空间光调制器的发展，结构光法投影器件的分辨率和速度在不断提升。同时随着嵌入式技术的发展，使基于结构光的嵌入式三维扫描系统可实现快速、高精度的三维测量。

结构光三维扫描的方法主要是利用具有一定编码方式的光栅结构或透光器件，形成点、线、面的结构光，把光投射到物体表面，形成高度编码的特征点，并由光电传感器采集图像。然后从获取到的图像中提取出相位等信息，建立相位和深度信息的关系，从而解析出物体三维信息的点云图。最后通过整个系统模型的定标演算得到被测物体的实际三维信息。由于结构光三维扫描的结构装置简单，计算速度快，精度高，其在三维信息获取领域得到广泛的应用。

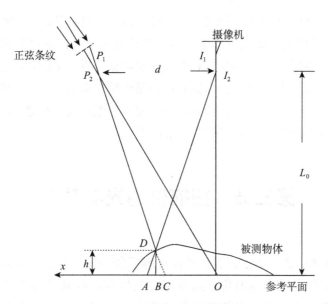

图 5-17　结构光三维扫描原理

结构光三维扫描的简单原理如图 5-17 所示。将一个空间周期均匀的结构光投影（一般为正弦光栅条纹）在参考平面上，其空间周期为 P_0。这时在参考平面上的相位分布 $\Phi(x)$（假设相位分布只与 x 坐标有关）不是坐标 x 的线性函数。以参考平面上 O 点为原点，则参考平面 A 点对应的位置，其相位由式（5-2）表示为：

$$\Phi_A(x) = \frac{2\pi}{P_0}OA \qquad (5-2)$$

其中 OA 为 O 点到 A 点的距离，当有物体放入时，由投影的成像原理可知，被测物体 D 点的相位与原参考平面上的 C 点的相位是一致的，如式（5-3）所示：

$$\Phi_D = \Phi_C = \frac{2\pi}{P_0} OC \tag{5-3}$$

其中 OC 为 O 点到 C 点的距离，由式（5-2）和式（5-3）可得：

$$AC = OA - OC = \frac{P_0}{2\pi}(\Phi_A - \Phi_D) = (P_0 / 2\pi)\, \Phi_{AD} \tag{5-4}$$

其中 AC 为 A 点到 C 点的距离，Φ_{AD} 表示 A 点到 D 点的相位差。根据 $\triangle ADC$ 和 $\triangle P_2DI_2$ 相似关系可得式：

$$\frac{L_{0-h}}{h} = \frac{d}{AC} = \frac{L_0 \Phi_{AD}}{\dfrac{2\pi d}{P_0} + \Phi_{AD}} \tag{5-5}$$

D 点具有一定的代表性，从而就得到了整个物体轮廓的相位 – 高度映射关系式：

$$h(x) = \frac{L_0 \Delta\Phi(x)}{\dfrac{2\pi d}{P_0} + \Delta\Phi(x)} \tag{5-6}$$

因此，通过求得相位差分布，便可得到物体的深度信息，从而得到物体的三维分布。基于结构光的三维轮廓测量系统首先进行结构光即编码条纹图的投影和变形条纹图的采集，然后对采集得到的多幅条纹图像进行预处理和数据分析，采用合理的相位求解方法求得被测区域的相位分布。这些相位分布函数应该是连续单调的，要想得到正确的连续相位分布，需对整个区域进行相位展开。最后，还需要对三维扫描系统进行标定，把相位变化信息转化为被测目标的高度信息，得到其三维轮廓。

第三节　扫描仪的光学系统

扫描仪是一种被广泛应用于计算机图像处理系统的输入设备，自问世以来以其独特的数字化图像采集能力，低廉的价格以及优良的性能，得到了迅速发展和广泛普及。扫描仪的本质是将包含颜色信息的光信号转换为电信号的仪器，从颜色复制的角度来看，是进行颜色分解的仪器。由于这种光电转换的本质是将原稿划分为很多小网格，每个网格对应一个采集像素，针对原稿上每一个网格点逐行逐列顺序进行采集，称为扫描仪。

从扫描仪的结构上来划分，可分为滚筒式扫描仪和平台式扫描仪两类。这两类扫描仪的结构不同，工作原理不同，性能上也存在一定差异。其中，二者的最大差异来自它们所使用的光电转换器件，下面首先对它们所使用的光电转换器件做一些讨论，其次对它们的结构和特点进行分析。

5.3.1　扫描仪的光电转换器件

扫描仪所使用的光电转换器件有两类：光电倍增管（Photomultiplier Tube，PMT）和CCD器件。平台式扫描仪使用CCD器件进行光电转换，而滚筒式扫描仪使用光电倍增管进行光电转换。扫描仪使用的CCD一般为线阵的，要通过机械方式扫描来完成整幅图像的转换，而数字相机一般使用面阵CCD，直接对所拍摄图像成像。

光电倍增管是一种能够把微弱的输入光信号转换为电子信号，并使电子信号倍增的电真空器件。光电倍增管是一种具有极高灵敏度和超快时间响应的光探测器件，可广泛应用于极微弱光探测、光学测量、极低能量射线探测、分光光度计、照度计、扫描电镜、生化分析仪等仪器设备中。主要由光电发射阴极（光阴极）和聚焦电极、电子倍增极及电子收集极（阳极）等组成。典型的光电倍增管按入射光接收方式可分为端窗式和侧窗式两种类型。

图5-18所示为端窗型光电倍增管的剖面结构。其中，E_V是入射光，V_0是输出电压，K是阴极，a是阳极，D是聚焦极，$D_1 \sim D_{10}$是聚倍增极，R_L是负载，-100到-1200为各倍增极上的电压。聚焦极D与阴极K共同形成电子光学聚焦系统，将光电阴极K发射的电子会聚成束并通过膜孔打到电子的阳极a。由于各倍增极的电位依次上升，每一极相差100V，对光电子形成一个强吸引电场，可使电子依次打到各倍增极上，使电子数量倍增并加速。光电子首先被聚焦到聚集极D上，使电子汇聚并加速，然后打在第一倍增极D_1上。第一倍增极D_1被激发出若干二次电子并进一步被加速，这些电子在电场的作用下，打到第二倍增极D_2处，又可引起更多的二次电子发射，此过程一直持续到D_{10}。最后，经多次倍增的光电子被阳极a收集而输出光电流V_0，在负载R_L上产生信号电压，完成光电转换。

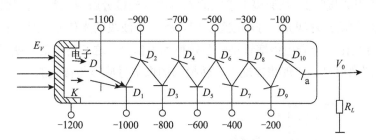

图5-18　端窗型光电倍增管原理

由光电倍增管的原理可知，其可对非常弱的电信号进行倍增，从而可采集极弱的光信息，具有很高的信噪比。当光信号强度发生变化时，阴极K发射的光电子数目也发生相应变化，由于各倍增极的倍增因子（倍率）基本上保持为常数，所以阳极电流亦随光信号的变化而变化，使得光电倍增管具有线性放大的作用。

由此可见，光电倍增管一般用来检测弱光信号。光电倍增管的性能主要由光阴极、倍增极及极间电压决定。由于光电阴极受强光照射后，发射电子的速率很高，光阴极内部来不及重新补充电子，因此会使光电倍增管的灵敏度下降。如果入射光强度太高，导致器件内电流太大，以致电阴极和倍增极因发射而分解，就会造成光电倍增管的永久性损坏。因此，使用光电倍增管时，应避免强光直接入射，在仪器使用结束后要尽快盖上镜头盖，仪器要避光保存。

5.3.2 滚筒式扫描仪

滚筒式扫描仪的结构并不复杂，但其对制作的精度要求却非常高，主要由扫描滚筒、照明系统、光学采集系统、数据转换及计算机接口组成，其外形如图 5-19 所示，为德国 Linotype-Hell 公司生产的 DC3000 系列滚筒扫描仪。扫描前，原稿需固定在扫描滚筒上。扫描时，原稿随滚筒一起高速转动，光学采集系统相对于扫描方向（滚筒转动方向）固定不动。照明系统将照明光会聚于原稿上的一点。光学采集系统聚焦于原稿上的照明点，将该点的光信号转换为电信号，传输给计算机。扫描滚筒每转一周，光学系统就沿圆周扫描滚筒一周，从而完成原稿上一行信息的采集；同时光学系统也需沿滚筒轴向移动一个扫描行的距离，为采集下一行的信息做准备。滚筒扫描仪的扫描路径实际是一条螺旋线，但由于每一行的间隔非常小，即螺距非常小，可以忽略螺旋线带来的扫描误差（图像变形）。

扫描滚筒通常由光学玻璃制成，当扫描透射原稿时，照明光由滚筒内照明原稿，如图 5-20 所示。当扫描反射原稿时，照明光由滚筒外部照明。反射照明光通常用光纤传输，集成在扫描头的镜头四周，由 4～8 束光纤组成，以 45° 角均匀照明扫描点。如图 5-21 所示，6 个照明灯分布在圆形照明头上，将光纤传来的光会聚扫描点上，接收器垂直接收原稿上的反射光。滚筒式扫描仪使用光电倍增管作为光电转换器件，对扫描原稿暗调的层次细节非常有利。如图 5-22 所示，虚线框中是扫描接收头的结构。滚筒式扫描仪一般由 3 支光电倍增管组成接收器，从原稿上接收的光线由分光镜分解成三路，这三路光分别由红、绿、蓝三种颜色的滤色片滤光，分解成红、绿、蓝三个波段的光信号，对应着原稿上的红、绿、蓝信息，分别由三个光电倍增管接收并转换为电信号，这三路电信号就对应着红、绿、蓝三个通道的图像信号。在理想情况下，转换的图像信号应该与接收的

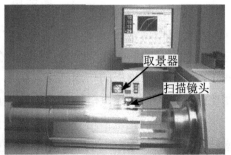

图 5-19　德国 Linotype-Hell 公司 DC3000 系列滚筒扫描仪　图 5-20　在扫描臂上有透射扫描光源和照明光源

光信号成线性关系。同理，其他不同颜色区域分解的颜色信号会形成不同的红、绿、蓝信号，这样就构成了彩色的图像。由光电倍增管接收的信号再经过 A/D 变换，将接收的模拟电信号转换为数字信号，就得到对应于数字图像中的颜色数值。

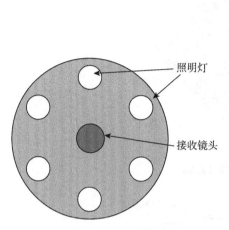

图 5-21　扫描头结构

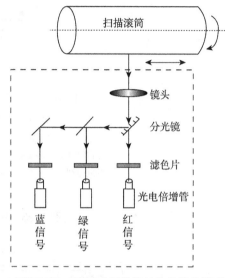

图 5-22　滚筒式扫描仪的信号转换原理

对于滚筒扫描仪，通常将滚筒旋转一周形成的扫描称为主扫描，将扫描头平移形成的扫描称为副扫描，由主扫描和副扫描两个方向合成二维的扫描图像。当扫描图像输入计算机中，主扫描方向的像素为显示图像的行，副扫描方向的像素为列，即扫描图像与原稿在扫描滚筒上的放置方向旋转了 90°。

滚筒式扫描仪的扫描精度高，扫描图像质量好，常用于扫描质量要求很高的情况，尤其适合扫描透射原稿。但滚筒扫描仪的价格昂贵，操作复杂，扫描速度相对较慢，加之目前平台式扫描仪的扫描质量也有了很大提高，已经可以满足大部分应用的精度要求，因此目前的使用越来越少，仅限于高档印刷的应用。

5.3.3　平台式扫描仪

平台式扫描仪是目前使用最多、最常用的扫描仪类型。虽然从外型上看，平台式扫描仪的整体感觉十分简洁、紧凑，但其内部结构却相当复杂，不仅有复杂的电子线路控制，而且包含精密的光学成像器件以及设计精巧的机械传动装置。图 5-23 所示为典型的平台式扫描仪的内部与外部结构，平板式扫描仪主要由上盖、原稿台、光学成像部分、光电转换部分、机械传动部分组成。图 5-24 为平台式扫描仪的内部光路，该图分为上下两部分，上部分为反射扫描部分，下部分为透射扫描部分，用反射、透射切换反光镜来切换透射和反射扫描光路。通常的平台扫描仪透射与反射共用一个原稿台，图中为表述清楚，分别画了透射和反射两个原稿台。从图中可以看出，从反射原稿（或透射）的光经过多个反光镜被成像于 CCD 上。与滚筒式扫描仪最大的不同是，平台式扫描仪的扫描方式是逐行扫描而不是逐点扫描。以下对平台式扫描仪的各部分进行逐一介绍。

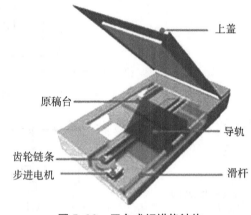

图 5-23　平台式扫描仪结构

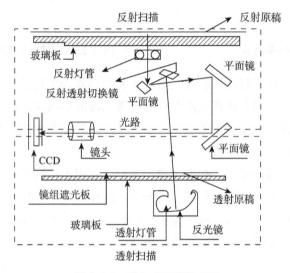

图 5-24　平台式扫描仪光路

1. 上盖

上盖的主要作用是将要扫描的原稿压紧，以防止扫描光线泄露。对于反射式扫描仪的上盖，内表面为白色，以利于光的反射；对于有透射扫描功能的扫描仪，透射的照明系统安装在上盖中。透射照明光可以穿过原稿台上的原稿，使透射光入射到原稿台下面的光学成像系统中。为了能够更加方便、高质量地扫描三维物体，许多扫描仪对上盖采用了一些特殊设计，使其可以压盖 50mm 左右厚度的物体。

2. 原稿台

原稿台是用透明的光学玻璃制成，主要作用是用来放置扫描原稿，其四周设有标尺线以方便原稿放置和定位，并能方便地确定原稿扫描尺寸。对于反射原稿，扫描光源从原稿台的下面照明，原稿的反射光透过原稿台进入光学成像系统，如图 5-24 上半部分所示。对于透射原稿，由上盖中的透射照明光源照明，穿过原稿和原稿台玻璃进入成像系统，如图 5-24 下半部分所示。

3. 光学成像部分

光学成像部分俗称扫描头，即图像信息读取和转换部分，它是扫描仪的核心部件，其精度直接影响扫描图像的还原逼真程度。它包括以下主要部件：灯管、反光镜组、镜头以及 CCD，位于原稿台的下面，由导轨和传动机构带动进行扫描。扫描头具有横向（扫描行方向）结构对称性。

为保证原稿反射（或透射）的光线足够强，由一根或多根冷阴极灯管提供所需的光源，并将光源的光会聚成一条光带，形成照明原稿的一条线。使用时，首先要求灯管所发光的光谱尽可能均匀，如果光谱不够均匀，光不是完全的白色，或缺少某些光谱成分，就会使扫描的图像颜色不准确，扫描出来的图像就有可能偏色。除此之外，还要求光源的发光强度均匀且稳定。如果发光强度不均匀，就会严重影响扫描精度。一般的平台式扫描仪光源都需预热 30 分钟以后才能保证发光的稳定。其次由于所有的光电器件对温度都是敏感的，灯管的能耗和发热也是必须要考虑的，如果发热太多就需考虑散热问题。目前，用冷阴极辉光放电灯管和 LED 灯管可满足上述扫描仪照明光源的要求。

扫描头还包括几个反光镜，其作用是将原稿的信息反射到镜头上，由镜头将扫描信息传送到 CCD 感光器件，最后由 CCD 将原稿上采集到的光信号转换为电信号。镜头是把扫描信息传送到 CCD 处理的最后一关，它的成像质量好坏决定着扫描仪的精度。扫描精度即指扫描仪的光学分辨率，主要是由镜头的质量和 CCD 上的感光单元数量决定。受制造工艺和器件的限制，目前普通扫描头的 CCD 最高为 20000 像素，应用在 A4 幅面的扫描仪上，可实现 2400dpi 的扫描精度，即 20000 像素 /210mm×25.4mm/ 英寸≈2419 像素 / 英寸，这样的精度能够满足多数领域的需求。

4. 光电转换部分

光电转换部分由 CCD 器件和扫描仪内部的主板组成。一般平台式扫描仪的 CCD 器件都是线阵的，即所有的感光元件都排列在一条线上。根据扫描仪的原理不同，光电转换的 CCD 可以由一块或三块组成，见后面的扫描原理介绍。根据扫描仪设计精度的不同，所使用的 CCD 器件可以由 3000 个感光单元到几万个感光单元组成，组成的感光单元数越多，扫描图像的精度就越高。

扫描仪主板以一块集成芯片为主，其作用是控制各部件协调一致地动作，如步进电机的移动、信号的同步采集和转换。主板上还有 A/D 变换器、BIOS 芯片、I/O 控制芯片和高速缓存。BIOS 芯片的主要功能是在扫描仪启动时进行自检，I/O 控制芯片提供了连接界面和连接通道，高速缓存则是用来暂存图像数据的。现在普通扫描仪的高速缓存为 512KB，高档扫描仪的高速缓存可达 2MB。

5.平台式扫描仪的工作原理

平台式扫描仪对图像画面进行扫描时，将原稿图像分割成许多行，逐行进行扫描，线阵 CCD 又将扫描图像的行分割成许多点，线阵 CCD 上的每一个光电转换单元对应原稿上的一个采样点，生成扫描图像的一个像素。扫描光源的光被会聚成一条光带，照射到待扫描的图像原稿上，产生反射光（反射稿）或透射光（透射稿），然后经反光镜组反射、由镜头成像到线阵 CCD 上。CCD 图像传感器根据接收光线强弱的不同转换成不同大小的电流，经 A/D 转换处理，将电信号转换成数字信号，即产生一行图像数据，保存于主板上的高速缓冲区。同时，机械传动机构在控制电路的控制下，通过步进电机旋转带动驱动皮带，驱动光学系统和 CCD 扫描装置在传动导轨上与待扫描原稿做相对平行移动，移动一行的距离，进行下一行的扫描。在进行第二行扫描的同时，从高速缓冲区中将上一行图像数据传送到计算机。重复这个过程，直至将待扫描图像原稿逐行扫入，最终完成全部原稿图像的扫描。如图 5-25 所示。

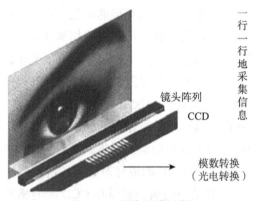

图 5-25　图像扫描过程

通常，将线阵 CCD 对原稿进行的一行扫描方向被称为"主扫描"，而将线阵 CCD 平行移动的扫描方向称为"副扫描"。主扫描由 CCD 器件的感光单元完成，而副扫描由 CCD 器件的移动完成，两个扫描方向构成了二维图像的扫描。

尽管 CCD 器件可以进行光电转换，但不能识别颜色。要实现彩色原稿的扫描，必须采用颜色分解的技术，即要得到红、绿、蓝三个通道的颜色信息。目前平台扫描仪使用的颜色分解技术有多种，主要可以分为单 CCD 方式和三 CCD 方式两类。

（1）单 CCD 方式

单 CCD 方式采用一个 CCD 器件，通过红、绿、蓝滤色片或光源照明，使来自原稿的反射光或透射光分解为红、绿、蓝三色光，实现彩色扫描。使用滤色片的方法是将滤色片安装在一个转盘上，在扫描过程中旋转，以此来切换滤色片颜色。使用照明光分色的方法是采用红、绿、蓝三个光源，分别发光照明原稿，对应每一个色光光源发光，原稿上只能反射 / 透射该颜色的光，CCD 接收一个通道的颜色信号。无论使用哪种单 CCD 扫描方式，都需要进行扫描通道的切换，因此会影响扫描速度。

（2）三 CCD 方式

三 CCD 方式采用三个 CCD 器件，分别采集红、绿、蓝通道的信号，实现彩色扫描，其原理与前面介绍的滚筒式扫描仪的颜色分解原理相同，需要将来自原稿的光进行分解，分别进入三个 CCD，得到三个通道的颜色信号。由于采用了三个 CCD 器件，与单 CCD 结构扫描仪相比，要将原稿上的光分解为三路，每一路光信号的强度减弱为原来的 1/3，相对于单 CCD 结构来说采集的信号有所减弱，对 CCD 的响应灵明度要求也有所提高。采用三 CCD 器件，扫描时不需要进行滤色片的切换，因此可提高扫描速度，但相应增加了扫描仪的成本。目前大多数中高档平台扫描仪都采用这种结构。

5.3.4　扫描仪的技术参数

扫描仪技术参数主要包括扫描分辨率、扫描密度动态范围和颜色位深度。

1. 扫描分辨率

扫描分辨率是指扫描仪能够对原稿进行采样的精细程度，用单位长度范围内的采样点或像素数来表示，记为 dpi 或 ppi（每英寸的点数或像素数），也可以用公制单位，记为 dpc 或 ppc（每厘米的点数或像素数）。

因为一般原稿上的信息是连续的，但在扫描时必须将原稿划分为许多小网格，每个网格作为一个扫描采样点，对应着扫描图像的一个像素。换句话说，连续的原稿经过扫描后变为信息不连续的像素，像素之间的信息会有所丢失。因此，扫描网格划分得越细，采样点就越多，扫描的图像就越精细，扫描时造成的信息丢失就越少。扫描仪的分辨力就是代表扫描仪能够将原稿划分为多精细网格的能力，代表了扫描仪物理采集原稿信息的能力。

通常所说扫描仪的分辨力有两层含义：一是指扫描仪的光学分辨率，即扫描仪物理采样的精度；二是指扫描图像最大可达到的分辨率，称为扫描仪的最大分辨率。最大扫描分辨率通常是在光学分辨率的基础上，通过计算机的插值计算得到的图像分辨率，实际采集的信息并没有真正提高，只是提高了图像的像素数量，额外的图像像素是计算得到的，与真正从原稿上采集到的信息不完全一样，即没有真正提高扫描仪的采集能力。因此，真正衡量扫描仪分辨力的参数是光学分辨率。

扫描仪的光学分辨率决定了对原稿的扫描精度，这个精度决定了原稿可放大的倍数和可印刷的尺寸。根据采样原理，扫描图像的分辨率、印刷的加网线数和原稿放大倍率之间的关系可以用下式表示：

扫描图像分辨率（dpi）＝缩放倍率 × 印刷加网线数（lpi）× 质量系数 k

其中，质量系数 k 根据印刷品质量要求取 1.5 ～ 2.0，取值越高，印刷质量越好。由上式可以看出，原稿图像放大倍率越大、印刷加网线数越高、对印刷质量要求越高，扫描的分辨率就必须越高，当要求的扫描分辨率超过扫描仪的光学分辨率时，扫描仪就达不到印刷质量要求。所以，扫描仪的光学分辨率越高，所能达到的原稿放大倍率就越高。

2. 扫描密度动态范围

扫描密度动态范围是指扫描仪能够接收和分辨出密度等级的最大范围，动态范围越大，则扫描图像在高光和暗调部分的细微层次越丰富，反之则会在高光和暗调部分出现并级，使细微层次丢失。扫描密度动态范围的大小与光学系统的设计和光电转换器件的信噪比高低直接相关，光学系统的信息损失越小，光电转换器件的信噪比越高，则扫描仪的动态范围越大。

扫描密度动态范围不足的最明显表现为扫描图像的暗调层次丢失，因为图像暗调部分的光信号弱，接收的信号容易损失，所以影响严重。例如，人像的头发部分和深色衣服、风景图像中的阴影部分，都是最容易出现并级的部分。通常对扫描仪密度动态范围的要求应该与原稿的密度范围相一致，扫描反射原稿的密度范围大致在 0 ~ 2.0D，而扫描透射原稿则必须有较高的密度范围，因为透射原稿的密度范围大，一般要在 0 ~ 3.5D，对于要求高的情况还要大，高档滚筒扫描仪的最大密度可以达到 5.0D。

3. 颜色位深度

颜色位深度是指扫描仪的 R、G、B 分色通道可以分辨的颜色级数，由扫描仪内部的 AD 变换器的位数和精度决定。根据 AD 变换器的位数大小，扫描仪可以将每个通道可接收的密度范围划分为许多信号的等级，由这些信号等级组成各种不同的颜色。AD 变换器的位数越高，划分的信号等级就越多，可混合出的颜色数量就越多。例如，如果 AD 变换器的位数为 8 位，8 位的二进制信号可以得到 256 个信号等级，RGB 三个通道可以混合的颜色数就是 256^3 种；而如果 AD 变换器的位数为 10 位，则每个通道可划分的信号等级就是 1024 个，RGB 三个通道可以混合出 1024^3 种颜色，16 位可以混合出 4096^3 种颜色。

值得注意的是，扫描仪的密度动态范围和颜色位深度虽然都对扫描图像的层次和颜色有影响，但是两个不同的概念。动态范围是指可接收最亮和最暗信号的范围大小，而颜色位深度是指将这个动态范围可以划分为多少个级别，二者反映了扫描仪的两个不同指标。

第四节 激光扫描记录设备的光学系统

激光扫描方式具有速度高、成像质量高等优点，因此在印刷复制领域有着广泛的应用，如激光打印机和静电成像式数字印刷机、装配机和直接制版机、光刻和激光打标机等，都是应用激光扫描技术的典型装置。本节先就激光扫描技术进行总体的讨论，然后针对各种应用进行设备光学系统的介绍。

5.4.1　激光扫描技术概述

本节所讨论的激光扫描技术又称为飞点扫描，即激光束不是连续的光束，而是高速调制的激光点，每个激光点代表一个最小的信息记录单元，构成 0 和 1 的记录信息（曝光或不曝光），通过偏转技术扫描到特定的位置。在每一次扫描中要记录一行的曝光点，而在每一秒钟内要进行多次扫描。根据设计的要求，扫描点的轨迹可以是一条直线，也可以是曲线。例如，一个 300dpi×300dpi 的 A4 幅面激光打印机，每一行的扫描点有 2480 个左右，而 600dpi×600dpi 的 A4 幅面激光打印机每一行的扫描点有 4900 个左右，纵向要扫描 7000 行以上。对于 6 页 / 分的激光打印机，每秒钟的扫描点数超过 $3×10^6$ 个，更高速度的扫描装置可以达到 $10×10^6 ～ 20×10^6$ 个 / 秒。这个速度是非常高的，超过了家用电视的扫描速度（$2×10^6 ～ 4×10^6$ 个 / 秒）。

概括地说，激光扫描技术分为高惯性扫描和低惯性扫描两类。高惯性扫描技术使用机械的转镜方法对光线进行反射偏转；低惯性扫描技术采用非机械方法对光线进行偏转，通常使用的方法有电光、声光和压电调制技术。在印刷设备中，使用最多的是高惯性扫描技术，如激光打印机、激光照排机等。

高惯性机械式扫描方法比较简单，而且容易得到较高的分辨力，缺点是扫描精度和速度有一定的限制。电光、声光和压电调制技术是非机械型技术，电光器件从原理上可以达到很高的扫描速度，但目前还没有完全达到实用阶段。声光器件则是后起之秀，自 20 世纪 70 年代以来，不断出现了诸如钼酸铅、氧化碲等高性能声光材料，特别是随着工作在微波段超声换能器的理论和工艺的发展，声光器件的性能得到了重大突破，现已在激光扫描装置上得到了广泛应用。目前使用的声光器件都是利用布拉格衍射原理的器件，因为布拉格衍射器件只有一束衍射光，而且只要超声波足够强，入射光能量可以完全转化为衍射光，因而激光能量的利用率可以很高。常用的高性能扫描器性能对比汇总于表 5-1 中。

表 5-1　扫描器性能对照

名称	外形图	特点	扫描视场	扫描效率	孔径效率	图像质量	多通道操作	扫描器惯性	基准源采用
摆动平面镜		平面镜在一定范围作周期性摆动，不能实现高速扫描。可以作平行光束与会聚光束扫描器，扫描效率高，在会聚光束中扫描会产生散焦现象	窄	高	高	不好	支持	小	中等

续表

名称	外形图	特点	扫描视场	扫描效率	孔径效率	图像质量	多通道操作	扫描器惯性	基准源采用
旋转平面镜		可以绕三个正交轴中任何一个轴旋转，以达到不同的扫描要求。扫描器结构简单，但扫描效率低	宽	低	高	良好	不行	中等到大	良好
旋转折射棱镜		通过横向移动会聚光束进行扫描，能作串联系统设计。扫描运动连续平稳，机械结构简单，棱镜尺寸较小，利用斜的棱镜表面容易获得隔行扫描，扫描效率较低，焦点有轴向位移，并出现明显位移，在入射角大时，反射损失大	有限	较低	低	良好	支持	中等到大	中等
旋转反射棱镜		运动连续平稳，准确度高，可以实现高速扫描，扫描效率较高（与面数有关）。结构尺寸大，孔径效率低	宽		较高（与面数有关）	低	良好	支持	中等到大	中等
旋转折射光楔		是一种灵活的扫描器，必须用于平行光束中，否则会导致严重的像差。该扫描器对帧与帧、线与线的定型要求严格控制角速度	有限		与楔形的形状有关	高	不好	支持	中等到大	不行

注：表中，系统的有效扫描率与孔径效率的定义为：

有效扫描率 = 有效扫描时间 / 总扫描时间

孔径效率 = 有效孔径 / 实际孔径

5.4.2　静电成像数字印刷

采用静电照相复制技术的设备由于采用激光束成像而被称为激光打印机或激光数字印刷机，它的发展历史并不长。1973 年，美国施乐公司首次研制成第一台激光打印机。早期生产的激光打印机结构复杂，体积庞大，记录分辨力低，且价格昂贵，因此只能作为批处理高速输出设备。1984 年，惠普公司推出了 Laser Jet 激光打印机，并在此后形成了 Laser Jet 系列，这种打印机是采用半导体激光器，利用复印机的机芯设计而成的。打印机的激光扫描部分由激光器、校正系统、扫描偏转装置、激光调制和扫描控制电路等组成。激光器将计算机输出的二进制形式描述的图像、图形和文字信息进行高频调制，并由数据控制系统转换成点阵描述。载有图文信息的激光束经过光学系统聚焦，并通过机器内部的转动机构稳速旋转后由 8 ～ 10 面反射镜组成的旋转扫描器反射出去。激光束由光学透镜校正扫描失真后，沿着感光鼓的轴线匀速地扫描到感光鼓表面，形成与页面图文信息相对应的静电潜像，这就是所谓的曝光或成像。曝光后的感光鼓上记录下了一行接一行以点阵方式描述的潜像，再经显影和转印过程，页面图文就被定影在纸上输出。图 5-26 给出了佳能 CLC700 型激光数字印刷机的激光束光路，这一型号的数字印刷机使用了 8 面反射镜，虽然是佳能机器采用的结构，但对其他激光输出设备也有参考价值。事实上，绞盘式激光照排机采用的光学系统是相同的。

彩色激光打印机或数字印刷机采用与图 5-26 类似的光学系统，如图 5-27 给出了佳能彩色数字印刷机品红版输出的激光束光路。

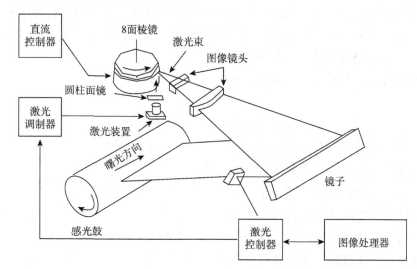

图 5-26　佳能 CLC700 型激光数字印刷机的激光束光路

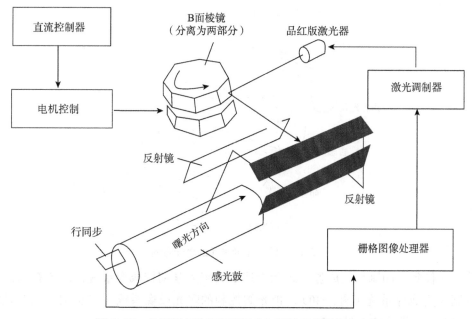

图 5-27　佳能彩色数字印刷机品红版输出的激光束光路

　　图中表示的是品红分色成分成像时的激光束光路，对其他分色成分也一样。分色成分由数字印刷机内置的分色机制实现，无须专门的分色程序。来自感光鼓的行同步信号和打印命令传送到栅格图像处理器，经程序解释后变成输出图文点阵，再以点阵信号（0 或 1）的形式传送给激光调制器。激光调制部分据接收到的页面图文信息对激光进行调制，送到激光单元控制各激光点曝光或不曝光（有墨点或无墨点），再经 8 面棱镜将激光点进行扫描，经反射镜最后发射到感光鼓面上曝光成像。8 面棱镜在直流电机的驱动下旋转，该直流电机需要的直流电由数字印刷机内的直流控制器产生，电机的旋转控制用电机控制器实现。8 面棱镜的作用是完成对彩色图像不同主色成分的曝光和成像操作，使彩色激光数字印刷机的结构得到简化。在完成一种分色成分的成像操作后，8 面棱镜在电机控制器的控制下转动到另一个位置，继续对其他分色成分成像。图 5-28 给出了在一个工作周期内对四个感光鼓曝光时激光束的方向（每个颜色都是独立扫描的，8 面棱镜旋转一周要记录 8 行信息）。

　　从图 5-28 可以看到，8 面棱镜分离为两个部分是为了分别对两组主色成像；对黄和黑设置反射镜则是因为黄和黑版激光器激光单元与品红和青版激光器在不同的位置，由反射镜使黑激光束和青激光束同向、黄激光束和品红激光束同向。在激光束对不同分色成分曝光时，黑色和青色版同向，品红和黄色版同向（图 5-29）。

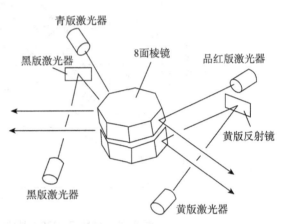

图 5-28　四个感光鼓曝光时的激光束方向

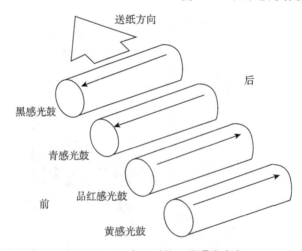

图 5-29　四个印刷单元的曝光方向

　　静电成像数字印刷机的成像系统除上述旋转镜光学偏转成像系统外，还有包括 LED 阵列控制曝光成像系统（图 5-30）、带光阀控制的曝光成像系统（图 5-31）及带数字微镜装置的曝光成像系统（图 5-32）。

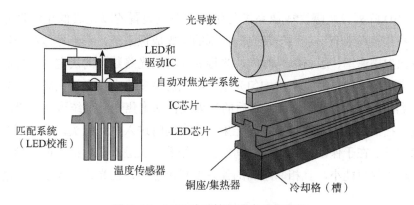

图 5-30　LED 阵列控制曝光成像系统

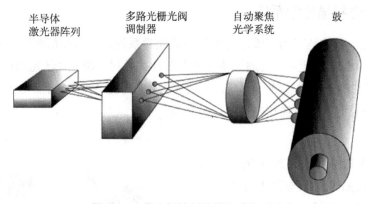

图 5-31　带光阀控制的曝光成像系统

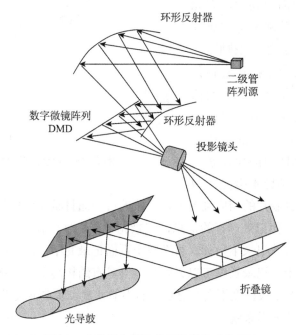

图 5-32　带数字微镜装置的曝光成像系统

其中，LED 阵列控制曝光成像系统与带数字微镜装置的曝光成像系统将分别在本章第五节与第六节做详细介绍。对于带光阀控制的曝光成像系统，将半导体激光器阵列（其光功率由成像扫描速率、版材曝光时间、光栅光阀调制光路数共同决定）首先经光学扩束后，变为一束水平方向辐射功率的均匀光束；其次送至多路光栅光阀调制器，光路数可在 32 ~ 1024 灵活调节；最后将数字调制后的光束经自动聚焦光学系统聚焦于吸附鼓表面的预涂感光板上扫描成像。多路扫描激光光束等距离同时进入聚光镜头，聚焦后成像于感光鼓，该技术的难点在于保证激光光束之间的距离相等，在进入聚焦镜头前，各光束中心线之间的相邻距离尽可能小，且相邻距离的偏差要尽可能小，在光路设计上要求能量损失要尽量少。

5.4.3 激光扫描光学系统

激光扫描光学系统是印刷制版过程中常用的光学系统，构成高精度的输出设备，输出精度可以达到 2400dpi 或更高。它通过激光束在胶片或版材上曝光，曝光的地方为黑色（不透光），未曝光的地方为透明的，不存在半透明的中间状态。激光扫描光学系统按照光路结构可以分为绞盘式、外鼓式和内鼓式三种类型。

1. 绞盘式

绞盘式激光扫描光学系统采用典型的转镜激光扫描方式，与激光打印机的扫描原理基本相同，只不过其精度要高很多，记录幅面也要大，因此结构也要复杂得多。其基本工作原理见图 5-33，为三辊式结构。照排胶片 / 版材是连续的，由几个摩擦传动辊传送。首先由计算机将待曝光的页面信息转换为激光束的开关信号（二值点阵图），由开关信号控制激光的开关，有图文的地方（点阵图中的黑像素）被激光束曝光，空白部分不曝光。激

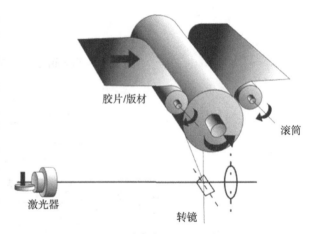

图 5-33　绞盘式照排机结构原理

光束经多面转镜反射到胶片的相应位置上，转镜的每一面将激光束反射到胶片一行的特定位置上，即转镜每转一面记录一行的信息，记录完一行信息后胶片 / 版材向前走一行，然后重复前面的动作，继续记录下一行，直至整个页面记录完毕。由于绞盘式扫描系统可以连续记录，所以理论上的记录长度可以无限长。其具有结构简单、价格便宜、记录长度不受限制的特点，但也有记录精度不高、记录幅面不能太宽（通常不大于 4 开幅面）的缺点，因此属于中档激光扫描光学系统。

扫描过程中，由于记录胶片 / 版材具有一定的宽度，其宽度即为转镜的扫描宽度。

当激光束的截面为圆形光斑时，在扫描行的中间激光束与光轴夹角为 0°，光束与胶片垂直，记录光斑为圆形，而在扫描行的两端，光束与光轴交角为 θ 角，光束与胶片的夹角为 $90° \sim \theta$，记录光斑不再为圆形，而且随扫描角度 θ 的增大变形增大，如图 5-34 所示。另外，当扫描转镜的角速度恒定，并且激光束的记录频率也恒定时，激光曝光点间的距离也不是恒定的，会随扫描角度的增加而变大。

为了减小绞盘式激光扫描系统由此引起的记录误差，扫描角度不能太大，而从结构上减小扫描角度的措施只有两个，一是加大转镜到胶片 / 版材的距离，这样做会加大设备的体积；二是减小扫描宽度，这就是这种扫描光学系统记录幅面为什么不能太大的原因。下面对这个扫描误差进行分析。

设转镜到胶片 / 版材的距离为 L，转镜的角速度为 ω，如图 5-35 所示。激光束在 t 时刻与胶片法线的夹角 θ 为：

$$\theta = 2\omega t \tag{5-7}$$

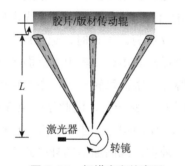

图 5-34 扫描光斑的变形

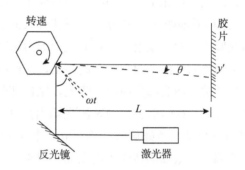

图 5-35 激光扫描光路

是转镜旋转角度 ωt 的 2 倍，此时的像点位置 y' 为：

$$y' = L \tan \theta = L \tan(2\omega t) \tag{5-8}$$

注意，像点的位置不是与角度 θ 成正比，而是与角度 θ 的正切成正比，这样就造成了非线性。在 $\mathrm{d}\theta$ 角度时，相邻像点的距离为：

$$\mathrm{d}y' = L \sec^2\theta \, \mathrm{d}\theta = 2\omega L \sec^2(2\omega t)\mathrm{d}t \tag{5-9}$$

式（5-9）为非线性的关系。由于 $\sec^2\theta$ 在 $0 \sim \pi/2$ 区间是单调增函数，因此相邻像点的距离也随角度 θ 的增加而增加。但当 θ 非常小时，$\sec^2\theta \approx 1$，近似为线性。为了减小 θ 角，在光学设计上采用了 $F\text{-}\theta$ 透镜，使成像质量得以改善。

$F\text{-}\theta$ 透镜是专门用于激光扫描系统的光学系统，一般由一组透镜组成，使用 $F\text{-}\theta$ 透镜后，使所成的像高或像点位置与扫描角度 θ 成正比，而不是与扫描角度 θ 的正切成正比。使用 $F\text{-}\theta$ 透镜的扫描系统光路如图 5-36 所示。与图 5-35 相比，增加了 $F\text{-}\theta$ 透镜后的扫描系统是在转镜与记录胶片 / 版材之间加入了一个透镜，并且使转镜处于透镜的焦点上。

这样一来，转镜扫描的光经过透镜后成为平行于胶片／版材法线的光，在胶片上的像点位置与扫描角度 θ 成正比。

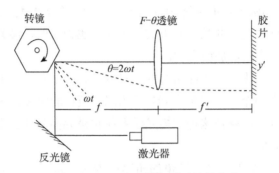

图 5-36 $F\text{-}\theta$ 透镜扫描系统的光路

2. 外鼓式

外鼓式激光扫描光学系统的结构相对简单，激光光路短、精度高、适合记录大幅面胶片／版材，结构原理如图 5-37 所示。其工作方式类似滚筒式扫描仪，只不过将光电接收扫描改为激光曝光扫描，安装原稿的位置换成了记录胶片／版材。工作时，记录胶片／版材包裹在记录滚筒的外面，随滚筒一起转动，因此称为外鼓式。由计算机根据页面图文信息控制激光的开关，图文部分由激光曝光，空白部分无曝光。滚筒每转一周，激光束就在胶片／版材上记录一行的信息，同时激光器由丝杠带动横向位移一行，因此激光束在胶片／版材上扫描路径是一条螺旋线。为了记录较大面积的胶片／印版，通常滚筒的直径都比较大，因而限制了滚筒的转速不能太高，限制了记录的速度，因而通常的外鼓式激光扫描光学系统为了提高记录速度都采用多光束记录，如 8 束、16 束甚至更多。这样，滚筒每转一周就可以记录多行的信息，可以成倍提高扫描速度。但增加光束后会造成扫描的螺距宽度增加，降低了记录的位置精度，必要时还必须采取一些校正措施。

图 5-38 为某品牌外鼓式照排机的光路。由激光器发出的光经过光阑、抛物面反光镜、准直镜头、变焦镜头、曝光镜头和其他光学元件照射到胶片上。其中，变焦镜头的作用是调整光学系统的焦距，使激光会聚为不同直径的光斑，以得到不同的记录分辨率，分辨率越高，光斑就必须越小。

外鼓式照排机的结构也非常适合制作直接制版机，二者在结构上没有本质的差别，但由于使用的记录材料不同，因而激光器也不同。照排机使用最多的激光器有氦氖激光器和红光半导体激光器两类。使用氦氖激光器要使用声光调制器作为激光的开关控制，使用红光半导体激光器则直接由激光控制电路实现开关。外鼓式直接制版机有热敏和光敏两种记录材料，分别使用红外激光和紫激光，因为红外激光可以产生较高的热量，而紫激光与印版的感光波长最接近，感光效率高。

外鼓式直接制版机的结构简单、造价低，印版记录时的弯曲形式与在印刷机滚筒上的形式相同，记录精度可以满足印刷的要求，因此是目前直接制版机的主流机型。

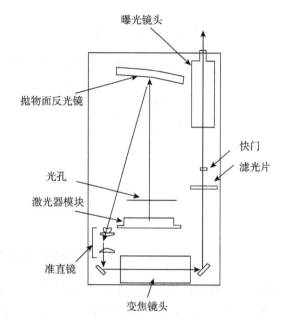

图 5-38　外鼓式照排机的光路

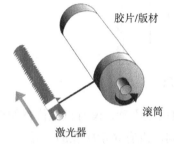

图 5-37　外鼓式激光照排机结构原理

3. 内鼓式

内鼓式结构的激光扫描系统具有操作简便、自动化程度高等优点。所谓内鼓式结构是指胶片／版材被吸附在记录鼓的内侧曝光，如图 5-39 所示，在曝光时鼓和胶片都是静止不动的，激光沿记录鼓的轴向照射（如图中箭头所示），经位于记录鼓圆心的转镜反射到记录胶片上。转镜每转一周就记录一行信息，然后转镜由丝杠带动平移一行的距离记录下一行。由于转镜的转动与平移是同时进行的，因此实际的激光扫描路线也是一条螺旋线。但由于激光束非常细，所以螺旋线的螺距非常小。

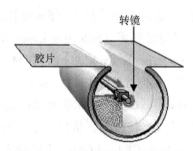

图 5-39　内鼓式照排机结构原理

内鼓式激光扫描系统的结构也适合于直接制版机，只不过照排机使用胶片为记录材料，直接制版机使用 PS 版，所以激光器不一样。记录胶片可以使用红光的激光器，记录PS 版要使用紫激光（光敏版）或使用红外（热敏版）。其他方面二者基本相同。图 5-40为一种激光照排机（直接制版机）的光路。

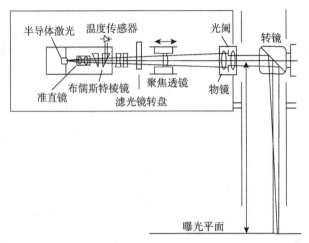

图 5-40　内鼓式照排机的光路

内鼓式结构精度高的原因在于，在记录时胶片 / 版材固定不动，没有机械位移的误差，激光经圆心的转镜记录，激光束到圆周各点的距离都相同，没有光学成像的误差。由于记录速度完全取决于转镜的转速，因此通常的转镜转速非常高，高达 10000 转 / 分以上，制造的技术难度很大。

第五节　基于 DLP 的 3D 打印光学系统

3D 打印技术自诞生至今，经过几十年的发展已出现了多种不同的制造技术，具有代表性的有以下几种：原材料为光敏树脂的光固化成型技术（Stereolithography Apparatus，SLA）、原材料为热熔型树脂的熔融沉积制造技术（Fused Deposition Modeling，FDM）、原材料为非金属粉末的选区激光烧结技术（Selective Laser Sitering，SLS）和原材料为金属粉末的选区激光熔化技术（Selective Laser Melting，SLM）。这其中以光固化快速成型技术发展最早、最成熟，从最初使用激光振镜扫描技术实现光固化成型，逐步发展出利用数字光处理（Digital Light Processing，DLP）技术和喷墨印刷技术实现的新型光固化技术。基于 DLP 的光固化成型技术因其成型精度高、价格低廉而发展迅速，受到广泛关注。该技术最初应用在投影显示方面，相比 CRT、LCD 技术的投影机，具有图像更加清晰、色彩更加丰富、图像亮度及对比度更高等优势。DLP 投影技术的工作原理是：光束通过一高速旋转的色轮（分色装置，一种棱镜）分解为 R、G、B 三原色后，投射到数字微镜阵列（Digital Micromirror Device，DMD）芯片上。DMD 芯片上有很多微小的镜片，每个小镜片均可在 $10°\sim-10°$ 自由旋转并且由电磁定位。信号输入后，在经过处理后作用于 DMD 芯片，从而控制镜片的开启和偏转。入射光线在经过 DMD 镜片的反射后由投影镜头（光学透镜）投影成像，投射在大屏幕上。由于采用反射式原理，DLP 投影机可以实现更高黑白对比度。

DLP打印成型技术首先利用切片软件把模型切成薄片，由投影机播放该薄片的幻灯片，每一层图像在树脂层很薄的区域产生光聚合反应固化，形成零件的一个薄层，然后成型台移动一层，投影机继续播放下一张幻灯片，继续加工下一层，如此循环，直到打印结束。不但成型精度高，打印速度也非常快，在展示一些细的线条和小字号文本时具有较好的精度和优势。以下介绍 DLP 型 3D 打印系统的光学结构及原件。

1. DLP 型 3D 打印系统

图 5-41（a）、（b）是 2 种 DLP 型 3D 打印系统。以图 5-41（a）中上曝光 DLP 型 3D 打印系统为例，介绍系统的工作流程。首先液槽中盛满液态光敏树脂，主控系统会对模型进行分层计算并根据精度需求生成对应的分层图像，之后将分层图像传递给 DLP 投影设备。投影设备会根据分层图像控制紫外光把分层图像成像在光敏树脂液体的上表面，靠近液体表面的光敏树脂在受到紫外光照射后，会发生光聚合反应进行固化，形成对应分层图像的已固化薄层。此时，单层成型工作完毕，接着工作台向下移动一定距离，让固化好的树脂表面上补充未固化的液态树脂，而后控制工作台移动，使得顶面补充的液体树脂厚度和分层精度保持一致。使用刮板将树脂液面刮平，然后即可进行下一层的成型工作，如此反复直到整个零件制造完成。对于图 5-41（b）中下曝光的情况，固化成型发生在光敏树脂液体底部位置，单层成型工作完毕后，工作台向上移动一定距离，然后即可进行下一层的成型工作，如此反复直到整个零件制造完成。

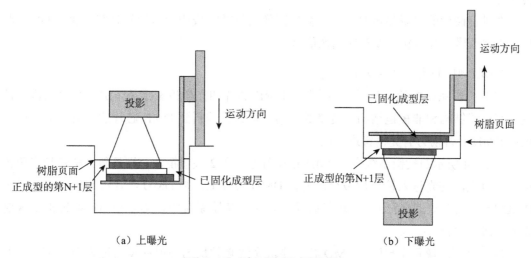

（a）上曝光　　　　　　　　　　（b）下曝光

图 5-41　DLP 型 3D 打印系统

2. DMD 芯片

DLP 投影系统中，DMD 芯片是一种可对光进行调制的电子器件，具有独特的光学特性和电学特性。DMD 芯片由光电单元阵列组成，每个光电单元由一块方形微镜面和控制镜面偏转角度的电路组成，通过控制电信号的大小实现微镜面不同角度的偏转，从而完成对光的调制。DMD 芯片的本质是一组可控的微反射镜阵列器件，其单个反射镜尺寸在微米量级。在投影显示应用中，根据图像分辨率的不同，一个或几个光电单元最终会对应图像中的一个像素点进行成像。图 5-42 为 DMD 阵列结构。

为了方便描述，可将 DMD 看作由一组独立像素点组成。例如，分辨率为 1920×1080 的芯片由 1920 列和 1080 行像素点组成，可用于高清尺寸下的投影显示。实际上，该尺寸的 DMD 芯片是由比 1920 列和 1080 行更多的微反射镜组成，具体数目本书不作过多介绍。目前 DMD 较为常见的分辨率为 1080P，更大分辨率的还有 2000 及 4000 级别的器件。

DMD 芯片通过控制微镜片的偏转实现对光的调制。每个光电单元的微镜片具有"开"和"关"2 种

图 5-42　DMD 阵列结构

稳定状态，并被集成在 COMS 存储器上面。对于大多数 DMD 芯片的微镜片来说，"开"和"关"2 种稳定状态对应的偏转角度分别为 +10°和 -10°。以投影系统举例来说，当光电单元处于"开"的状态时，微镜片偏转角度为 +10°，此时来自光源的光线将通过镜片反射进入后续的成像系统，达到显示图像的目的。当光电单元处于"关"的状态时，微镜片偏转角度为 -10°，此时来自光源的光线将被反射到其他方向，无法进入后续光学系统完成成像。图 5-43 给出了 CMOS 状态分别为"开"和"关"的状态下，镜片偏转状态。

在进行图像的投影显示时，系统会把图像信息转换成相应电信号时序传递给 DMD 芯片，以保证微镜片偏转角度对应图像信息。

3. DLP 型 3D 打印系统光机结构

DLP 投影系统中的光学系统由光源、DMD 芯片和光学投影系统组成。光机结构目前主要有棱镜结构和非棱镜结构，棱镜的作用是把光线偏折到 DMD 芯片的反射镜上，可以根据 DMD 芯片前方有无棱镜进行区分。

图 5-44 所示的棱镜系统中，DMD 芯片前方存在 2 块棱镜，分别是斜方棱镜和直角棱镜。来自光源的光进入棱镜后被全反射在 DMD 芯片上，被 DMD 芯片调制后，光线经过 DMD 反射后进入投影系统，实现投影显示。在非棱镜系统中，依靠平面反射镜组实现对光源光线的偏折。

为了保证图像正常投影，DMD 芯片要求光线必须均匀照射在反射镜表面。对于光源为 LED 的 DLP 系统，由于 LED 发光面具有相对好的均匀度，因此光源的光路系统一般设计为远心光路，配合光阑滤去边缘光线，之后通过微透镜阵列片进一步匀光，保证出射的光会均匀照射在 DMD 芯片上。

在投影系统中，系统的垂轴放大率会决定投影面的整体大小以及对应的光斑尺寸，即投影幅面以及 DMD 芯片像素点在投影面上的大小，该像素点的大小会直接影响 3D 打印系统成型精度。为了保证 3D 打印系统具有较高的精度，以像素尺寸为 7.6μm 的 DMD 芯

片来说，当系统垂轴放大率为 -8 时，理论上单像素精度接近 60μm，若 DMD 分辨率为 1080P，则放大后投影幅面尺寸仅有 117mm×60mm。系统的放大率要根据具体需求确定投影幅面和成型精度后才能决定。

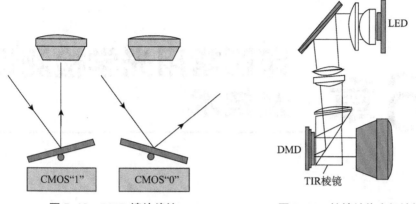

图 5-43　DMD 镜片偏转　　　　　　图 5-44　棱镜结构光机结构

4. 基于 DLP 技术的直接制版机

目前，基于 DLP 技术的平台式直接制版机也有一定的应用前景，如图 5-45 所示，为贝斯印 UV-Setter 860x MCA 直接制版机。该设备能够快速处理单版和双版，并且损耗量极低。全自动的 MCA 机型（多版夹自动化）机器可接纳 5 种不同规格的版材，并且根据需要自动选择尺寸合适的版材曝光。5 个版夹内最多可容纳 500 张版。贝斯印直接制版机的核心是数字光处理（DLP）技术及数字微镜装置（DMD）。工作过程中，80 万个光学微镜将 UV 光束集中在 PS 版上，同时，方形微镜能曝光出边缘锐利的像素（11 ~ 17μm），可以很好地保证原始数据能被准确复制到版材上。

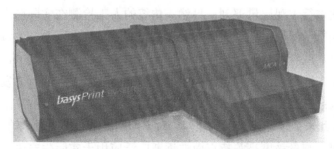

图 5-45　贝斯印 UV-Setter 860x MCA 直接制版机

第6章 印刷常用光学检测设备及技术

随着现代科学技术和工艺水平的发展，如今印刷制品的生产已经越来越自动化，生产效率也得到了很大的提升。但由于生产工艺和机械设备的自身缺陷以及外在环境等一些随机因素的影响，包括传统印刷品和功能印刷品在内的印刷制品常常会出现各种各样的缺陷，如偏色、糊版、脏版、套印不准、粘脏等，因而会产生一些印刷次品甚至废品。目前，绝大多数企业主要依靠经验丰富的技术工人进行检测，即在印刷过程中操作人员目视检查印刷品的颜色、均匀性、套印误差和各种缺陷，当某批次的印刷品生产完成后，检测人员对所有印刷品需依次进行主观质量评判。显然，传统的人工检测在实际应用中会带来三个问题：一是无法保证质量的稳定性，因为人眼在长时间工作状态下会产生疲劳，检测工人很容易遗漏缺陷信息，或者将合格品误判为缺陷品；二是检测标准不统一，印刷品是否存在缺陷完全由检测工人的主观意识判定，因此检测标准会随着工人的状态发生变化，从而造成检测结果不一致；三是检测效率低且成本高，由于人工检测速度的局限性，企业需要投入大量的人力，以此来保证印刷产品的质量。对于印刷品的检测方法，除人工检测方法外，光学检测因其快速、测量精度高等特点而被逐渐广泛应用于实际生产中。作为印刷品质量评价的重要指标，光学检测主要分为色度检测、密度检测以及基于机器视觉的图像检测技术等，本章介绍几种典型的检测设备及技术手段。

第一节　分光光度计

分光光度计是印刷过程控制和质量评价中最基本的仪器，是获得定量颜色信息最重要的一种方法，它具有使用方便、测量精度高、获得表征颜色各参数较为方便的特点，已成为测色行业应用最广的仪器。如图6-1所示为反射式分光光度计测量原理。

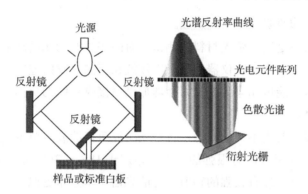

图6-1　反射式分光光度计测量原理

6.1.1　分光光度计的分类

测色用的分光光度计是用来测量物质分子光谱各波段能量分布的光学仪器，所以一般简称为分光光度计，不涉及其他类型的光谱（如原子吸收光谱、拉曼光谱等），与分析用的分光光度计类似，可做如下分类：

（1）按工作光谱区不同，分为可见分光光度计、紫外可见分光光度计、紫外可见近红外分光光度计。可见分光光度计一般为测量颜色专用，化学分析一般要延伸到紫外；后两种是测色、分析两用。

（2）按分光系统的不同，可分为棱镜分光光度计、光栅分光光度计、滤色片分光光度计。滤色片分光的仪器一般只用于测色。

（3）按光源强度的不同，可分为单光束和双光束分光光度计。

（4）按分光元件的多少，可分为单级单色器分光光度计和双联单色器分光光度计。双联单色器是在一次分光的基础上，再用分光元件进行第二次分光。色散相加的双联单色器可增加仪器的线色散和光谱分辨率。双联单色器主要优点是能大大减少杂散光。一般单级单色器的分光光度计杂散光只能到0.1%，而双联单色器可到0.0001%。

（5）此外还可分为扫描式和阵列光电器件接收的分光光度计，以光栅旋转，在出缝处顺序输出不同单色光的方式进行分光，称为扫描式分光光度计，这是传统的形式。随着测色仪器的发展，人们用光电二极管阵列或CCD等接收器件，放在单色器的谱面上，取消了出缝，并且按一定波长间隔接收工作波段内的单色光，同时测得光谱反射比或透射比。这种方法的测量速度较快，但由于它获得的光谱不是连续的，较少用于化学分析。

6.1.2　分光光度计的组成

分光光度计一般由照明系统、分光系统、光度系统、接收系统、控制和数据处理系统等组成。

1. 照明系统

照明系统由光源和照明光学系统组成。

分光光度计如果不是用于荧光材料的测试，对照明光源的光谱功率分布不像色度计的要求那样严格。但光源必须能在仪器的整个工作波长范围内发射连续光谱，并且在每个波长上都有足够的能量。能量如果太低，将会增加以后接收系统的负担、影响信噪比，仪器的测量精度也会下降。

不同的光谱波段需要用不同的光源，每种光源能负担的波段范围主要是由它的光谱能量分布决定的。氘灯在紫外区有很强的辐射，常用于 $185 \sim 360nm$ 波长范围。钨灯尤其是卤钨灯在可见光到近红外有较强的辐射，它的光谱功率分布近似同温度下的黑体，一般用在 $360 \sim 3200nm$ 波长范围。中红外和远红外 $2 \sim 50\mu m$ 波段内常用能斯特灯和硅碳棒。在阵列器件作为接收器的仪器中，广泛使用脉冲灯（闪光灯），它内部充有惰性气体（氩、氪、氙等）。脉冲氙灯具有氙灯的光谱功率分布，能在短时间内发出很强的光，远强于钨灯。

要想使光源的能量分布得到充分利用，还需要光学系统。对于样品在分光系统前的仪器（混合光照明），光学系统应尽可能多地收集光能并均匀照明样品；对于样品在分光系统后的仪器（单色光照明），光学系统应尽可能多地把光能送进单色器的入缝。

2. 分光系统

分光系统的作用就是把混合光分解成单色光，分光系统通常称为单色器或单色仪。单色器本身就是一个包含许多部分（如入缝、准直镜、色散元件、聚焦镜、出缝等）的装置，按分光元件的不同，单色器可分为棱镜分光单色器、光栅分光单色器和滤光片分光单色器。

（1）棱镜分光单色器

光通过棱镜后，会产生色散，不同波长的光偏向角不同，所以白光经过棱镜后被分成单色光。棱镜旋转，不同波长的光就从单色器的出缝处顺序输出。棱镜色散不像光栅衍射那样有光谱重叠的问题，不需要采取消除多级光谱重叠的措施。但它的色散率不均匀，短波大长波小，当出缝宽度固定时，输出波长的带通也会发生变化。波长与棱镜转角的关系也比较复杂，不像光栅单色器那样用简单的正弦或余割结构即可线性化。

（2）光栅分光单色器

光栅作为分光元件由来已久，但早期由于制造技术的不成熟，其使用受到了限制。随着光栅技术的逐渐成熟完善，其在一般应用中，已基本代替了棱镜。

① 光栅方程

一束平行光照射到平面光栅表面就会发生衍射，不同波长的光，衍射角不同，从而使得混合光被分成了单色光，如图 6-2 所示。

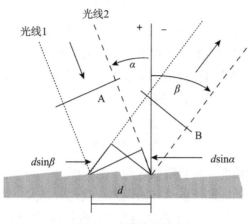

图 6-2　光栅衍射原理

入射光线以入射角 α 照射到光栅上，衍射光线以衍射角 β 射出，它们之间的关系如式（6-1）中的光栅方程所示：

$$d\left(\sin\alpha + \sin\beta\right) = k\lambda \tag{6-1}$$

式（6-1）中 d 为光栅条纹周期，即一个条和一个空的宽度之和，称为光栅常数，k 为衍射级数，在镜面反射方向向右为正级光谱，取正；在镜面反射方向向左为负级光谱，取负。入射光线与法线的夹角 α，由法线到入射光线逆时针方向为"正"，反之为"负"；衍射光线和光栅法线的夹角 β，由法线到衍射光线顺时针方向为"正"，反之为"负"。

② 光谱重叠

由光栅方程可知，当选定光栅，确定光栅周期和入射角后，波长为 λ 的一级光谱（$k=1$）与波长为 $\lambda/2$ 的二级光谱（$k=2$）的衍射方向相同，同理波长为 λ/n 的 n 级光谱（$k=n$）也在同一个方向上。这时出射处输出的光谱是 λ、$\lambda/2$、…、λ/n 的混合光谱，它们混合在一起，从位置上无法区分。这就是光栅分光特有的光谱重叠现象。由于光谱重叠，就无法进行单一波长的测量。由于重叠的高级光谱波长 λ 都比待测波长短，而且最大也只有 λ 的一半，所以只要将截止滤色器放入光路内，就能把 $\lambda/2$ 以下的光全部截止，出缝处就只剩下波长 λ 了。截止滤色器常用有色玻璃，短波截止有色玻璃具有这样的性能：波长小于某一波长（截止波长）的光几乎全部不能通过，而截止波长以后的很大光谱范围内，光的透过率很高，只是截止波长附近有一小段过渡区。有色玻璃的品种有很多，截止型玻璃可分为紫外玻璃 ZJB、金黄色 - 黄色玻璃 JB、橙色玻璃 CB、红色玻璃 HB、红外透射可见吸收玻璃 HWB 等类型，每一类又有很多品牌对应于不同的截止波长可供选择。

③ 角色散与线色散

入射角 α 固定时，将光栅方程对波长求导数，可得到角色散公式，如式（6-2）所示：

$$\frac{\mathrm{d}\beta}{\mathrm{d}\lambda} = \frac{k}{d\cos\beta} \qquad (6\text{-}2)$$

角色散是单位波长衍射角分开的程度，从公式可知当衍射角很小时，角色散随波长变化很小，近似为常数。说明波长的分开程度比较均匀，不同波长的光分开程度接近。而且光栅刻划越密（d 越小），选用的衍射级次越高，光栅的角色散就越大。

线色散是角色散与聚焦镜焦距 f' 的乘积：

$$\frac{\mathrm{d}l}{\mathrm{d}\lambda} = \frac{kf'}{d\cos\beta} \qquad (6\text{-}3)$$

式（6-3）中，l 为光谱面上垂直谱线方向上的长度。

线色散表示单位波长的间隔所能分开的距离，线色散越大，谱线分开的距离就越大。光栅每毫米刻线越多（d 越小），衍射级次越高（k 越大），聚焦镜焦距 f' 越大，谱线分开的距离就越大。

习惯上常用线色散的倒数（逆线色散）表示光栅色散的能力，它是谱面上 1mm 内所包含的波长范围，单位是 nm/mm，如在谱面上 1mm 内所包含的波长范围为 32nm，写作 32nm/mm。

④ 理论分辨率

理论分辨率定义为：

$$R = \frac{\lambda}{\Delta\lambda} \qquad (6\text{-}4)$$

式（6-4）中，R 为理论分辨率，为谱线分开的质量，即不考虑光学系统的像差和光栅质量等因素的影响，光栅理论上的分辨能力为 Dλ，即在波长 λ 的谱线处，恰好能分辨的等强度谱线之间的波长差。也就是说距离小于 Dλ 的谱线是无法分辨的。

根据瑞利判据可知：

$$R = \frac{\lambda}{\Delta\lambda} = kN \qquad (6\text{-}5)$$

式（6-5）中，N 为光栅的总刻划线数，即每毫米刻划线数乘以光栅的大小，k 为衍射光谱级次。式（6-5）说明，光栅的理论分辨率等于光谱级次和光栅总刻划线数的乘积，要想提高单色器的理论分辨率，就要增大光栅的尺寸，或增加光栅每毫米的刻划线数（因为 k 与 d 成正比），或使用高级次的光谱。理论分辨率在实际中是达不到的，会受到光栅的制造质量、光学系统的像差等因素的影响。

（3）滤光片分光单色器

由于很多颜色样品的光谱反射或光谱透射曲线比较平缓，因此可以在整个波长范围内选择一些离散点来进行测量。这样对单色器的要求就可以简化，只需在有限数量的波长上提供一定带宽的单色光。由于近年来光学薄膜技术的发展，已经可以制造出中心波长不同的各种窄带干涉滤光片，中心波长准确度约为 2nm，带宽可控制在 2 ～ 5nm。通常将一组10 ～ 30 片可透过不同波长的滤光片装在一个可转动的圆盘上使用（如多通道成像光谱仪的应用），也可以将滤光片分别加到若干探测器前面，同时多通道接收光谱。这种窄带干涉滤光片分光的单色器，具有使用方便、体积小等优点。

另外是光谱透射比随入射位置呈连续变化的干涉滤光片，可以在一个圆盘玻璃上镀膜，随着圆盘的转动，透过不同的波长，也可以镀在一块长条玻璃上，随着玻璃的移动，输出不同的波长。这种连续透过不同波长的滤光片，波长可以连续变化，它的光谱带宽取决于狭缝的尺寸。

3. 光度系统

光度系统的作用是将待测样品和参比标准同照明光束或接收光束的关系合理安排，双光束仪器要进行光束的分解和合成，使样品光束和参比光束进行比较，从而完成测量工作。测色分光光度计的光度系统，还必须完成照明和接收几何条件的安排，使它符合 CIE 推荐的几何条件。光度系统的位置，一般可放在分光系统前，也可放在分光系统后，但用于荧光样品测量的分光光度计，只能放在分光系统前面。

单光束仪器比较简单，同一条光路、同一个位置先后放置参比标准和待测样品进行测量即可。测色分光光度计要符合 CIE 推荐的几何条件。采用阵列接收器件的光度系统，也要满足上述基本要求。

4. 接收系统

接收系统先由光电探测器进行光电转换，再进行放大等处理后进行模数转换，供以后处理。在测色仪器中，最重要的性能就是它的光谱响应度，不同的光谱波段需选择不同类型的探测器件。一般来说紫外到可见光谱段，用光电倍增管，可见光谱区用硅光电池或硅光电二级管，近红外用硫化铅，远红外用热电偶、热释电、高莱池等。

阵列接收器件的制造技术，已经很成熟，有很多优质种类可供选用。选用时不光要注意它的像元数目和接收部分的尺寸，更要注意它的光电响应度，确定它的可用光谱范围。例如，日本滨松生产的光电二极管阵列器件，像元尺寸为 50μm×2.5μm 的有 128 元、256 元、512 元的器件；像元尺寸 25μm×2.5μm 的有 256 元、512 元、1024 元器件；光谱响应范围为 200 ～ 1000nm；日本索尼公司生产的 CCD 有像元尺寸 14μm×200μm 的 2048元的器件，光谱响应范围为 200 ～ 1000nm。

5. 控制和数据处理系统

扫描式光谱范围较大的分光光度计控制项目很多，如波长扫描、光源切换、光栅切换、探测器切换、消除光谱重叠的滤色片切换、狭缝大小调节、放大倍数增减、电源开关等。阵列接收器件接收的分光光度计控制内容相对就较少。

分光光度计输出的基本数据是光谱透射比或光谱反射比。其他颜色数据是根据光谱透射比或光谱反射比进一步计算得到的，计算工作量很大。大型仪器一般都用通用计算机，小型仪器也有单片机，并带有色度学计算软件。

6.1.3 分光光度计的测量条件

为了避免由于照明和观测条件不同而引起的测量结果差异，对于反射样品（不透明物体）的颜色测量，CIE 推荐了四种照明和观察条件作为标准，分别为：45°照明，法线（0°）观测，记作 45°a:0°；法线（0°）照明，45°观测，记作 0°:45°a；漫射照明，法线（0°）观测，记作 d:8°；法线（0°）照明，漫射观测，记作 8°:d。

（1）45°环带/垂直（缩写为 45°a:0°）。从顶点位于采样孔径中心，中心轴位于采样孔径法线上，半角分别为 40°和 50°的两个正圆锥之间各个方向射来的光均匀地照明采样孔径；探测器从顶点位于采样孔径中心，中心轴沿样品法线方向，半角为 5°的正圆锥内均匀接收反射辐射。这种几何条件可以将样品质地和方向选择性反射影响降至最低。如果这种照明几何条件是由多个光源以接近于圆形排列来近似得到，或者由多根出光口排列成圆形且被单个光源照明的光纤束近似得到，形成的几何条件叫作圆周/垂直几何条件（符号为 45°a:0°），如图 6-3（a）。

（2）垂直/45°环带（缩写为 0°:45°a）。角度和空间条件满足 45°a:0°的条件，但光路相反。因此采样孔径被垂直照明，反射辐射被中心与法线成 45°角的环带接收。

（3）漫射/垂直（缩写为 d:8°）。样品被积分球漫射照明。样品法线和观测光束轴线间的夹角不应超过 10°。积分球可是任意直径，但其开孔的总面积不应超过积分球内反射总面积的 10%。观测轴线和任意观测光线间的夹角不应超过 8°，如图 6-3（b）所示。这类仪器还具有一个镜面反射端口，该孔放在镜面反射的方向，可根据测量需要将与球的内壁相同的材料或黑色光阱放在镜面开孔处，当其打开时，允许镜面反射成分溢出，从而提供不包含镜面反射的测量数据；当其关闭时，就可以将镜面反射光反射回积分球，提供包含镜面反射数据。包含镜面反射的测量包括镜面或光泽成分（也叫第一表面反射），缩写形式 "SCI"（Specular Component Included）；而排除镜面反射测量不包含镜面或光泽成分，缩写形式 "SCE"（Specular Component Excluded）。包含镜面光泽的测量方法，反映的是样品材质的颜色，特别适合颜色质量监控和计算机配色；而排除镜面光泽的测量方法，所测量的结果和肉眼观察的比较相似。

（4）垂直/漫射（缩写为 8°:d）。样品被一束光照明，照明光束轴线和样品法线之间的夹角不超过 10°。漫反射通量借助于积分球来收集，镜面反射通量被吸收阱吸收。照明光束的任一光线和光轴之间的夹角不超过 5°。积分球的大小可以随意，但其开孔的总面积不应超过积分球内反射总面积的 10%。一般测色标准型积分球内径是 200mm。

一些带有漫反射和镜面反射混合反射的样品，其镜面反射的影响可用光泽吸收阱来消减。照明光束和观测方向不应完全在样品的法线方向上，以避免照明器或探测器与样品之间相互反射的影响。

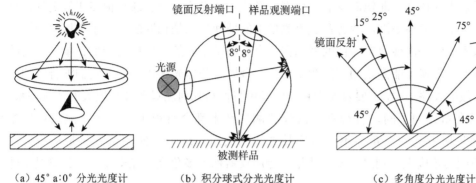

（a）45°a:0° 分光光度计　　（b）积分球式分光光度计　　（c）多角度分光光度计

图 6-3　不同分光光度计的几何测量条件

反射测量中采用 45°a:0°（0°:45°a）更接近目视观察样品情况，其比积分球法能更有效地将镜面反射部分排除在外，所以常用于彩色图像的测量和彩色复制品的评价。虽然此条件比积分球更接近于目视观察条件，但更好的近似值可能是这两种情况的某种加权和，因为虽然大多数观察条件是由方向性的光源组成，但环境光为漫射光，在许多情况下它在总照明中较为重要。积分球照明或积分球探测的主要优点是几乎与样品表面结构无关。这一点对许多纺织品和纸张的测量特别有用，因为它们的毛面和光面有显著的差别。积分球几何条件可用作测量样品的漫反射或全部反射（包括漫反射和镜面反射）特性。镜面反射部分可包括在内，只要不加光泽吸收阱去消除样品的第一次表面反射即可，此时测得的是全部反射量。用光泽吸收阱消除样品的镜面反射则测得的是纯漫反射量。透射样品也能用有积分球的几何条件测量，同样可测得漫透射量或全透射量（包括正透射量和漫透射量）。

分光测色仪器设计时必须按照以上规定的几何条件之一安排光路，可选择其中一种或多种条件。仪器测量的数据也应说明是在何种条件下的测量结果。图 6-4 列出了一些仪器实现照明观察条件的例子。

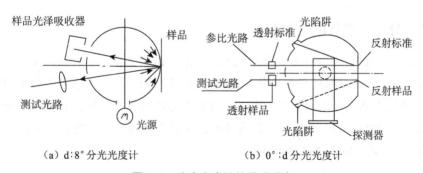

（a）d:8°分光光度计　　　（b）0°:d 分光光度计

图 6-4　分光光度计的照明观察

自 20 世纪 50 年代开始，金属漆就得到广泛应用，美国在 1987 年已有 80% 的汽车使用了金属漆。由于漆中含有金属碎片，它的镜面反射光颜色特性就不同于一般漆，而有了部分金属反射光的特性，即镜面反射光也带有颜色。珠光漆与金属漆有很多相似之处，只是它的机理是由于薄膜干涉，两者在颜色测量中的处理方法是相同的。由于金属漆的镜面反射光与珠光漆的干涉现象对颜色的影响在各个方向是不同的，所以常规的、单一方向的几何测量几何条件就不能满足相应的测量要求。金属漆和珠光漆以及含有它们混合漆的颜色特性与一般吸收漆不同，主要表现为它们的颜色特性与几何测量条件有很大的依赖关系。与镜面反射夹角方向不同，目视观察或仪器测试结果都会有很大的变化，注意这里指的是与镜面反射方向的夹角而不是与样品法线的夹角。这类漆的测试方法是从与镜面反射方向不同的角度上分别进行多次测量，专用仪器称为多角度分光光度计，其测量条件如图6-3（c）所示。

测试角度的变化方式，按原理可以分为三类，一是固定照明光源和样品，改变探测器的位置；二是固定照明光源和探测器，改变样品的方位；三是固定探测器和样品，改变照明方向。研究表明样品的颜色特性与角度变化的方式无关，而只是离开镜面反射方向角度的函数。对于全息样品，这是一个特例，照明光源、样品的方位和探测器的位置变化，均会影响到测色仪器采集得到的样品颜色特性。许多专家推荐使用第一种类型。供研究金属漆和珠光漆颜色特性用的仪器，角度变化范围要大些，测试方向要多些；供产品颜色检测用的仪器，一般有三个测试方向即可满足使用要求。这些方向一般取靠近镜面反射的方向，一个远离镜面反射的方向；为了包括常规的45°照明，0°接收条件，第三个方向选为和镜面反射方向成45°角。究竟取什么角度，各个仪器制造厂家会有不同的标准。如美国的ASTM推荐用45°照明，与镜面反射方向成15°、45°和110°角接收，所测反射比记作R（45°:15°&45°&110°）。而德国DIN推荐45°照明，分别与镜面反射方向成25°、45°、75°角接收，所测反射比记作R（45°:25°&45°&75°）。

如果要测量具有纹理结构的表面、粗糙表面、不规则表面或接近鲜亮的镜面时，应选择积分球式测色仪器。这类仪器是油墨配色系统常用的仪器，并且在绝大多数光柱全息纸厂及烟包印刷及包装印刷行业也有着广泛的应用。

6.1.4　分光光度计的测量状态

ISO13655—2017《印刷技术、平面艺术图像的光谱测量和色度计算》中，由国际标准组织（ISO）规定了测量照明条件中的新测量标准M系列，制定了适用于含不同荧光增白剂基层的照明条件标准。不同照明光源下，含有荧光增白剂的材料色彩会发生变化，为了减少这种变化，ISO13655规定了一套测量颜色的照明光源条件，它定义了四种不同的测量和照明条件（M0、M1、M2和M3）。

1. 测量条件M0

在印刷行业中，绝大多数分光光度计和密度计使用白炽灯，其光谱接近于国际照明委员会（CIE）标准照明光源A，色温为2856K±100K，这是M0的期望条件。M0仅限于概念中，既没有完全定义测量照明条件，也没有确定光源的紫外光含量。因此，当被测纸张含有荧光，需要仪器之间的测量数据交换时，根据 ISO13655 的规定，不推荐使用 M0。但标准注明，当没有可满足 M1 的仪器，当测量的数据足够满足过程控制或其他的数据交流应用时，类似 M0 的仪器型号可作为备选方案。该条款能确保现有仪器可继续在工作交流中使用。目前，M0 仪器非常普及，是印刷行业普遍采用的颜色测量条件。

2. 测量照明条件 M1

测量照明条件 M1 是为减少因荧光而导致不同仪器之间测量结果的差异而定义的，这些荧光包括纸张、成像色料或打样色料中的荧光。M1（第一部分）确定了测定样本照明光源的光谱功率分布应与 CIE 照明光源 D_{50} 匹配，这一规定与 ISO3664：2009 的照明观测条件相一致，该标准规定印刷行业的标准照明光源为 D_{50}。由于便携式仪器中很难实现真正的 D_{50} 照明光源，因此不同型号仪器的照明光源可能包含不同程度的紫外光成分，使测量结果出现差别，需对照实际的颜色感觉使用。因为目前印刷纸张大部分都包含一定程度的荧光增白剂，因此新的印刷国际标准推荐尽量使用 M1 测量条件。

3. 测量照明条件 M2 和 M3

ISO 标准首次定义测量工具中应该有排除 UV（所知的 UV-Cut，NoUV，UV-Filtered）成分对测量条件所造成的影响，M2 测量条件即为满足该条件的测量方法，采用 UV 滤镜滤掉 420nm 以下的紫外辐射。此外，M3 测量条件定义了偏光效应。实质上，M3 条件除需要 M2 条件的紫外光限制属性，还增加了偏光的定义。偏光用于某些消除或减小镜面反射的测量仪器。经常通过选择偏光功能或增加制造商特定的偏光过滤器，满足偏光标准。

4. M0，M1，M2 和 M3 的应用

理论上，每种测量照明条件的使用场合都相对清晰。M0 适用于基材和成像色料都不含荧光增白剂的情况。M1 采用与印刷照明标准相一致的 D_{50} 照明，包含了一部分紫外光，适用于基材含有荧光并需要搜集荧光特性的情况。M2 用于纸张包含荧光，并希望能够消除镜面反射（如未干燥油墨）对数据造成的影响。M3 用于特殊用途，即使用偏光减小第一表面反射对测量结果的影响。

6.1.5　分光测色仪器举例

分光测色仪器种类繁多，由于固体探测器的发展，出现了一种在极短时间内同时可测得各波长上样品光谱特性的分光仪器。以 Macbeth MS-2000 分光光度计（图 6-5）为例作一下简单介绍。MS-2000 的光源是脉冲氙闪光管，加光学滤色器模拟 CIE 标准照明体 D_{65}；用积分球漫射方式照明样品，近于垂直方向探测，即 d∶8° 条件；每一次测量，闪光管点火四次，在两次脉冲时间内进行样品测量，在另外两次脉冲时间内对标准进行测量；仪器中积分球球壁作为仪器的内部标准，要测量球壁时只要将图中楔镜推入光路中即可；固定的衍射光栅将观测光束色散成光谱带；在光谱带上放置一列由 17 个硅光二极管组成

的探测器阵列，各个硅光二极管分别对应于不同的波长，波长范围为 $380 \sim 700nm$，每个硅光二极管接收到的谱带宽为 16nm；闪光管每次点火时，17 个硅光二极管同时产生信号，信号的幅值对应于各波长谱带的光强度，因此一次闪光就能测得样品各波长的光谱特性。仪器测量速度快，适合需要快速测量的场所，也可应用于生产过程的颜色质量控制。

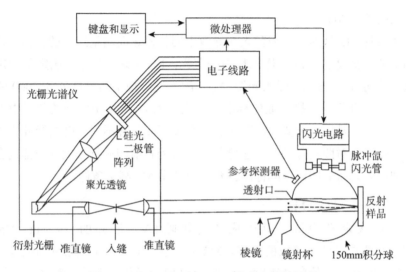

图 6-5　Macbeth MS-2000 分光光度计原理

在光辐射测量中，分光光度计主要用于测量材料光谱反射比或光谱透射比。图 6-6 是美国通用电器公司生产的一种由双单色仪系统和工作在零读数下的偏光光度计组成的分光光度计结构。光源发出的光束，经聚光镜会聚在第一色散系统的入射狭缝 1 上，经色散棱镜在狭缝 2 上产生一连续光谱；轴向移动反射镜和缝 2 组成的狭缝，可改变由狭缝 2 出射的单色光波长；再经第二色散棱镜，由狭缝 3 出射单色辐射能。由双单色仪出射的光，进入由罗雄棱镜和渥拉斯顿棱镜组成的偏光系统，光线经罗雄棱镜，光束传输方向不变，但光线成为线偏振；再经过与入射偏振方向成一夹角 α 的渥拉斯顿棱镜，将光束分成两路偏振方向相互垂直的偏振光，一束光的出射辐射通量与成 $\sin^2\alpha$ 正比，另一束与 $\cos^2\alpha$ 成正比；两路光束经调制，交替地射向积分球的入射孔。

测反射比时，透射样品盒不放样品，在一束光照射的积分球侧壁孔安放一块标准反射块，这时探测器的输出信号正比于 $\rho_{\lambda S}\sin^2\alpha$（$\rho_{\lambda S}$ 是标准反射块的定向 - 半球光谱反射比），而另一束光照射的积分球侧壁孔处安放一待测反射比的样品，探测器的输出信号正比于 $\rho_{\lambda a}\cos^2\alpha$（$\rho_{\lambda a}$ 是样品的定向 - 半球光谱反射比）。转动渥拉斯顿棱镜，使在某一 α_1 时，$\rho_{\lambda a}\cos^2\alpha_1 = \rho_{\lambda S}\sin^2\alpha_1$，即 $\rho_{\lambda a}/\rho_{\lambda S} = \tan^2\alpha_1$，图 6-6 中由电动机带动渥拉斯顿棱镜转动的转角 α，通过机械装置与记录笔相连，从而确定了 $\tan^2\alpha_1$ 值。当已知标准反射块的光谱反射比 $\rho_{\lambda S}$，即可算出样品的光谱反射比 $\rho_{\lambda a}$。波长电动机带动记录鼓转轮，记录纸水平方向表示波长值。同时，记录鼓经波长凸轮使中央缝 2 进行扫描，使双单色仪出射光的波长与记录鼓波长值吻合。

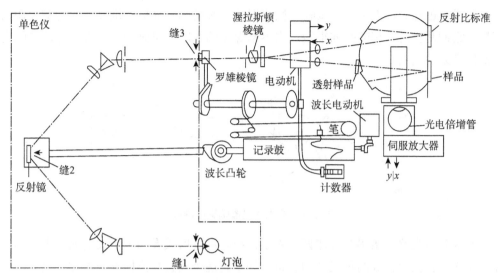

图 6-6　美国通用电器公司生产的一种分光光度计结构

测透射比时，将测量反射比时置放标准样品的位置放上具有相同反射比的中性漫反射块（如硫酸钡等），而透射样品盒内一侧放上待测样品，另一侧放标准透射样品（标准配方的溶液，标定了光谱透射比的有色玻璃或以空气作为透射比为 1 的标准），这样，记录纸上纵坐标就是待测样品光谱透射比和标准样品光谱透射比之比。

仪器最大的特点就是零信号检测。因为探测器只起到零信号平衡检测的作用，这样测量系统的动态范围很小，探测器的非线性响应对测量没有影响。仪器主要工作在可见光范围内，两分钟内可自动记录波长由 0.40～0.75μm 的待测样品相对标准样品的光谱反射或透射比的比值。仪器备有一块钕谱滤光片和一块反射瓷板，分别用作波长、光谱透射比及光谱反射比读数的快速标定标准。商品化的分光光度计很多，一般可测 0.4～1.1μm（或到 2.5μm）的光谱反射（透射）比。红外分光光度计一般可测 1～14μm（或更宽）的光谱反射（透射）比。

用以测量光源光谱辐射度量的仪器叫光谱辐射计，由入口系统、分光系统、接收系统、控制和数据处理系统组成。光谱辐射计的入口系统是仪器与待测光源、标准光源打交道的部分，类似于分光光度计的光度系统。入口系统的作用是把待测光源和标准光源所发出的光正确地送入分光系统。因为被测光源的性质、大小、测量距离等比一般物体样品要复杂得多，所以入口系统也就复杂。通常入口系统备有成像透镜或望远物镜，而且应有视场选择和能量调节，以适应不同的距离、位置和能量变化。

对于辐亮度的测量，一般是把被测部位成像到单色器的入射缝上。对于辐照度的测量，是让标准光源和待测光源照明白板，再将白板的被照射部位成像到单色器的入缝上。值得指出的是，对于一些自发光物体，如显示设备、电视等，这种方法一般能量不够，必须像测量辐亮度那样，直接把被测对象所发出的光送入仪器，而定标仪器仍可采用标准光源照明白板的方法。

图 6-7 是双光路光谱辐亮度测试，入口系统将标准光源或待测光源成像到单色仪的入

缝上。分成单色光后，被探测器接收。快速摆动反射镜 M，完成标准光源和待测光源的交替测量。它们测量时，相隔时间很短，很容易保持两光路测量时的一致性，也能消除电气部分漂移带来的误差。

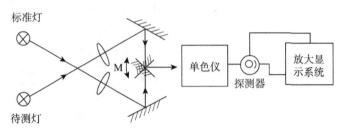

图 6-7　双光路光谱辐亮度测试

图 6-8 是单光路光谱辐照度测试，光学系统将漫反射成像到单色仪的入缝上，标准光源和待测光互换位置完成两种光源的测量。如果是逐个波长互换标准光源和待测光源，可保证光路的一致性；如果在整个波长范围内先测完标准光源，再测待测光源，必须注意在各个波长上测量时，保持两光路的一致，如狭缝宽度、滤色器的状态等，否则会造成测量失败。而且在测量标准光源和待测光源的过程中，电气部分必须稳定。

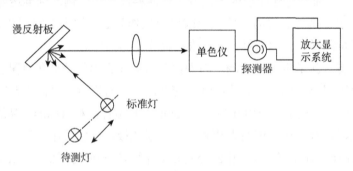

图 6-8　单光路光谱辐照度测试

图 6-9 是贝克曼 DK-2R 光谱辐射计的结构原理，标准光源和待测光源分别放在两个灯室中，它们发出的光分别经过石英漫射器（注意：球的作用只是用于固定漫射器，其本身不是积分球），再经反射镜照在摆动反射镜上；摆动反射镜交替地将来自标准/待测光源的光能引入单色仪；在单色仪的出射狭缝处安装探测器，探测器输出信号的大小与待测光源和标准光源光谱辐射强度之比成正比。仪器测量精度在 3% 以内。

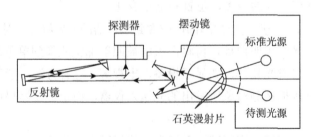

图 6-9　贝克曼 DK-2R 光谱辐射计结构原理

第二节 色度计

色度计包括目视色度计和光电色度计，这里主要介绍光电色度计。光电色度计可由仪器的响应值直接测量得到颜色的三刺激值，不必像分光测色仪器那样进行数学积分来求得。在光电色度计中的积分由光学模拟方式来完成。仪器的照明光源需加滤色器校正，以使其具有所要求的标准照明体光谱分布。同时探测器的响应也被滤色器修正，使其与 CIE 标准观察者函数一致。在实际中把这两种校正滤色器合成一组来设计，使仪器的总光谱灵敏度符合特定标准照明体、标准观察者条件下的模拟要求。

光电色度计由照明光源、校正滤色器、光电探测器等主要部分组成，是根据颜色视觉理论，模拟人眼视网膜上三种锥体细胞的光谱响应 $\bar{x}(\lambda)$，$\bar{y}(\lambda)$，$\bar{z}(\lambda)$，利用仪器内部光电器件的积分特性，直接由仪器得到颜色的三刺激值。这类仪器可以测量物体的颜色（透射或反射），也可测量光源的颜色。在测色时，测量待测样品所用的照明光源必须是能发出连续光谱的普通光源，需加校正滤色器进行校正，使之满足标准照明体 A、B、C、D_{65} 等特定的光谱分布之一的规定。另外，仪器内部光电探测器的光谱灵敏度也要加校正滤色器进行校正，使其与人眼的视觉特性相吻合，即与 CIE 标准色度观察者光谱三刺激值相一致。校正滤色器，它直接关系到测量的准确度和测量的条件。图 6-10 所示为校正滤色器作用原理，这两种校正滤色器通常是结合在一起来设计的，只要使仪器的总光谱灵敏度满足模拟要求即可，也就是要满足卢瑟条件。

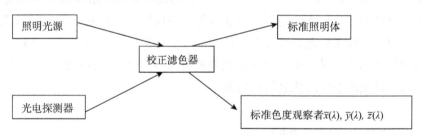

图 6-10　校正滤色器作用原理

图 6-11 所示为反射式光电色度计原理。

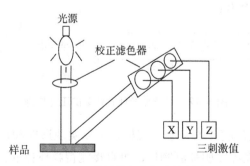

图 6-11　反射式光电色度计原理

滤色器必须使仪器的总光谱灵敏度满足式（6-6）所示的卢瑟条件：

$$\begin{cases} K_X S_0(\lambda)\tau_X(\lambda)\gamma(\lambda) = S(\lambda)\bar{x}(\lambda) \\ K_Y S_0(\lambda)\tau_Y(\lambda)\gamma(\lambda) = S(\lambda)\bar{y}(\lambda) \\ K_Z S_0(\lambda)\tau_Z(\lambda)\gamma(\lambda) = S(\lambda)\bar{z}(\lambda) \end{cases} \qquad (6\text{-}6)$$

式中，$S_0(\lambda)$ 为仪器内部光源的光谱分布；$S(\lambda)$ 为选定的标准照明体光谱分布；$\tau_X(\lambda)$、$\tau_Y(\lambda)$、$\tau_Z(\lambda)$ 分别为 X、Y、Z 校正滤色器的光谱透射比；$\gamma(\lambda)$ 为光电探测器的光谱灵敏度；K_X、K_Y、K_Z 是三个与波长无关的比例常数。卢瑟条件不仅是设计色度计的基本关系，也是设计其他颜色转换设备所遵循的基本关系，如彩色扫描仪、彩色摄像机、彩色数码相机等。因此，理解这个关系对理解颜色的复制原理很有帮助。

色度计符合卢瑟条件程度越高则测量精度越高，但通常不能做到完全一致，因此色度计在测量某些颜色时会出现误差。为减小误差，在使用前要先用仪器去测量已知三刺激值的标准色板或标准滤色片（通常仪器自带），同时调整仪器的输出数据与标准值一致，这一过程叫定标。当对测量结果要求较高时，测量前还应使用与待测样品颜色相近的标准色板定标，如测量红色样品前用红色标准板定标，测量蓝色样品前用蓝色标准板定标，这样可以在一定程度上抵消设计的误差，提高测量精度。

光电色度计通过光电探测系统自动给出样品的三刺激值，使用方便、测量速度快，对大多数应用具有足够的准确度，因而被用于各种生产和质量控制的操作中，光电色度计的种类繁多，但基本原理相同，这里以两种光电色度计为例，介绍其构造原理。

图 6-12 为彩色亮度计 BM-2 的工作原理，彩色亮度计可以用来测量自发光物体和被照明的非发光物体的颜色。人眼通过目镜和反射镜将仪器对准待测色源，探测器通过物镜接收色源的辐射，当使用彩色亮度计时，色源的被测部位应有均匀亮度。仪器内部没有照明光源，因此测量物体色时，必须以标准光源照明物体，仪器可直接测得物体色的三刺激值和色品坐标，以及两个样品色之间的色差。

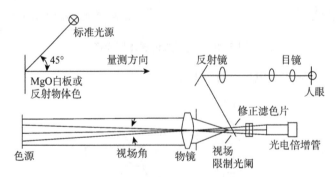

图 6-12 彩色亮度计 BM-2 的工作原理

图 6-13 为一种光电色度计的光学系统框，可以实现透射和反射物体的颜色测量。光电色度计利用仪器内部光源照明被测物体，可直接测得物体色的三刺激值和色品坐标，还

可以通过与微处理机或微机连接，计算出两个物体的色差值。图 6-13 中分别有顶视图和侧视图，仪器的照明和观测条件为 $0:d$，光源的光束经过聚光镜和 45° 角反射镜投射到反射样品上，由积分球收集被样品反射的辐射通量。积分球内壁涂有 MgO 或 $BaSO_4$ 的中性漫反射涂料。X，Y，Z 三个带有校正滤色器的探测器分别在球壁的三个测试孔同时接收。当测量透射样品时，在反射样品处放置与积分球内壁同样材料的中性白板，测得的结果就是透射样品的三刺激值。

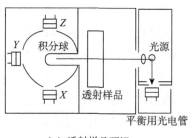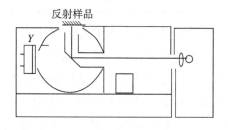

（a）透射样品顶视　　　　　　　　　　（b）反射样品侧视

图 6-13　某种光电色度计的光学系统框

第三节　密度计

根据颜色的加色理论，可以用红、绿、蓝三原色光不同比例的变化，来混合出各种各样的颜色，选择黄、品红、青作为减色法三原色的原因就是利用它们分别对红、绿、蓝三原色光的选择性吸收特性，能控制红、绿、蓝三原色光的剩余数量，实现颜色混合。由于密度值实际反映了光的吸收量，通过测量对红、绿、蓝三原色光的吸收量可以反映颜色混合的情况。如光学密度 D 的公式（6-7）所示：

$$D = -\lg \tau = \lg \frac{1}{\tau} \tag{6-7}$$

式中 τ 为光谱透射率。由此可知，物体对于光的吸收越多，透射率（反射率）越低，相应密度值越大。

图 6-14 为传统彩色反射密度计原理，光源与被测物体平面法线 45° 角方向照射，在法线方向经过光孔（过滤杂散光）、透镜镜头（将光线能量会聚）和滤色片（选用与待测油墨颜色为互补色的滤色片）后，光电探测器接收光信号，并将光信号转换为电信号。同理，图 6-14 中的照明光源光谱分布，滤色片的光谱透射率和光电探测器的光电响应要满足式（6-6）所

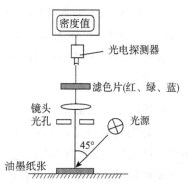

图 6-14　传统彩色反射密度计原理

示的卢瑟条件，只不过公式中的参数不是为了得到三刺激值 X、Y、Z，而是得到光学密度值。

如表 6-1 所示为透射率与密度的关系。密度值的大小反映了物体对光的吸收程度。

表 6-1　透射率与密度的关系

透射率 τ	1	0.1	0.01	0.001
密度 D	0	1	2	3

密度计的设计、操作与色度计十分相似，主要差别是密度计探测系统的响应与 CIE 的任一种标准观察者都不一致。这种不一致并不会影响密度计对样本相关颜色信息的判断和检测，所以它也是颜色质量控制的有用工具。美国国家标准学会（American National Standards Institute，ANSI）1974 年提出了一种密度的表示方法，用一个表示密度测量类型的符号和一个括弧组成。括弧内有描述光源、测试几何条件和密度种类三个部分，形式为 D_{R}（s；$g{:}g'$；s'）。例如，反射密度测量、3000k 光源、垂直照明样品、45°方向接收、视觉反射密度，记为 D_{R}（3000k；0°±5°:45°±5°；V）。这种表示方法包含有更多的信息。

6.3.1　密度计的结构原理

密度计分为反射密度计和透射密度计，有的密度计两种测量都能进行。透射密度计中，有两种几何测量条件。

（1）漫透射：用平行光线垂直样品表面照明，由积分球（漫射光）接收。

（2）定向透射：定向照明，定向接收。对入射光和接收光的锥角要慎重规定和限制。

图 6-15 是漫透射型的透射密度计光学原理。光源经透镜和反射镜照明样品，接收透镜接收样品的漫透射光经滤色片，到达探测器。滤色片可换，测得三个输出，从而完成测量。反射密度计的几何条件参照 CIE 规定，图 6-16 是垂直照明，45°方向接收几何条件的反射密度计光学原理。光源经透镜照明样品，在与样品法线成 45°方向上经反射镜把光束送到滤色片后到达探测器，滤色片可换，测得三个输出，从而完成测量。

为了使测试结果更科学，我国国家标准《摄影　密度测量　第 3 部分：光谱条件》（GB/T 11501—2008）对探测器的光谱响应都作了相应的规定，分别为标准视觉密度、标准 A 状态密度、标准 M 状态密度和标准 T 状态密度等。每一种密度对探测器的光谱响应都有特定要求。

1. ISO 标准视觉密度

也称为亮度密度，反映人眼的明暗感觉，只有一组接收器。滤色器校正以光谱光视效率 V（λ）或 y'（λ）为依据。透射密度和反射密度的仪器照明光源均为 CIE 标准光源 A。但是某些反射密度和几乎所有透射密度的测量，必须要加吸热玻璃，以保护样品和光学元件。加吸热玻璃后，只要不影响 550nm 以下的光谱功率分布，对有荧光样品的测量，也就不会有明显的影响。

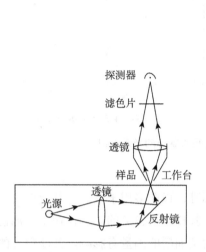

图 6-15　定向照明和漫射接收的透射密度计　　图 6-16　0/45 几何条件的反射密度计

2. ISO 标准 A 状态密度

透射密度表示为：D_T（S_H：A_B）；D_T（S_H：A_G）；D_T（S_H：A_R）。

反射密度表示为：D_R（S_A：A_B'）；D_R（S_A：A_G'）；D（S_A：A_R'）。

A_B、A_G、A_R 分别为函数表示法，表示 A 状态透射密度的蓝、绿、红的光谱响应；A_B'、A_G'、A_R' 表示 A 状态反射密度的光谱响应。A 状态密度用途较广，多用于彩色正片，彩色幻灯片和评价与纸基上类似呈色剂相匹配的响应度，照明光源也是标准光源 A。如图 6-17（a）所示为 A 状态的光谱乘积曲线。

3. ISO 标准 M 状态密度

透射密度表示：D_T（S_H：M_B）；D_T（S_H：M_G）；D_T（S_H：M_R）。M_B、M_G、M_R 分别为函数表示法表示 M 状态透射密度的蓝、绿、红的光谱响应。M 状态密度主要用于彩色负片的测量，也是用标准光源 A 照明。

4. ISO 标准 T 状态密度

透射密度表示为：D_T（S_H：T_B）；D_T（S_H：T_G）；D_T（S_H：T_R）。

反射密度表示为：D_R（S_A：T_B'）；D_R（S_A：T_G'）；D_R（S_A：T_R'）。

T_B、T_G、T_R 分别为函数表示法，表示 T 状态透射密度的蓝、绿、红的光谱响应；T_B'、T_G'、T_R' 表示 T 状态反射密度的光谱响应。T 状态密度主要用于需进行分色的原稿作品，T 响应也用于诸如纸质印刷品和胶印打样等印刷材料的密度测量，是目前使用最多的密度状态。T 状态密度同样使用标准光源 A 照明。如图 6-17（b）所示为 T 状态的光谱乘积曲线。

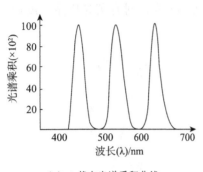

（a）A状态光谱乘积曲线

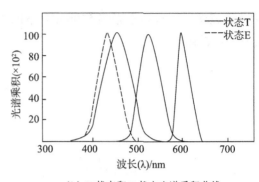

（b）T状态和E状态光谱乘积曲线

图6-17 彩色密度计不同滤色片状态的光谱乘积

5. ISO E 状态密度

状态E密度用于评价印刷品所使用的密度标准，以前多用于欧洲。其反射密度表示为 D_R（S_A：E_R）、D_R（S_A：E_G）、D_R（S_A：E_B）。状态E与状态T的差别仅在于蓝滤色片上，状态E采用了更窄的蓝滤色片光谱带，因此仅对黄油墨的测量有影响，其滤色片的光谱分布见图6-17（b）中的虚线曲线。

6. ISO I 状态密度

I状态密度是窄带密度的特例，其光谱带宽和边带抑制比如上文所定义，峰值波长为：蓝，430nm（±5nm）；绿，535nm（±5nm）；红，625nm（±5nm）。这一组特殊的波长组，对于评价印刷制版材料如纸张、印刷油墨特别有用。

6.3.2 密度计的用途

密度计主要用于照相工业和书画艺术印刷工业。在照相工业中，密度计主要应用是生产过程的产品质量控制，以及反射和透射洗印曝光量的控制和计算。其中大部分采用M状态。它们能较好地反映照相材料吸收峰的变化，书画艺术和印刷工业中多用T状态。

在书画艺术印刷中，密度计可用来控制印刷过程及进行最后印刷图像的评价，从而确定分色和蒙片修正的要求，以及印刷操作中的墨量控制。彩色密度计大部分用于原始透明样品和彩色复制品的质量评价，目前主要用于印刷过程的控制，而印刷品的颜色测量和品质评价更多使用颜色测量仪器，如分光光度计。

随着电子技术和计算机技术的进步，已经生产了用作动态联机测量的密度计，在印刷过程中，对运动的印刷纸卷进行在线检测，可实现自动闭环生产控制。

第四节 光泽度计

对于物体反射光的特性，从视觉角度来说可以分为两个方面：一方面是它的光谱组成，与物体的颜色相联系；另一方面就是光在空间的几何分布。它不涉及光谱组成而只讨论反射光或透射光的空间分布所引起的视觉现象，主要有光泽度、透明度、朦胧度、浊度、清晰度等。

光线在空间分布引出的这些量，也属于心理物理量，它们的量度方法也是心理物理学的方法，通过与目视比较的实验建立量度标尺。与颜色测量不同的是，颜色测量可以用三维坐标系统来表示，虽然在艺术、工业、科学研究中有所差别，但是当涉及物体反射或透射光空间分布的问题时就困难得多，因为没有办法将复杂的空间分布问题减少为 3 个数甚至 10 个数。虽然如此，各种各样的量度标尺已经建立起来，只是每一种标尺只适用于一种应用。美国材料试验协会（ASTM）就有对应于不同测试的各种标准。如 ASTMD523 规定了非金属样品（如油漆等）在不同入射角 60°、20° 和 85° 条件下镜像光泽的测试方法。

6.4.1 仪器分类

测量光空间分布特性的仪器可分为五类，其几何条件如图 6-18 所示。

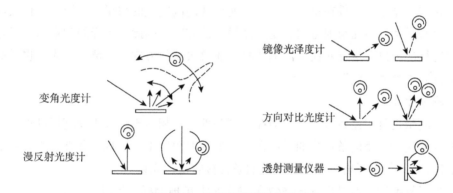

图 6-18 五类仪器的几何条件

1. 变角光度计

变角光度计是在入射角固定的测量条件下，样品反射或透射因数随接收角变化的仪器，其测量原理与 6.1.3 中多角度分光光度计的测量原理相同。可以测得反射因数或透射因数随接收角度变化的曲线。变角光度计的探测器用滤色器校正，使其具有 $\bar{y}(\lambda)$ 的光谱响应，测试条件为入射角固定，接收角变化，如图 6-19 所示。主要用于研究工作，寻找对样品测量光泽度、浊度等的最佳条件。

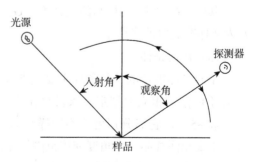

图 6-19 变角光度计测试条件

2. 漫反射光度计

漫反射光度计一般称为反射光度计，其测量原理与 6.1.3 中分光光度计原理相同，通常有两种照明接收条件：45°照明，0°接收（定向型条件）；0°照明，积分球接收（漫射型条件）。根据光路可逆定律，照明和接收方向可以互换。定向型条件只能测量漫反射因数；漫射型条件可以测全部反射因数，也可以测漫反射因数（用光吸收阱时）。

反射光度计主要用于测量漫反射样品（如纸张、纺织品、油漆等），用途很广。当测量纸张或纺织品的蓝光反射因数时，仪器的探测器应校正成具有$\bar{z}(\lambda)$或其他特定要求的蓝光响应，如R457白度，它规定利用近似的A光源照明，白度仪器的总体有效光谱响应曲线的峰值波长在457nm处，半宽度44nm。如果用三个探测器分别校正成具有CIE光谱三刺激值的光谱响应，就可以测量样品的颜色了。当测量印刷和照相材料的密度时，反射光度计应有相应的密度标尺。

3. 镜向光泽度计

简称光泽度计，又称为镜向（或镜面）反射光度计。主要用于测量样品的镜面反射光，是测量油漆、纸张、塑料、搪瓷、陶瓷、铝及铝合金等平面制品表面光泽度的仪器。

（1）光泽

光泽是物体表面的一种外观模式，由于表面对入射光具有方向选择性，因而会使人感觉物体反射的亮光好像重叠在该表面上，从而呈现闪闪发亮的效果。光泽与物体表面的镜面反射光紧密联系，镜面反射方向就是光泽最强的方向。因此，光泽的测量总是沿着镜面反射方向进行的。只有进行对比光泽测量时，才再去其他方向一起测量。光泽也是心理物理量，单位为"光泽单位"。

（2）测量原理

光泽的测量也是用比较测量法，即在相同条件下，相对于镜向光泽度标准板，对样品的光泽度进行测量。相同条件指的是：在一定的入射角度下，以规定条件的光束照射样品（或标准板），在镜面反射方向上以规定的条件接收反射光束。

镜向光泽标准板一般是用$n_D=1.567$的抛光平面黑玻璃板。标准板定义为100.0光泽度单位。光泽度用符号$G_S(\theta)$表示，其中θ表示入射角，镜反射角为$-\theta$，计算公式如式（6-8）所示：

$$G_S(\theta) = \frac{f_S}{f_0} \times G_0(\theta) \tag{6-8}$$

其中，$G_S(\theta)$为样品的光泽度；$G_0(\theta)$为标准板光泽度；f_S为测样品时的光通量，f_0为测标准板时的光通量。

（3）几何条件

镜向光泽度计的几何条件主要是指入射角的大小，有关测试标准对入射角和接收角及其公差也作了相应的规定。入射角在光泽测量中极为重要，通常用20°、45°、60°、75°和85°，它们分别用于不同样品的测量。一般来说，大角度用于低光泽样品，小角度用于高光泽样品，中角度使用范围较宽。表6-2是有关标准推荐的使用举例。

表 6-2　光泽度计入射角与测试对象举例

	20°	45°	60°	75°	85°
测试对象	高光泽漆、纸、塑料	陶瓷、搪瓷、塑料	漆、塑料	低光泽纸	低光泽漆
国际标准	ISO-2813	ASTM-C346	ISO-2813	ISO-8254	ISO-2813

（4）镜向光泽度计的结构

按光泽度计的照明光束和接收光束分，光泽度计有两类：一类是平行光路，另一类是会聚光路。按入射角分：有定角式和变角式两种。从光源发出的光，经过照明透镜入射到样品上，由接收透镜在镜面反射方向上将光束反射到探测器，将光信号转换成电信号，经放大等处理后输出，完成光泽度的测试。图 6-20 所示为平行光照明平行光接收的光路图；图 6-21 所示为平行光照明会聚光接收的光路图。探测器通常校正为具有 $y(\lambda)$ 光谱响应的特性。

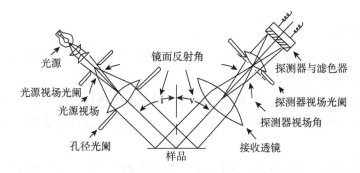

图 6-20　平行光路镜向光泽度计

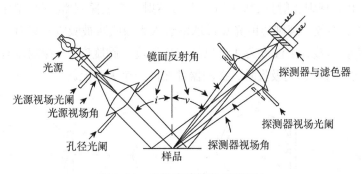

图 6-21　会聚光路镜向光泽度计

4. 方向对比光度计

这类仪器不同于前三类，它需要测量两个方向上的反射因数，一般是一个镜反射因数，另一个漫反射因数，再按一定公式进行计算。方向对比光度计是专门为一些特别用途设计的，如对比光泽、图像清晰度光泽、反射朦胧度等的测量。下面以对比光泽的测量加以说明。

对比光泽的测量对纺织品纤维、头发和尼龙丝等很重要。对比光泽度是由镜面反射因数和邻近的漫反射因数求得。定义为：

对比光泽度 =100×（1- 漫反射因数 / 镜面反射因数）

几何条件如图 6-22 所示，图中是 45°照明，在样品法线方向和镜面反射方向探测。

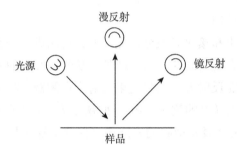

图 6-22　对比光泽度测试几何条件

5. 透射测量仪器

对于漫透射测量有：朦胧度、浊度、半透明度等。对于规则透射的有：清晰度和吸收度等。下面以浊度计的测量加以说明。

浊度计是测量漫透射样品透射特性的仪器，用于测量塑料膜等。对于固体样品一般称为朦胧度或雾度；对于液体样品则称为浊度。它们的测量方法与计算公式相同，按 ASTM D1003 定义：

浊度 =（漫透射比 / 全透射比）×100%，单位是浊度单位（心理物理单位）。

图 6-23 是 Hunter Lab 浊度计的光学原理，左图表示测全反射因数（漫透射加规则透射），光源偏转 8°，规则透射打到球壁上，与漫透射一起被探测器接收，测得全透射因数；右图表示测漫透射因数，规则透射光穿过球壁进入光吸收阱被吸收，只有漫透射被探测器接收，测得漫透射因数。由浊度公式可以计算出浊度（朦胧度）。探测器装在与入射光束成 90°的方向上。入口、光吸收阱、探测器都在同一个大圆上。

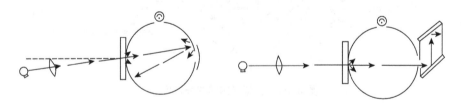

图 6-23　Hunter Lab 浊度计的光学原理

6.4.2　颜色测量仪器的选择

1. 按物体外表对光作用的性质划分

（1）颜色特性：与光谱有关、用光谱仪器或三刺激值测量仪器进行测量。

（2）几何特性：如光泽度、浊度等，选用光泽度计，浊度计，变角光度计等进行测量。

2. 按测定参数的性质划分

（1）物理分析仪器：分光光度计、变角光度计是测量反射光或透射光的物理性质。分光光度计可测量物体的反射比或透射比随波长变化的函数曲线，变角光度计是测量物体反射光或透射光随角度变化的特性，它们能提供反射光和透射光的物理数据，但很少能直接给出与人眼视知觉相关的信息，除非有相应的计算软件加入计算。

（2）心理物理分析仪器：分光光度计、三刺激值色度计、反射光度计、光泽度计和浊度计，它们能给出人眼对物体外貌的视知觉特性。

从本质上说，上述心理物理分析仪器测量得到的结果也是通过物理分析仪器测量的光谱特性计算得到的，这些参数也都是物理参数，但可以实现模拟人眼对物理外貌的感知，实现定量化的表征。

3. 按光刺激性质划分

（1）自发光模式：用光谱辐射计、彩色亮度计等仪器测量。

（2）物体模式。进一步可分为四类：

a. 漫反射物体：通过漫反射光的测量表征物体的颜色，通过镜面反射光的测量表征物体的光泽。

b. 金属表面：通过镜面反射光的测量表征物体的颜色，通过漫反射光的测量表征物体的反射朦胧度。

c. 半透明物体：通过漫透射光的测量表征颜色。

d. 透明物体：通过规则透射光的测量表征颜色，通过漫透射光的测量表征透射朦胧度。

对每一种物体模式和每一种光的类型在几何特性方面的测量也可分成不同的仪器。

第五节　高精度检测技术

用于高精度印刷品光学检测的光谱仪（分光光度计）按测试波段不同，可分为紫外－可见光分光光度计，红外分光光度计和红外傅里叶变换光谱仪等。紫外－可见光分光光度计和红外分光光度计采用的是分光原理，而红外傅里叶变换光谱仪采用的是干涉原理。在6.1.1 中已对分光光度计的各个组成部分进行介绍，以下将对红外傅里叶变换光谱仪的检测技术进行介绍。

6.5.1　傅里叶变换红外光谱检测

红外光检测相对复杂，红外光分光光度计一般都采用双光束结构，但由于红外光分光光度检测扫描速度慢、检测灵敏度低、分辨率也低，因此已很少使用。目前红外光谱检测几乎都使用基于干涉原理的光谱分析系统－傅里叶变换红外光谱检测，其检测原理如图 6-24 所示。

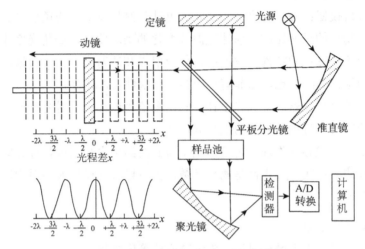

图 6-24　傅里叶变换红外光谱检测原理

傅里叶变换红外光谱检测仪器的主要组成部分是迈克尔逊干涉仪，红外光源发射的光经准直镜变为平行光束照射到迈克尔逊干涉仪的平板分光镜（也称分束镜或分束膜），分光镜将红外光分成两束，一束经定镜反射再透过分束镜到达样品，而另一束经动镜反射再经分束镜反射到达样品，两束红外光经样品透射或反射后相干涉，干涉光经聚光镜、光电检测器、放大器和 A/D 转换器，在计算机中得到两束光的干涉图。但是，干涉图是光的空间分布图，还需再经计算机进行快速傅里叶变换，即可得到以波长或波数为函数的红外光谱图。

傅里叶变换红外光谱检测具有三大优点：①扫描速度极快，在整个红外波段，空间频率范围内扫描一次仅需 1s 左右的时间；②分辨率高，迈克尔逊干涉傅里叶变换红外光谱仪的分辨率可高达 $0.1 \sim 0.05 \mathrm{cm}^{-1}$；③灵敏度高，由于傅里叶变换红外光谱仪不采用狭缝和棱镜或光栅分光，反射镜面大，能量损失较小，因此到达光电检测器的光能量大，灵敏度得以提高。

6.5.2　高精度印刷品光谱检测技术应用

随着技术的进步与产业应用日益增长的需求，印刷制造技术因其快速、低成本、适合大面积批量生产等优点，其应用领域得到了进一步扩展。在一些功能性印刷中特别是光电器件制备方面得到了广泛的应用，由此还新兴起了诸如印刷光子、印刷电子等新兴领域。随之在新型印刷产品与器件的质量检测方面，特别是光学检测方面，也提出了新的要求与挑战。下面介绍一些高精度检测中常用到的光学检测技术。

1. 印刷薄膜透射率测量

（1）单光束点测法

假设测量波段为可见光，可选择白炽灯作为光源，单光束点测法测量透射率光度计的结构原理如图6-25所示，光源辐射的光经透镜变为平行光束，假设未插入待测样品时平行光束测试光强为I_0，然后把待测样品垂直于平行光束放置，假设实测光强为I，并假定两次测试过程中光束截面积相同且光源稳定，则待测样品在垂直入射情况下的透射率为：

$$T = \frac{I}{I_0} \tag{6-9}$$

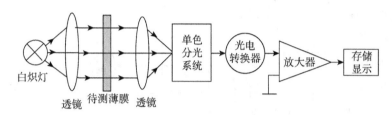

图6-25　点测法测量样品透射率样品

实际上在两次测量过程中，由光电检测经放大器放大得到的读数并不等于I和I_0，而是满足一种线性关系，或者说光强与放大器的输出成正比，即：

$$\omega = I \tag{6-10}$$

式中，ω为测试值或显示值，β为比例常数。那么就有：

$$T = \frac{\omega}{\omega_0} = \frac{\beta I}{\beta I_0} = \frac{I}{I_0} \tag{6-11}$$

由于光电检测器得到的是单色仪出射波长λ对应的透射率测试值，即透射特性曲线T（λ）上的一点。如果要得到可见光波段的透射率特性曲线，通过单色仪改变出射波长可逐点测试，所以这种测试方法也称为点测法。点测法的缺点是费时，且对于透射特性曲线变化比较剧烈的情况，测量精度较低。

（2）双光束扫描法

为了能连续测得透射特性曲线，可采用双光束扫描法，如图6-26所示。光源辐射的光经反射镜分为两束，一束光经过待测样品，称为测量光束，另一束光不经过待测膜片，称为参考光束。在测量光束和参考光束光路中放置一个斩波器，两束光交替经过单色分光系统，光电检测器得到两束光的光强比值就是透射率。在单色分光系统后对波长进行自动扫描，就可直接存储或显示透射率随波长变化的透射特性曲线。

值得注意的是，目前在诸如透明导电膜的研发和生产控制中大都采用紫外可见分光光度计等透射光测试仪器测量其透光性能，但对于大面积样品以及样品不同位置的测量显得不太适用。下面介绍一种适于较大面积栅格式透明导电膜透光特性的表征和测试方法，该方法采用紫外可见分光光度计和专业扫描仪相结合的方式实现，其中紫外可见分光光度计用于测量标定样片的光谱透射率作为参照，专业扫描仪用于测量标定样片的透射灰度数字影像，进而建立两者间的数学关系作为透明导电膜透光率响应的标定关系。与一般测量仪器表征的是较大面元的平均透光性能不同，该方法从微观透光性能的量化出发，既能通过微观透光性的平均量反映不同尺度面元上透光膜的光学性能，也能通过微观透光量反映精细栅格线本身的透光性能及印制形貌，并借助三维图示全面、方便地表征栅格式透明导电膜的透光性能，该方法主要按照以下步骤进行：

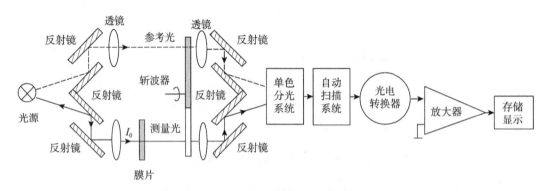

图 6-26 双光束扫描法测量样品透射率原理

a. 针对采用的栅格透明导电膜制备技术，设计并制备出数个平均透光率不同的栅格透明导电膜，如栅格间距相同，栅格线宽由小到大逐渐变化所形成的不同透光样片，称为标定样片。

b. 由紫外可见分光光度计测量各个标定样片的光谱透射率，并求取各标定样片中心波长或波长范围内平均透光率，记为 T，T 值应该涵盖较大的范围，如 T 值最小在 0.1% 左右，T 值最大可为所用透明基材的透光率，若不满足，则重新制备标定样片。

c. 由透射影像 CCD 成像设备拍摄各标定样片上需测量光谱透射率区域的透射灰度数字影像，其平均响应灰度值作为 CCD 设备对该标定样片透射光的响应值，记为 V。若最大 V 值接近 255，最小 V 值接近 0，则调整 CCD 成像系统的光圈、曝光时间及响应曲线等参数，使最大、最小 V 值在 240 和 20 左右。

d. 分析所有标定样片的响应 V 值及与其 T 值间的相关性，并建立两者间的数学关系，称为该成像设备对所研究透明导电膜透光率响应的标定关系。

e. 由 CCD 成像设备在调整好的参数状态下拍摄被测样品的高分辨率灰度数字影像，利用步骤 d 的标定关系，将透明导电膜影像的响应 V 值转换为透光率数值 T，由 T 值进一步分析和表征该透明导电膜的透光特征。

例如，在柔版打样机上制备三个不同工艺参数的透明导电薄膜样品，均为正方形栅格，这三个样品的数字灰度影像中部分区域如图 6-27 所示。栅格和格线的线度分别为图 6-27（a）中的 400μm/30μm；图 6-27（b）中的 300μm/20μm 和图 6-27（c）中的

300μm/10μm。在拍摄样品的透射影像时，除扫描分辨率选择为所用专业扫描仪的最大分辨率外，其他扫描条件参照步骤 c、d 扫描条件设定。

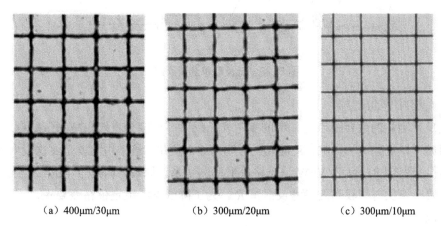

(a) 400μm/30μm   (b) 300μm/20μm   (c) 300μm/10μm

图 6-27　实验样品灰度影像

用紫外－可见分光光度计测量三个样品的光谱透射率曲线，求取了 550nm 波长对应的透光率分别为 68.3%、70.8% 和 77.9%。利用专业扫描仪采集如图 6-27（a）（b）（c）所示 3 个样品的透射数字灰度影像，得到 CCD 设备对其透射光的响应值 V，将上述样品的 V 值代入步骤 d 中建立的 V 和 T 间的标定关系计算得到图 6-27（a）（b）（c）中 3 个样品的透光率分别为 67.9%、71.0% 和 77.1%。结果表明计算值与测量值间的误差均小于 1%，表明该方法得到的结果与紫外分光光度计的直接测量结果较为一致。

2. 印刷薄膜反射率测量

反射率的测量不像透射率测量那样方便。对于透明基底上的透明介质薄膜，可利用分光光度计测量透射率来近似地确定反射率，即 $R=1-T$；然而对吸收或对损耗敏感的样品，由于 $R+T \neq 1$，因此，必须直接进行反射率的测量。从原理上讲，反射率的测量同样是方便的，只要测出反射光能量 E_r 和入射光能量 E_0，反射率即为 $R= E_r/E_0$，但实际做起来却并不那么容易。下面分为两种情况分别进行讨论，即低反射率的测量和高反射率的测量。

（1）低反射率的测量

在测量低反射率样品时，可以采用和标准样品比较的办法。图 6-28 所示是低反射率测量原理，采用的是单次反射测量的方法。先把参考样品放在样品架上，测得光强为 I_0，然后换成测试样品，测得光强为 I_1，则待测样品的 $R=（I_1/I_0）R_0$，其中 R_0 为参考样品的反射率。值得指出的是，参考样品的反射率并不是 100%，在高精度测量中，参考样品的误差是不可忽视的，设参考样品本身的误差为 ΔR_0，则反射率应是 $R=（I_1/I_0）R_0+（I_1/I_0）\Delta R_0$，其中第二项是误差项，若测试样品的反射率较高，则 I_1 较大，引入的误差也大，所以用它来测量高反射率的样品是不合适的。

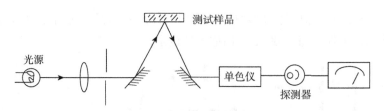

图 6-28　低反射率测量原理

（2）高反射率的测量

单次反射测量的主要缺点是采用的参考样品反射率精度会直接影响测量精度，利用多次反射测量可以消除这种影响，实现高反射率的绝对测量。最常用的就是二次反射测量法，即 V-W 法。图 6-29 所示为 V-W 法光路反射率测量系统原理，即最常见的二次反射测量。测量时需要一块反射率较高的参考反射镜 R_f。为了降低参考镜定位精度要求，一般多采用球面反射镜。

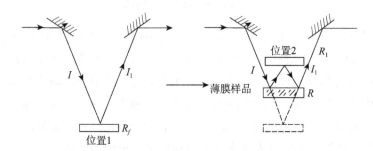

图 6-29　V-W 法反射率测量系统原理

与单次反射测量相比，在样品上反射两次测量反射率时，精度可以提高一倍。在测量时，由于光线要在样品上反射两次，因此本方法不适用于测量低反射率样品。此外，此方法要求样品具有一定的面积，以保证光线可以在样品表面进行两次反射。

麦克莱将多次反射原理用于双光路分光光度计，作为高反射率测量的一个附件。光强为 I 的光束分别通过测量光路和参考光路，在测量光路中，光束受到待测反射镜 R 的 k 次反射，并受到参考反射镜 R_H 的（$k-1$）次反射。而在参考光路中，由于结构上的特殊安排，光束正好受到 R_H 的（$k-1$）次反射，于是两光路输出的光强之比为：

$$A = \frac{Ir^2 R_H^{k-1} R^k}{Ir^2 R_H^{k-1}} = R^k \tag{6-12}$$

比值 A 通过光电转换装置显示出来，考虑到 $R \to 1$，测量误差为 $\Delta A = k\Delta R$ 或 $\Delta R = \Delta A/k$。显然，待测反射镜对测量光束的反射次数 k 越多，测量精度越高。

3. 功能性印刷薄膜厚度检测

对于均匀涂布的薄膜厚度测试方法有很多，每种方法所依据的物理特性参数各不相同，各自有其自身的特点和适用范围。这里主要结合透明导电薄膜的特性介绍干涉测量法。

光干涉测量法测量薄膜厚度一般是通过干涉显微镜来实现的，它的原理是利用光的干涉现象。干涉显微镜可视为迈克耳逊干涉仪和显微镜的组合，其原理如图 6-30（a）所示。由光源发出的一束光经聚光镜和分光镜后分成强度相同的 A、B 两束光，分别经参考反射镜和样品后发生干涉。两条光路的光程基本相等，当它们之间有一个夹角时，就会产生明暗相间的干涉条纹（等厚干涉）。将薄膜制成台阶，使光束 B 一部分从薄膜表面反射，另一部分从基底表面反射，二者的光程不同，它们和光束 A 干涉时，由于光程差而造成同一级次的干涉条纹有一定的偏移，如图 6-30（b）所示。由此便可以求出薄膜台阶的高度，得到薄膜的厚度为：

$$d = \frac{\Delta l}{l} \cdot \frac{\lambda}{2} \qquad\qquad (6\text{-}13)$$

式中，Δl 是同一级次干涉条纹移动的距离，l 为明暗条纹的间距，其可通过测微目镜测出，λ 为入射的已知光波波长。该方法为非接触、非破坏测量，测量的厚度范围可在 3 ～ 2000nm，测量精度为 2 ～ 3nm。

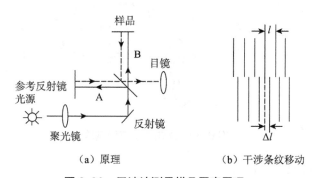

（a）原理　　　　　　　（b）干涉条纹移动

图 6-30　干涉法测量样品厚度原理

6.5.3　高精度印刷品显微检测技术

1. 共聚焦显微检测技术

（1）共焦点传感器

共焦测量原理由 M. Minsky 在 1957 年发明。图 6-31 所示为一透射式共焦点传感器的装置，一点光源成像在物体上，而该物体点成像在一点检测器上，这是通过一个针孔和一光电二极管来完成的。照明和检测在所有三维方向上的调节十分关键。照明和检测均必须是共轴的，并在横向和轴向对准同一点。在测量点附近的物体点成像在针孔旁，由此将光阻挡。沿着共用光轴来自多点的大部分杂散光也被阻挡，大部分不能到达检测器。在被调节的系统中，对离焦光的阻挡产生了较强的深度分辨率。

图 6-32 所示为一个能测量反射表面的装置，采用相同的成像光学器件用于照明和检测，此时系统可相对于光轴自动调节。点光源再次成像在物面上，而该点又成像在一个点检测器上。分光镜用来将光隔开分别用作照明和检测。因为光被反射到旁侧，将不再照射

到透镜上，因此共焦强度信号的幅值会根据物体形貌的局部梯度发生变化。共焦传感器的深度分辨能力使得在进行物体表面的深度扫描时，点光源发出的光经过物体后的反射光线通过图 6-32 所示的透镜、分光镜后准确聚焦到点检测器时，便可测得物体的反射峰值强度，从而得到物体的深度变化。当物点和测量点之间的轴向距离变大时，被测的强度也会迅速变小。

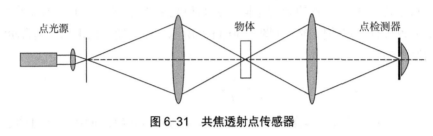

图 6-31　共焦透射点传感器

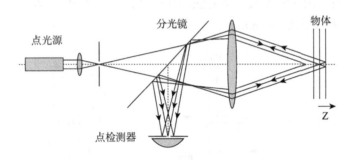

图 6-32　共焦反射点传感器

（2）共焦显微镜原理

点传感器须用一个聚焦点来扫描整个体积。1968 年由 Petran 和 Hadrasky 提出了采用几个点传感器来并行作横向扫描的一种方法。该串列式共焦显微镜的装置使用了一个 Nipkow 盘（图 6-33），在该盘上，针孔分布在一个螺旋路径上。Nipkow 盘用准直光照明，每一针孔用作一点光源，成像在物体上。反射光聚焦在 Nipkow 盘的针孔上，这些针孔也是该装置中的共焦检测针孔。最后，Nipkow 盘成像到 CCD 摄像机上。

将该盘转动，整个视场在很短时间内完成扫描。迄今所报导的在一个平面内对一共焦图像的最高采样帧率为 1 帧 / 毫秒。为得到物体形貌，需附加深度扫描。Nipkow 盘上的针孔需具有数倍于其直径的距离以抑制串扰，距离与直径之间的典型比例为 10∶1。光源发出的光中仅有百分之一到百分之几被用于测量，大部分光能会被 Nipkow 盘反射，因此需要采用高功率光源，同时反射光也需要以很高的效率封锁。可以采用微透镜来实现更好的总光效率，将光聚焦在针孔上或用来产生点光源的横向分布。此处，微透镜被排成螺旋状并覆盖盘的整个表面。

（3）激光共聚焦显微技术检测应用

激光扫描共聚焦显微镜是在荧光显微镜成像基础上配置激光光源和扫描装置，在传统光学显微镜基础上采用共轭聚焦装置，利用计算机进行图像处理，对观察样品进行断层扫描和成像，是一种高敏感度与高分辨率的显微镜。

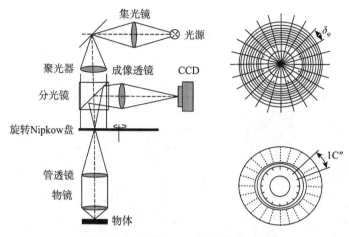

图 6-33　有 Nipkow 盘的共焦显微镜

　　激光扫描共聚焦显微镜以激光作为光源，通过对样品 X、Y 轴的逐点扫描，形成二维图像。如果在 Z 轴上调节聚焦平面的位置，连续扫描多个不同位置的二维图像，则可获得一系列的光学切片图像。在相应软件的支持下，通过数字去卷积方法可得到清晰的三维重建图像。采用基恩士 VK-X200K 型激光共聚焦显微镜测量得到图 6-34（a）中的素面全息纸及其在放大 3000 倍情况下的二维［图 6-34（b）］和三维［图 6-34（c）］表面微结构图。测量的素面全息纸微观结构为周期性的碗状结构，周期约为 1μm、刻槽深度在 0.7μm 左右，且结构清晰、一致性较好。

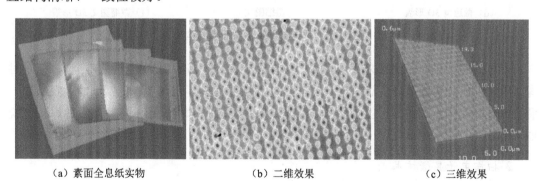

（a）素面全息纸实物　　　　　（b）二维效果　　　　　（c）三维效果

图 6-34　素面全息纸二维及三维表面微结构

　　图 6-35 为利用基恩士 VK-X200K 型激光共聚焦显微镜测量得到基于微透镜的浮动光栅微观结构，图 6-35（b）为浮动光栅正面 400 倍放大的二维形貌效果，可以看出样品正面为均匀排列的微透镜阵列结构。利用激光共聚焦显微镜的三维测量功能，从二维形貌图中选取 10 个位置测量微透镜阵列的周期，如图 6-35（c）和（d）所示，计算求得平均值为 56.03μm，结果如表 6-3 所示。同理，每个微单元的高度也可以采用同样的方法测量求

得，其平均高度值为 27.05μm。图 6-35（e）和（f）为浮动光栅背面 1000 倍放大形貌二维和三维测量结果，由图可知，缩微文字部分向外凸起，测量后可得微缩文字高度平均值为 2.51μm。

表 6-3　微透镜阵列周期测量结果

位置	1	2	3	4	5	6	7	8	9	10	平均值
周期 /μm	55.81	55.09	55.13	57.68	56.18	55.13	57.01	55.55	55.6	57.1	56.03

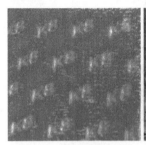
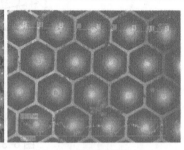

（a）浮动光栅实物　　　　　（b）微透镜结构　　　　　（c）参数测量

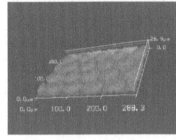
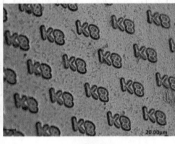
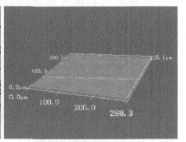

（d）微透镜 3D 形貌　　　　（e）微缩图文　　　　（f）微缩图文 3D 形貌

图 6-35　浮动光栅上下表面微结构

可见，对于普通印刷品来说，只需要将样品放大几十倍即可观察到网点结构，但是对诸如用作包装防伪领域的全息材料及浮动光栅等特殊材料，因其具有更精细的微观结构，采用普通放大镜已不能满足实际需求，激光共聚焦显微技术是适用于上述产品的高精度检测手段。

2. 扫描电子显微技术

J.J.Thomson 等在进行阴极射线管实验时发现电场及磁场可偏折电子束，后人进一步发现可借电磁场聚焦电子产生放大作用。电磁场对电子的作用与光学透镜对光波的作用相似，因而发展出电磁透镜。静电磁场可以使电子的运动方向发生改变，对称的静电磁场可以像玻璃聚焦光线那样把电子束会聚成一点，这使得用电子束聚焦成像成为可能，进而形成电磁透镜。当电子运动的方向与磁力线垂直，电子运动的轨迹是一个圆。圆的平面与磁场方向垂直。圆的半径为：

$$R = \frac{mv_0}{eH} \tag{6-14}$$

式中，m 为电子的质量，e 为电子的电荷，v_0 为电子的初速度，H 为磁场强度。

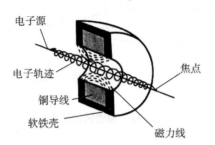

图 6-36　电子在磁透镜中的运动轨迹

假设一束电子与磁力线成一定角度，每个电子的速度矢量可分为两个分速度矢量：一个平行于磁力线（使电子沿磁力线方向运动），另一个垂直于磁力线（使电子做圆周运动）。电子运动的轨迹是一个螺旋线（图 6-36）。所有满足旁轴条件的电子沿着各自的螺旋轨道经过相同时间又在同一点会聚，即这样的线圈起着聚焦的作用，但放大倍数等于 1。然而，当电子经过短线圈形成的磁场时，由于短线圈形成的磁场是不均匀的，所以作用于电子的力是变化的。在这类轴对称的弯曲磁场中，电子运动的轨迹是一条空间曲线，离开磁场后，电子的旋转加速度减为零，电子作偏向轴的直线运动，进而与轴相交。其交点即为透镜的焦点，焦距 f 可以表示为：

$$\frac{1}{f} = \frac{0.22}{E} \int H_z^2 \, \mathrm{d}z \tag{6-15}$$

式中，E 为加速电压，H_z 为磁场的轴向分量。

由此可见，透镜的焦距与磁场强度的平方成反比，改变磁场强度可以改变焦距，进而改变放大倍数。由于磁场对电子有偏转作用，所以像相对于原电子发射区域的像有一个偏转角。从以上分析可见，轴对称的磁场对运动电子总是起会聚作用，磁透镜都是会聚透镜。磁透镜与光学透镜一样存在像差。像差是透镜的固有特性，它包括球面像差、色差、像散等。磁透镜的像差直接影响着电子束的直径。

球面像差（球差）：电子透镜中，由于透镜中离轴远的地方聚焦能力要比离轴近的地方强，其成像点较沿轴电子束成像的高斯成像平面距透镜近（图 6-37）。球差为物镜中主要缺陷，不易校正；在电子显微镜中，一般在电磁透镜的后面放上一个光栅，以减小球差。

色差：电子的运动速度不同，不同的波长在电磁透镜中的成像位置也不同，即形成色差（图 6-38）。在电子显微镜中，采用加速电压的稳定性和透镜电流的稳定性可减小色差。

像散：由透镜磁场不对称而来，使电子束在两个互相垂直平面的聚焦落在不同点上（图 6-39）。像散一般用像散补偿器产生与散光像差大小相同、方向相反的像差校正，目前电子显微镜其聚光镜及物镜各有一组像散补偿器。由于电磁透镜能把电子束像光一样地聚焦成像，所以使用电子束作为光源的显微镜就应运而生了，这就是电子显微镜。

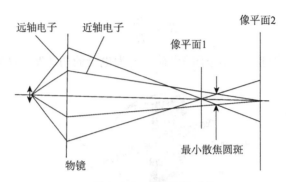

图 6-37　磁透镜的球差

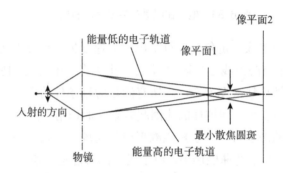

图 6-38　磁透镜的色差

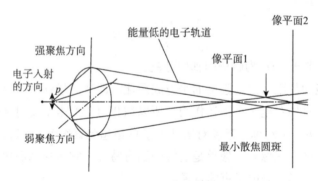

图 6-39　磁透镜的像散

在电子显微镜中，电磁透镜的作用是使从电子枪发射的电子，通过电磁透镜形成很细的电子束。电子束聚焦在样品表面上，在扫描电圈的作用下，在样品表面作行、帧扫描。这时，样品表面被激发出的二次电子即观察样品表面形态的主要信息。二次电子产生的数量依赖于入射电子束与样品表面法线的夹角（入射角），而样品表面形态的变化则会引起入射角的改变。用探测器把带有样品表面形态信息的二次电子收集起来，转变成电压信号，在屏幕上便形成了一幅反映样品表面形态的放大图像。

场发射扫描电子显微镜广泛用于生物学、金属材料、高分子材料、地质矿物、宝石鉴定、考古和文物鉴定及公安刑侦物证分析等领域。可以观察和检测非均相有机材料、无机材料及在上述微米、纳米级样品的表面特征。该仪器的最大特点是具备超高分辨扫描图像观察能力（可达 1.5nm），是传统扫描电子显微镜的 3 ～ 6 倍，图像质量较好，尤其是采用最新数字化图像处理技术后，可提供高倍数、高分辨扫描图像，并能即时打印或存盘输出，是纳米材料粒径测试和形貌观察最有效的仪器，也是研究材料结构与性能关系所不可缺少的重要工具。图 6-40 为 Hitachi SU8020 型场发射扫描电镜拍摄的 ZnO/Ag 复合薄膜侧向剖面，放大倍数为 8 万倍，图 6-41 为不同粒径聚苯乙烯微球自组装衬底下 ZnO/Ag 复合薄膜俯视和剖面扫描电子显微图，图 6-42 为全息母版扫描电子显微图，其中图 6-42（a）为图 6-34（a）所示的素面全息母版的二维微观结构，其与图 6-34（b）中显示采用激光共聚焦显微镜测量得到的二维效果相一致，只不过使用了不同的放大倍数，图 6-42（a）为放大 25000 倍拍摄得到的效果图。

图 6-40　ZnO/Ag 复合薄膜侧向剖面

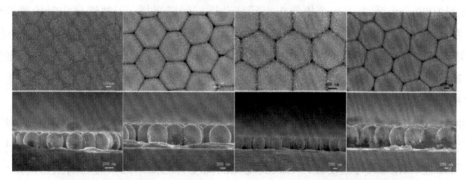

图 6-41　不同粒径聚苯乙烯微球自组装衬底下 ZnO/Ag 复合薄膜俯视和剖面扫描电子显微图

（a）素面母版　　　　　　　　　（b）亚光柱母版

图 6-42　全息母版扫描电子显微图

第六节　印刷品质量的机器视觉检测技术

目前大多数印刷企业所用的印刷品质量检测技术从检测目标方面主要分为两类，一类为印刷品缺陷的检测，如套印误差、脏点、划痕、重影等；另一类为印刷品颜色的检测。这两类的检测目标不同，所使用的技术也不完全相同。随着工业相机技术和机器视觉技术的发展，印刷品质量在线检测技术发展很快，有些质量检测系统可以将两类检测在同一个系统中完成。

从检测方式上可以分为在线检测和离线检测两种。所谓在线检测是指在生产设备上安装的检测系统，在完成生产过程的同时进行检测，如在印刷过程中的检测、在模切过程中的检测以及在成型（如糊盒、装订）过程中的检测。离线检测是在完成某个加工环节后单独对印刷品进行质量检测，如对印刷产品数量的清点、缺陷产品的剔除等。

目前国内大多数印刷企业所用的质量检测手段中，对于套印偏差，采用光电探测器进行在线检测，但只能检测纵横向偏差；对于墨色和刮刀线，利用人眼离线检验；对于印刷质量问题，通过单摄像机间隔采样，供操作人员观察。以上方法均存在不同程度的问题，包括：（1）在离线检验出印刷质量问题时，成堆的印刷品已成为废品；（2）间隔采样对操作人员而言，由于频闪灯的使用易出现视力疲劳，从而导致误判断；（3）印刷幅面宽度从300mm到1000mm，通常由一个摄像头来回移动进行间隔采样，无法满足实时检测的要求。与静止图像采集相比，高速图像采集存在软件和硬件延迟、观测对象位置不确定、照明不充分、噪声干扰和运动模糊等问题，严重影响了机器视觉系统的检测能力。因此研制快速、可靠和准确的鲁棒机器视觉检测技术，是高速印刷生产线上提高产品质量、降低检验成本、提高生产率的迫切要求。

同时，对于微小尺寸的精确快速测量、图案模式的快速匹配和颜色的快速辨识等视觉检测问题，用人眼根本无法连续稳定地进行，其他检测元件也难有用武之地，计算机的快速性、可靠性、结果的可重复性，与人类视觉的高度智能化和抽象能力的结合而形成的机器视觉自动检测技术，就成为印刷质量在线检测技术的必然发展趋势。

印刷质量在线检测系统是一套光机电集成系统，主要包括照明系统、高速拍摄成像系统以及个性化解决方案等。照明系统设计的优劣直接关系到拍摄成像系统是否能够获得高质量的图像。照明光源与照明方案相配合能够尽可能地突出被检测对象的特征，在物体需要检测的部分与那些不重要部分之间应尽可能地产生明显的区别，增加对比度。同时还应保证检测对象有足够的整体亮度，物体位置的变化不会影响成像质量。

1. 照明系统

（1）光源选择

由于印刷领域中印刷产品的颜色不仅多而且变化快，每批印刷产品的颜色都可能不同，因此印刷质量在线检测系统照明与普通在线检测系统照明有很大差别。对于印刷品缺陷的检测要求光源具有足够的亮度，能够产生足够强的信号并能够分辨出足够的级差。而对于颜色的检测就会对照明光源提出更高的要求，需要光源的光谱分布符合照明标准，亦即不仅对照明方式和光源的亮度有要求，还对光源的色温、显色性提出更高要求。高速印刷生产线上机器视觉系统中照明光源要求是色温为 6500K，显色性指数 $R_a > 90$。

高显色荧光粉的荧光灯可作为印刷质量在线检测系统的照明光源。例如，PHILIPS 荧光灯系列中有色温 6500K，显色性指数达 98 的产品。不仅如此，其平均使用寿命超过 12000 小时，有多种长度可供选择（长度有 600mm、900mm、1200mm、1500mm），可以适应各种不同的使用环境，满足检测不同幅面宽度。LED 作为第四代电光源，与其他电光源相比具有很多优点，也越来越多地被用作机器视觉系统的照明光源。

（2）照明方式

在实际应用中，照明方式同样也是影响图像采集效果的重要因素。针对不同的检测对象和工作环境，照明方式的选择并不完全相同，有时可能需要采取几种方式的共同配合才能达到良好的视觉效果。按布置方式的不同，照明系统可以分为前向照明、背向照明、同轴照明和漫射照明，如图 6-43 所示为各种照明方式。

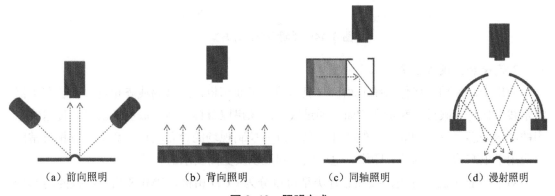

|（a）前向照明|（b）背向照明|（c）同轴照明|（d）漫射照明|

图 6-43　照明方式

前向照明：前向照明是将光源和摄像机位于被测对象的同侧，直接将光线照射到物体表面，可以通过调节发出光与目标物体表面所形成的夹角，实现不同的照明效果。它具有多种灵活的安装方式，便于调整和使用，是应用最多的印刷品质量检测照明方式，但不适合高光泽印刷品（如全息纸）的检测。

背向照明：背向照明是将被测对象放在光源和摄像机之间，发出光经过特殊导光板后形成均匀背光，亮度比侧部导光提高 50% 以上，它的优点是能获得高对比度的图像，通常用于外形轮廓检测和透射印刷品（如塑料薄膜印刷）的质量检测。

同轴照明：同轴照明是将光源发出的光经过分光镜后，跟摄像机在同一轴线上，它可以有效地消除图像的重影，能够清晰地检测反光表面的划痕、污点等缺陷，适合光洁物体表面质量的检测。

漫射照明：漫射照明是将光源发出的光经过半球形导光器连续反射后形成扩散光，可以有效地消除阴影及镜面反射的影响，保证光线均匀。它主要应用于物体表面反射性比较复杂的场合，对于不平整或弯曲的表面检测非常有效，可用于高光泽印刷品的检测。

图 6-44 为一种照明系统设计方案，此方案中，检测对象为印刷品，物体表面平整且具有良好的漫反射特性。选用环形光源作为印刷图像采集装置的光源，采用前向照明方式，将其介于摄像机和印刷品之间水平放置，能够满足视觉系统设计要求，并达到最佳图像采集效果，这种检测方式不适合大面积图像检测。

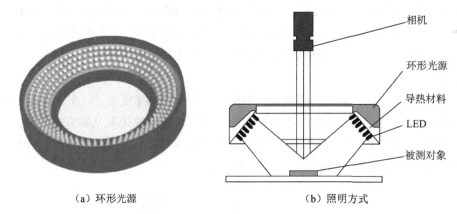

（a）环形光源　　　　　　　　（b）照明方式

图 6-44　照明系统设计方案

2. 高速拍摄成像系统

应用于高速拍摄成像系统的相机一般为数字工业相机，通常为线阵相机，安装在机器流水线上代替人眼进行测量和判断。通过数字图像摄取目标并转换成图像信号，传送给专用的图像处理系统，抽取目标的特征信息，进而控制现场的设备动作。数字工业相机常广泛应用于生产检测、制药、印刷、电子电气制造以及更高要求的行业。

对于工业相机的分类，按照芯片类型可以分为 CCD 相机、CMOS 相机；按照传感器的结构特性可以分为线阵相机、面阵相机；按照扫描方式可以分为隔行扫描相机、逐行扫描相机；按照分辨率大小可以分为普通分辨率相机、高分辨率相机；按照输出信号速度可以分为普通速度相机、高速相机。根据具体用途，可从中选择可获取最佳图像的相机。对相机的选择主要通过以下方式进行：

（1）以像素数选择

工业相机所使用的 CCD 拍摄元件是以格子状排列的较小像素的集合体。一般从"像素分辨率"和"视野尺寸"两点来选择相机。"像素分辨率"是指 CCD 的 1 个像素相当于多少 mm，"视野尺寸"在拍摄检测目标物的范围内，可通过要使用的镜头进行变更。可通过以下公式表示它们之间的关系：

$$像素分辨率＝X 方向视野尺寸（mm）/CCD 的 X 方向像素数$$

即只要知道像素分辨率，便可计算出此时的视野尺寸基准。实际应用过程中，在样品外观检测和尺寸检测时，在外观检测时使用"最小检测尺寸"来进行判定；在尺寸检测时则使用"尺寸公差"来进行判定。理论上，各自的基准一般以最小检测尺寸＝ 4 像素 ×4 像素和尺寸公差＝ ±5 像素为基准进行计算，在实际应用中采用特殊的处理技术可以实现 1 个像素的识别。

图 6-45 为选择不同像素分辨率下放大视野 30 mm 内 $\Phi 0.5$ mm 的异物部分对比图。可以看出 200 万像素下可获得较高对比度、看得出细微变化的图像。

 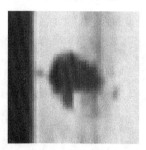

（a）31 万像素　　　　　　（b）200 万像素

图 6-45　不同像素分辨率下放大效果对比

在实际使用时，需要根据检测任务，选择不同的工业相机，如是静态拍照还是动态拍照、拍照的频率是多少、是做缺陷检测还是尺寸测量或者是定位、产品的大小（视野）是多少、需要达到多少精度、所用软件的性能、现场环境情况如何、有没有其他的特殊要求等。如检测任务是产品的尺寸测量，产品大小是 18mm×10mm，精度要求是 0.01mm，流水线作业，检测速度是 10 件 / 秒，现场环境是普通工业环境，不考虑干扰问题。首先已知是流水线作业，速度比较快，因此选用逐行扫描相机；视野大小可以设定为 20mm×12mm（考虑每次机械定位的误差，将视野比物体适当放大），假如能够取得很好的图像（如可以打背光），而且软件的测量精度可以考虑 1/2 亚像素精度，那么我们需要的相机分辨率一个方向是 20/（0.01×2）=1000 像素，另一个方向是 12/（0.01×2）=600 像素，也就是说相机的分辨率至少需要 1000×600 像素，帧率在 10 帧 / 秒，因此选择 1024×768 像素（在软件性能和机械精度不能精确的情况下也可以考虑 1280 像素 ×1024 像素），帧率在 10 帧 / 秒以上的面阵相机即可。

（2）镜头的选择

在高速拍摄成像过程中，相机镜头的拍摄性能是决定其成像质量的关键因素。除要求相机具有超高分辨率外，一般要求相机的镜头应具有失真少、支持超近距离拍摄等基本性能。对于超高分辨率来说，主要是要求被拍摄对象的中心和边缘均应具有超精细的高分辨率。如图 6-46 所示，即使是图像画面中最细的部分，也呈现出了较好的黑白线对比度（图中单元格大小为 3.45 微米 / 像素）。

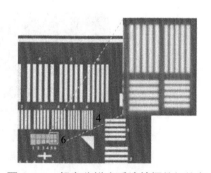

图 6-46　超高分辨率系统拍摄的细线条

在相机拍摄时，要求图像的失真小，在整个图像范围内，即使是超高分辨率相机拍摄的画面，也应将失真控制在机器不可识别的范围内。同时，要求采用高速拍摄系统可实现 0.1 m 的近距离拍摄，拍摄得到的图像清晰、对比度好。

同时，上述相机镜头还可附加锐波滤镜、偏光镜、抗蓝光滤镜、保护镜等，可在各种使用条件下，进行图像处理的稳定检测。如图 6-47 所示，为使用锐波滤镜（R60）前后的拍摄效果对比图，R60 仅让长波段的光透过，通过与红色 LED 光源组合使用，可降低环境光的影响。

（a）无锐波滤镜　　　　　　　　（b）有锐波滤镜

图 6-47　有无锐波滤镜（R60）拍摄效果对比

在检测过程中，为避免杂散光和高强度反射光的影响，提高检测效率，如图 6-48 中的几何光路所示，光源（1）发出的光经过偏光镜 A 后成为偏振光（2）。薄膜面会将光直接反射（镜面反射）形成反射光（3），反射光（3）会被偏光镜 B 阻断不能进入相机。但是，由对象物表面反射的光（漫反射），会再次扩散成为（4）处所示的光，最后仅有偏振方向与偏光镜 B 相同的偏光成分（5）可通过偏光镜 B 射入相机。如图 6-49 所示，分别为有无偏光镜拍摄商品二维码得到的效果对比。由图可知，增加偏光镜后，拍摄得到的目标物（二维码），减小了环境光的影响，图像更为清晰。

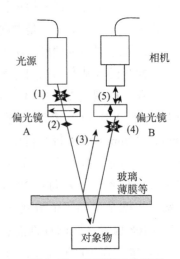

图 6-48　偏光镜工作原理

（a）无偏光镜　　　　　　　　（b）有偏光镜

图 6-49　有无偏光镜拍摄效果对比

3. 个性化解决方案

（1）人民币水印在线检测系统

水印是人民币上的防伪标志之一，其质量好坏对人民币的鉴别有着重要影响。如何统一人民币水印的质量标准，是印钞行业进行人民币印刷质量评价和防伪鉴别过程中需解决的关键问题。如图 6-50 所示为大恒图像用于人民币水印的在线检测系统，其通过计算机视觉检测技术代替人的主观判断。

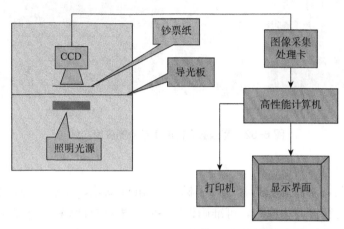

图 6-50　人民币水印的在线检测系统

该系统可对水印清晰度、大小和轮廓形状进行定量分析，能够设计成便携式，系统配备专业照明系统，采用一台高清晰度面阵 CCD 摄像机拍摄水印图像，摄像机输出的视频信号通过图像采集处理卡进行 A/D 转换形成数字图像。图像卡的处理单元对数字图像进行预处理后传输到高性能计算机，计算机的服务程序对数字图像进行处理后，再对图像中的检测目标进行自动识别与分析计算。依靠分析数据和专家的实际经验，制定一套通用的、具有权威性的人民币水印清晰度量化标准。

（2）宽幅面高精度印刷质量检测

随着印刷行业对产品的幅宽要求越来越高，如何能够对宽幅面印刷材料进行高精度、高速检测是需要解决的关键问题。通常采用多相机拼接的方式进行，但是系统中总体相机数量高，系统整体可靠性降低，成本高。同时，多相机拼接还存在安装调试困难、对图像拼接要求高、相机间同步维护难等问题。

随着工业相机技术的更新和完善，目前常采用的方法是使用高分辨率、高行频的工业相机替代多相机拼接的方式进行检测。如图 6-51 所示，为凌云光技术提供的一种宽幅面高精度印刷质量检测系统，该系统采用 Teledyne DALSA 公司 P4-CM-08K070 高分辨率高行频相机，可实现 8192×2 线分辨率、70kHz 行频；采用 Teledyne

图 6-51　宽幅面高精度印刷质量检测系统

DALSA 公司的 Xcelera-CLPX4 采集卡，图像采集速度高达 850MB/s；采用 Schneider Macro System 镜头，具有超高透过率，该产品可广泛应用于如图 6-52（a）所示的印刷电路板（PCB）和（b）所示的薄膜检测中。

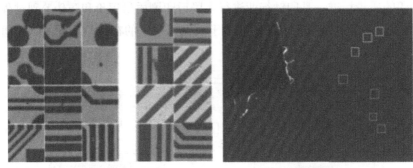

（a）PCB 检测　　　　　　　　　　　　　　（b）薄膜检测

图 6-52　宽幅面高精度质量检测应用实例

（3）高分辨率手机屏幕检测

手机屏幕检测，是利用机器视觉对手机屏幕 Mura 缺陷、亮点、均匀度、色差及其他瑕疵等不良现象进行自动化检测。可准确识别各种手机屏幕缺陷，其检测准确率远远超过人工检测，是未来手机行业发展的必然趋势。

凌云光技术提供的一种高分辨率手机屏幕检测系统，该系统采用 FLIR 公司 GS3-U3-91S6C-C 型彩色相机和长步道 9 百万分辨率工业镜头，可实现 3376×2704 分辨率和 3.69μm 像元尺寸。图 6-53（a）（b）（c）分别为使用该系统检测的手机屏幕 Mura 缺陷、白点（线）缺陷和颜色不均匀的检测结果。

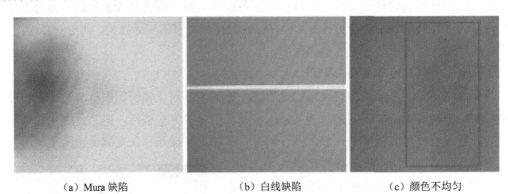

（a）Mura 缺陷　　　　　　　　　（b）白线缺陷　　　　　　　　　（c）颜色不均匀

图 6-53　高分辨率手机屏幕检测实例

第三篇
物理光学在印刷中的应用

第7章 光学防伪技术及应用

第一节　光学变色材料

7.1.1　光学干涉变色薄膜

光学干涉变色薄膜是根据多层复合膜光学干涉原理设计而成。当光入射到此防伪膜系结构，由于各膜层的材料特性和厚度等物理参数的不同组合，会使不同波长的光出现干涉相长和相消。当从不同角度观察时，可以看到反射光颜色色调发生变化，这种变色效应现在被广泛应用在货币、有价证券、证件以及各种高档烟酒产品包装的防伪技术上。

20 世纪 40 年代开始，薄膜光学进入了全面发展时期，研究者们相继提出了各种薄膜光学理论和膜系计算方法，20 世纪 70 年代后在膜系设计中引入了用计算机辅助的各种设计方法，特别是膜系自动设计。利用膜系设计软件进行计算与分析确定具体实施方案，考虑到制作工艺、制作成本等因素，常采用金属 - 介质防伪薄膜，如图 7-1 所示。具体方法为：利用反射率高的铝 / 银做成金属反射层，半透明半反射层为铬层，中间介质层为二氧化硅 /三氧化二铝等，通过计算与模拟，确定能实现不同角度变色效果的各反射层最佳厚度。

干涉变色薄膜的设计思想主要依据薄膜干涉的原理，通过选择特定的薄膜参数（如厚度、折射率等），实现特定波长光的干涉相长或相消，如图 7-1（b）所示，在第一界面的反射光 1 和经过介质层后出射的光线 2 发生干涉，可在不同角度观察到不同波长的光干涉相长，两束光之间的干涉相长需要满足式（7-1）所示的关系：

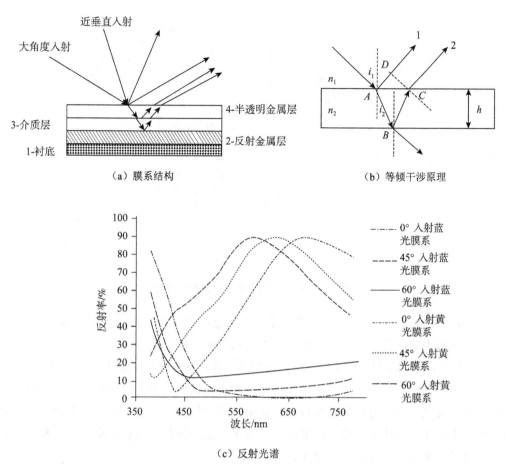

（a）膜系结构

（b）等倾干涉原理

（c）反射光谱

图 7-1 干涉变色薄膜结构

$$2h\sqrt{n_2^2 - n_1^2\sin^2 i_1} = (2k+1)\frac{\lambda}{2} \qquad (7\text{-}1)$$

其中，h 为介质层的厚度，n_1、n_2 分别为入射界面和折射界面的折射率，i_1 为入射角，k 为衍射级数。改变观察角度 i_1，在不同方向能够观察到不同的颜色。图 7-1（c）所示为改变图 7-1（a）中的半透明金属层的参数（h 或 n_2），在不同的观察角度可得到的光谱能量反射曲线。

图 7-1 中不同的膜系结构，在不同的观察角度（0°，45°，60°）可得到的颜色感觉不同。随着观察角度的变化，光谱反射峰位置逐渐向短波段发生位移，薄膜呈现出的颜色也按照红色→橙色→黄色→黄绿→绿色→蓝色的规律变化。

可以根据不同需求进行光学干涉变色薄膜的膜系设计，合理计算、选配和改变膜层材料及膜层厚度，以达到预定的光学性能指标。

1. 干涉防伪膜的设计原则

干涉防伪膜的设计及制作主要遵从图 7-2 所示的制作流程。

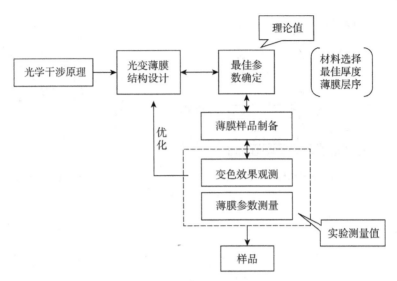

图 7-2　干涉防伪膜的设计及制作流程

首先，可通过光学薄膜干涉原理指导光学变色防伪薄膜的设计，得到满足式（7-1）所示薄膜参数中的薄膜材料、薄膜厚度和不同膜层顺序的理论值。其次，根据薄膜材料的物理化学性能，选用蒸镀、原子层沉积或溅射等方式，进行薄膜样品的加工、制备。最后，对加工得到的薄膜样品，变换不同的观察角度，观测其变色效果，根据样品的变色效果确定是否需要优化、修正薄膜参数的设计。如果需要对样品的微观参数进行更精确的测量，可选用三维激光共聚焦显微镜、扫描电镜等测量仪器对样品的微观结构和微观参数进行测量，从而进一步指导薄膜的结构设计。

在设计防伪膜时要注意以下因素：

（1）变色薄膜应具备特定的可见光区反射率曲线（或透射率曲线），实现特定的反射光颜色（或透射光颜色），如金色、紫红色、绿色等，它可能是某一特定的复合色（如金色），也可能是某一单色（如绿色）。

（2）变色薄膜的反射色或透射色越亮越容易分辨，一般来说，反射率或透射率要大于50%，使其与周围环境有明显的对比度。

（3）从不同的观察角度观察变色薄膜要能看到明显的颜色变化，这就要求薄膜的主波长变化越大越好，防伪薄膜的反射带或透射带的带宽越窄越好。

式（7-2）所示为薄膜的光学厚度：

$$\Delta = n_2 h \cos i \tag{7-2}$$

其中，n_2 为薄膜的折射率，h 为薄膜厚度，i 为入射角。

可见，薄膜的光学厚度 Δ 会随着入射角 i 的增大而减小，因此式（7-1）中膜系的中心波长 λ 在入射角增大时会减小，于是我们见到的防伪膜颜色在一般情况下都是随着观察角度的增加，从长波移向短波，如从金色变成绿色，或从绿色变成蓝色。

（4）用最简单的膜系生产出成品率最高的防伪薄膜。对同一光学特性（同一反射或透射曲线）的防伪薄膜可以有很多种方案实现，具体采用哪种膜系，还需要考虑到生产成本、生产难易程度、成品率高低、产品寿命和对环境的影响等因素。例如，要设计一个窄带高反射率的防伪膜，如果选用全介质膜系实现，由于膜系材料的高、低两种折射率差要求很小，这不仅在实际中很难找到，而且设计的膜系必然层数很多，在生产时监控难度大，对镀膜机性能要求高，而且成品率不高。如果将膜系的设计改为金属—介质组合膜系，则膜系层数就会大幅度减少，制造误差也会减小，可提高产品的成品率。

（5）防伪膜系结构应有自身的特点，增加技术含量，提高防伪能力。在膜系中启用新材料、新工艺，或者在膜系设计中加入图形设计等。

2. 干涉防伪膜的设计

以二氧化硅（SiO_2）和五氧化二钽（Ta_2O_5）为例，介绍如何设计制作防伪干涉薄膜。其中 SiO_2 作为低折射率介质层，折射率为 1.54，厚度固定为 100nm，Ta_2O_5 作为高折射率介质层，折射率为 2.35，改变 Ta_2O_5 的厚度，发现反射光谱也在发生明显变化。如图 7-3（a）所示，入射角度为 60° 时，根据式（7-1）计算可得 Ta_2O_5 厚度为 30nm 时，反射光谱能量集中在蓝色区域；厚度为 70nm 时，反射光谱能量集中在绿色区域；厚度为 100nm 时，反射光谱能量集中在红色区域。图 7-3（b）中的 CIE1931xy 色品图显示随着 Ta_2O_5 的厚度从 30 ～ 100nm 变化，呈现出的颜色主要为青色→绿色→黄色，如图 7-3（b）中 1、2、3 所对应的位置。如果想要得到更多的颜色，需要选择不同的低反射系数和高反射系数材料组合。

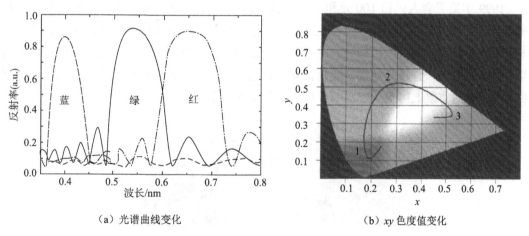

（a）光谱曲线变化　　　　　　　　　　（b）xy 色度值变化

图 7-3　防伪薄膜颜色随 Ta_2O_5 厚度变化

下面介绍另一种膜系设计方案，为使用较少的层数实现防伪薄膜的颜色变化，同时可实现不同角度能观察到较为明显的变色效果，根据图 7-1 的设计，选用反射金属层铝（Al），介质层三氧化二铝（Al_2O_3）/ 二氧化钛（TiO_2），半透明金属层铬（Cr）三种材料。通过改变其厚度，可设计出不同变色效果的防伪干涉薄膜（如图 7-4 所示）。可见在正入射（$\theta \approx 0°$）

和大角度入射（$\theta \geqslant 60°$）的情况下观察，薄膜的颜色变化较为明显。其中，图 7-4 中的金属反射层采用磁控溅射或蒸镀的方式实现，介质层可采用原子层沉积的方式实现，半透半反层可采用磁控溅射的方式实现。

序号	变色方式	方案	正入射下观察	大角度下观察
1	色调	Al:150nm TiO$_2$:100nm Al$_2$O$_3$:320nm Cr:4nm		
2	色调	Al:150nm Al$_2$O$_3$:320nm Cr:4nm		
3	色调	Al:150nm Al$_2$O$_3$:315nm Cr:4nm		

图 7-4　防伪薄膜参数设计和变色效果（正入射和大角度入射观察）

　　总体来说，实验室阶段的防伪薄膜制作成本较高，耗时较长。如果需要将光学变色薄膜制作成防伪样品（如防伪承印材料），需选择成本较低的材料，同时需进行批量生产。

7.1.2　光学变色油墨

　　1999 年第五套人民币 100 元和 50 元发行时，光学变色现象是鲜为人知的。当时，我国在第五套人民币 100 元和 50 元套上首次采用了光学变色油墨作为一项新的防伪技术，体现了当今世界的高级防伪趋势。这种油墨由于制作的工艺要求较高，具有一定的技术门槛，因此价格也一直较其他类型防伪油墨高。随后的几年，光学变色油墨也开始在高档烟酒和珍藏版的邮票上得到了一定的应用（如图 7-5 所示）。

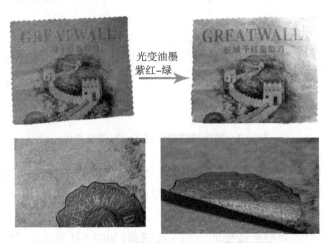

图 7-5　光变油墨的应用实例——葡萄酒商标

光学变色油墨是一种原理简单、检验简单（不需要借助任何检测工具，仅靠改变观察角度即可实现）而制造较难的技术产品。光线照射在物体表面，在其表面发生反射，同时，光线入射到物体内部，在物体内部经反射和折射后，与上述反射光会聚到一起，当满足相干条件时，即可产生干涉现象，从而呈现出颜色变化。对于自然光（复色光），我们可以通过干涉的方法，将其中的某一波长光线滤掉，使其反射光强为零。要想得到此结果，必须满足式（7-3）所示条件：

$$n_1 = \sqrt{n_0 n_2}$$
$$n_1 h = \lambda\big/4, 3\lambda\big/4, ..., (2k+1)\lambda\big/4 \tag{7-3}$$

式中，h 为介质厚度，即单层薄膜的光学厚度要满足入射光 $\lambda/4$ 的奇数倍的条件。n_0、n_2 为相邻膜层材料的折射率，并且 n_1 介于 n_0 和 n_2 之间。但实际上这两个条件很难同时满足，也很难找到这样的材料。

采用多层高折射率介质膜可以解决上述问题。由式（7-3）可知，要提高膜层的折射率 n_1，需要提高基层材料的折射率 n_2。多层镀膜就是在基底上先镀一层高折射率膜，称为 H 膜，然后再镀一层低折射率膜，称为 L 膜。如此间隔地多镀几层薄膜，就得到多层复合膜，如图 7-6 所示。

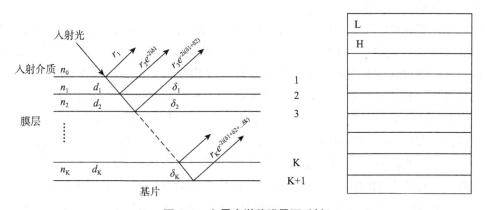

图 7-6　多层光学薄膜界面反射

同样每层膜的光学厚度都是入射光波 $\lambda/4$ 的奇数倍，且 n_H 和 n_L 应相差较大，如 n_H（H）膜用 InS（$n=2.4$），n_L（L）膜可用 MgF_2（$n=1.38$）。根据同样的原理，L 膜与 H 膜排列顺序相反就可以产生与增透膜效果不一样的多层增反膜，这两种复合膜都可以随着视角不同，产生不同的颜色变化效果。如果事先在基底上覆盖一层高分子物质，这种材料至少可以溶于一种溶剂中，在这种材料上通过真空镀膜，在严格控制下得到符合要求的多层复合膜。将多层复合膜放入预先选择好的溶剂中，多层复合膜分别被大大小小剥离下来，形成细小的碎片。这种碎片的上下表面积与其侧面积的比例至少为 3∶1。然后将此碎片经真空干燥，即可制成变色材料。这种多层薄膜碎片可以有选择性地吸收一部分光波而反射出剩下的光波，从而呈现彩色（如图 7-7 所示）。

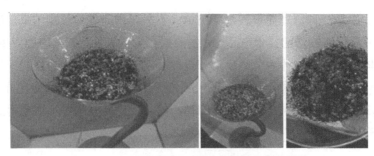

图 7-7　不同观察角度下薄膜碎片颜色变化效果

　　将这些多层薄膜碎片加入专门设计的连结料中，再加上透明染料及其他的填充料，就可以制造出光学变色油墨。光学变色油墨制造难度主要在于，多层薄膜干涉滤波器的各层厚度难以精确控制，薄膜的转移剥离技术也比较困难。另外，该油墨采用的连结料和溶剂都很特殊，因为它必须使印在承印物上的油墨中的每个薄片平行排列，并浮在连结料表面。

　　如上所述，需根据各个膜系结构的要求，在高真空条件下把不同折射率的材料依次交替沉积在同一载体上。为保证膜层的均匀性和致密性，必须严格控制沉积速度；为了控制膜系的颜色指标，必须将膜层厚度的误差控制在埃（1 埃 $=10^{-1}$ nm）的范围内，使其具有可见光学薄膜的精密性和特殊性。同时，膜系设计在满足光谱要求的前提下，膜层数应尽可能少，以降低生产成本。

　　最早将光变颜料应用于防伪领域的设想是由加拿大国家研究院的 Dobrowolski 等人于 1973 年提出来的。他们于 1987 年设计并制备了一种颜色可以从金色变化到绿色的薄膜。由于这种膜的厚度很薄仅 1μm 左右，所以这样的薄膜在纸币上几乎没有手感，而且这一防伪装置的物理和化学性能良好，经揉搓折叠均不影响其变色效果，因而特别适用于流通量较大的钱币上。这一技术在 1988 年的 50 加元货币上首次获得实际应用。由于其防伪效果极佳，现在 20 元和 100 元等面值的加币也都用上了该种防伪技术。此后美国 Flex Products 公司的 Phillips 等又研制出光变色膜的一种改良产品，即膜系具有对称结构的光变色颜料，并与瑞士 SICPA 公司合作将这种光学变色颜料掺入油墨中形成变色油墨。目前美国 Flex Products 公司和 BASF 公司已经开发出较为成熟的产品。这种变色油墨具有防伪性好、识别简单、使用方便等优点，受到许多国家印钞行业的欢迎。美国也于 1996 年 3 月 25 日正式向社会推出了带有这种变色油墨印刷防伪标志的 100 元面值美钞。迄今为止，国内被查获的新版人民币假币中，未发现有使用了光学变色油墨的假币。

　　在光学变色油墨的应用中，同色异谱光变油墨因其独特的光学特性而在防伪领域具有广泛的应用前景。同色异谱光学薄膜防伪是属于多光束干涉光学薄膜防伪范畴的薄膜光学应用技术。其利用物质颜色在特定条件下，会呈现相同颜色的特性却有不同光谱曲线，制作而成可用于印刷的光变油墨，也可应用于光学薄膜的防伪。当前市场上所有的光变油墨，大多是利用一种膜系的干涉效应，随着入射角度的变化，膜系颜色也跟着改变。而同色异谱光学薄膜防伪，则是在原有技术的基础上，将光学薄膜的同色异谱性质应用到防伪油墨当中，利用两个膜系在某个角度入射时呈现出相同颜色，而在其他角度入射时，呈现出较大颜色差异，从而可以设计隐藏的图案或文字，将防伪的难度提高，使其更加不容易被伪造。如图7-8所示，为同色异谱光学薄膜。其中A膜系作为同色异谱的原型，B膜系在0°入射时，与A膜系的色度坐标相同，呈现出相同的颜色；而当入射角大于45°后，两个膜系的颜色均会发生变化，呈现出较大的颜色差异，从而实现同色异谱。

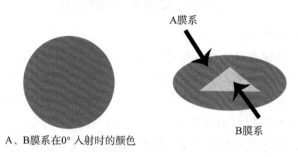

图 7-8　同色异谱光学薄膜

7.1.3　珠光颜料

1. 珠光颜料简介

珠光颜料是一种新型颜料，一般是由云母薄片外覆二氧化钛（TiO_2）或三氧化二铁（Fe_2O_3）组成的夹心式片晶。依靠对光线的多重折射、反射、透射、干涉，珠光颜料能再现自然界珍珠、贝壳、蝴蝶、游鱼等所具有的柔亮色泽和优雅气质，从而赋予表面涂层、塑料制品以丰富的层次感及优雅的光泽感。改变金属氧化物薄层厚度，就能产生不同的珠光效果。特殊的表面结构，高折光指数和良好的透明度使其在透明的介质中，创造出与珍珠光泽相同的效果。如图7-9所示，分别为连续和闪烁珠光的不同外观效果。

（a）连续珠光效果色板　　　　　　（b）闪烁珠光效果色板

图 7-9　不同珠光效果色板

同大多数免喷涂效果一样，珠光免喷涂的实现方式非常简单，只需向塑料原料中加入适量的珠光颜料，然后直接注塑就可以得到珠光效果的塑料制件。这些制件不用再经过表面处理，直接就可以组装成产品（如图7-10所示），工序的简化带来最直接的好处就是成本的下降。

图 7-10　珠光免喷涂实现的过程

2. 珠光颜料的光学性质

　　研究发现，珠光的秘密在于珍珠独特的物理结构。不同材料的折射率不同，使得光线在不同的介质表面会发生反射和折射，图 7-11（a）所示珍珠是由珠核外的碳酸钙质层和蛋白质层交替包裹、覆盖而形成，二者具有不同的光学折射率，因此入射光会在珍珠不同的层面上发生多重反射和折射如图 7-11（b）所示，在同一方向上，有多束在珍珠内部经历不同光程的光线以平行状态反射出来，这些光线之间发生的光学干涉是形成所谓"珠光效果"的主要原因。

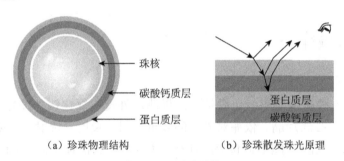

（a）珍珠物理结构　　　　　（b）珍珠散发珠光原理

图 7-11　珍珠结构

　　由于珠光颜料属于干涉型颜料，不同厚度下最终得到的颜色是不一样的。如第 7.1.1 节中薄膜干涉的公式（7-1）中所介绍，介质的折射率 n 和介质的厚度 h 共同决定了干涉光的主波长。以图 7-12 所示 TiO_2 包覆云母为例，随着颜料厚度的增加，其颜色会发生如图 7-13 所示的一系列变化，厚度为 40～60nm 时，颜色外貌为银白色，当厚度逐渐增大，直至增至 140～160nm 时，颜色外貌也发生了变化，逐渐变为金色、红色、蓝色和绿色（颜料厚度可以通过包覆层对云母基核的包覆厚度来调节）。

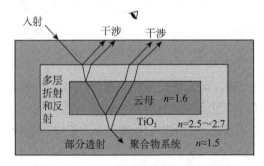

图 7-12　光线通过珠光颜料发生干涉

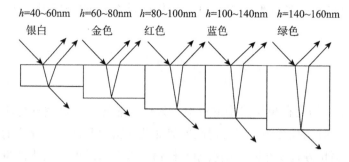

图 7-13　TiO₂ 包覆型珠光颜料在不同厚度下的干涉结果

3. 珠光颜料的应用

珠光颜料是一种提高产品附加价值的高亮度材料，其在印刷行业使用效果较好，能够提高产品色泽的鲜艳程度，也可以改变色彩呈色效果。其化学性质稳定，无毒害、耐高温、耐光照、耐酸碱、不变色、不迁移、不导电，可广泛用于汽车、摩托车、自行车涂料，粉末涂料，建筑涂料，珠光油墨、珠光塑料制品、珠光化妆品，还可以应用于造纸、印染、印花橡胶、陶瓷等行业（图 7-14）。

化妆品　　　　　汽车　　　　　　　　纺织品　　　　涂料　　　塑料外
　　　　　　　　　　　　　　　　　　　　　　　　　　　　　　　　包装品

图 7-14　珠光颜料的广泛应用

7.1.4　光学薄膜

光学薄膜的应用无处不在，从眼镜镀膜到手机、电脑、电视的液晶显示再到 LED 照明等，它充斥着我们生活的方方面面，并使我们的生活更加丰富多彩。

1. 减反射膜

减反膜又称增透膜，它的主要功能是减少或消除透镜、棱镜、平面镜等光学表面的反射光，从而增加这些元件的透光量，减少或消除系统的杂散光。最简单的增透膜是单层膜，它是镀在光学元件表面上的一层折射率较低的薄膜。光从一种介质反射到另一种介质时，在两种介质的交界面上将发生反射和折射，把反射光强度与入射光强度的比值叫作反射率，用 r 表示，$r=(A'/A)^2$，A' 和 A 分别表示反射光和入射光的振幅。设入射的光强度为 1，反射光的强度为 r，在不考虑吸收及散射的情况下，折射光的强度为（$1-r$）。根据菲涅尔公式和折射定律可知：当入射角很小时，光从折射率 n_1 的介质射向折射率 n_2 介质，反射率为：

$$r = \left(\frac{A'}{A}\right)^2 = \left(\frac{n_2 - n_1}{n_2 + n_1}\right)^2 \tag{7-4}$$

如图 7-15 所示，为光在单层膜中的反射。为使入射光线经过空气与薄膜的界面一次反射的光强 r_1，和入射光线经过空气与薄膜的界面两次折射和薄膜与介质的界面一次反射的光强 r_2，满足振幅相等且反相时，则会相互抵消，整个系统的反射光能量接近零。根据增透膜增透过程中能量守恒，透射过去的光能量得到了增强，几乎使全部光透射过去。光线 1 和光线 2 满足振幅相等，则薄膜的折射率应满足 $n=(n_1 n_2)^{1/2}$。例如，光线由很小的入射角从空气射入折射率为 1.8 的介质时，则反射率为 $r=8\%$。若以入射光的强度为 1，则反射光的强度为 0.08，折射光的强度为 1-0.08=0.92。另外，要使光线 1 和光线 2 正好反相，对薄膜的厚度有一定的要求。当光从空气透过介质薄膜垂直射入介质时，光线 1 和光线 2 要干涉相消，只要光线 1 和光线 2 的光程相差半个波长，则薄膜厚度 $h=(2k+1)\lambda/4$（k 为自然数，λ 为光在薄膜中波长）。当 $n_1 < n < n_2$ 时，这样光线 1 和光线 2 返回空气中时都经历了一次半波损失，相互抵消，出现干涉相消，从而减弱反射光的强度，增加透射光的强度，起到增透的作用。

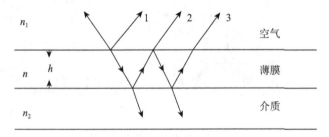

图 7-15　光在单层膜中反射

一般情况下，采用单层增透膜很难达到理想的增透效果，为了在单波长实现零反射，或在较宽的光谱区达到好的增透效果，往往采用双层、三层甚至更多层数的减反射膜。图 7-16 的 a、b、c 分别为绘出 K9 玻璃表面单层、双层和三层增透膜的剩余反射曲线，其中 K9 玻璃折射率为 1.52，单层增透膜采用 MgF_2（$n=1.38$），双层增透膜采用 MgF_2+MgO（$n_1=1.38$，$n_2=1.70$），三层增透膜采用 $MgF_2+ZrO_2+CeF_3$（$n_1=1.38$，$n_2=2.05$，$n_3=1.63$）。由图可见，曲线 c 所表示的三层增透膜剩余反射曲线最低，能够较好地在全波段内实现减反射的效果。

减反射膜是应用最广、产量最大的一种光学薄膜，它至今仍是光学薄膜技术中重要的研究方向。研究的重点是寻找新材料、设计新膜系、改进沉积工艺，使用最少的层数、最简单最稳定的工艺，获得尽可能高的成品率，达到最理想的效果。

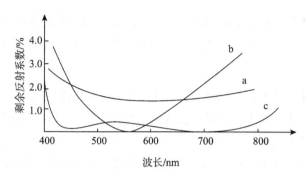

a. 单层增透膜；b. 双层增透膜；c. 三层增透膜

图 7-16　K9 玻璃上的增透膜

2. 反射膜

反射膜的功能是增加光学表面的反射率。反射膜一般可分为两大类，一类是金属反射膜，另一类是全介质反射膜。此外，还有把两者结合起来的金属介质反射膜。一般金属都具有较大的消光系数，当光束由空气入射到金属表面时，进入金属内部的光振幅迅速衰减，使得进入金属内部的光能相应减少，而反射光能增加。消光系数越大，光振幅衰减越迅速，进入金属内部的光能越少，反射率越高。人们总是选择消光系数较大，光学性质较稳定的金属作为金属膜材料。在紫外区常用的金属薄膜材料是铝，在可见光区常用铝和银，在红外区常用金、银和铜，此外，铬和铂也常用作一些特种薄膜的膜料。由于铝、银、铜等材料在空气中很容易氧化而降低性能，所以必须用介质膜加以保护。常用的保护膜材料有一氧化硅、氟化镁、二氧化硅、三氧化二铝等。

金属反射膜的优点是制备工艺简单，工作的波长范围宽；缺点是光损耗大，反射率不可能很高。为了使金属反射膜的反射率进一步提高，可以在膜的外侧加镀几层具有一定厚度的介质层，组成金属介质反射膜。需要指出的是，金属介质反射膜在增加了某一波长（或者某一波段）反射率的同时，却破坏了金属膜中性反射的特点，略微呈现出彩色。

全介质反射膜是建立在多光束干涉基础上的。与增透膜相反，在光学表面上镀一层折射率高于基体材料的薄膜，就可以增加光学表面的反射率。最简单的多层反

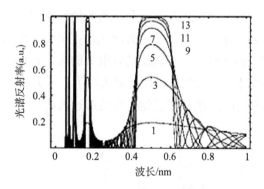

图 7-17　反射膜反射率与薄膜层数关系
（图中的数字标注表示层数）

射膜是由高、低折射率的二种材料交替蒸镀而成的，每层膜的光学厚度为某一波长的四分之一。在这种条件下，参加叠加的各界面上的反射光矢量、振动方向相同。合成振幅随着薄膜层数的增加而增加。图 7-17 给出的就是这种反射膜的反射率随层数变化的关系。

原则上说，全介质反射膜的反射率可以无限接近于 1，但是薄膜的散射、吸收损耗，限制了薄膜反射率的提高。目前，优质激光反射膜的反射率已可达到 99.9%。

3. 干涉滤光片

干涉滤光片是种类最多、结构复杂的一类光学薄膜，它的主要功能是分割光谱带。最常见的干涉滤光片是截止滤光片和带通滤光片。截止滤光片可以把所考虑的光谱区分成两部分，一部分不允许光通过（称为截止区），另一部分要求光充分通过（称为带通区）。典型的截止滤光片有低通滤光片（只允许短波光通过）和高通滤光片（只允许长波光通过），它们均为多层介质膜，具有由高折射率层和低折射率层交替构成的周期性结构。例如，最简单的高通滤光片的结构为 g（L/2）（HL）mH（L/2）a，其中 g 代表玻璃（光学元件材料），a 代表膜外空气，L 和 H 分别代表厚度为 1/4 波长的低折射率层和高折射率层，L/2 则代表厚度为 1/8 波长的低折射率层，m 为周期数。类似地，低通滤光片的结构为 g（H/2）L（HL）（H/2）a。一种具有对称型周期膜系的高通和低通滤光片的结构分别为 g（0.5LH0.5L）ma 和 g（0.5HL0.5H））ma 。具有以上结构的膜系称为对称周期膜系。如果所考虑的光谱区很宽或带通透过率的波纹要求很高，膜系结构会更加复杂。

带通滤光片只允许光谱带中的一段通过，而其他部分全部被滤掉，按照它们结构的不同可分为法布里－珀罗型滤光片、多腔滤光片和诱增透滤光片。法布里－珀罗型滤光片的结构与法－珀标准具（见法布里－珀罗干涉仪）相同，因为由它获得的透过光谱带都比较窄，所以又叫窄带干涉滤光片。这种滤光片的透过率对薄膜的损耗非常敏感，所以制备透过率很高、半宽度又很窄的滤光片是很困难的。多腔滤光片又叫矩形滤光片，它可以做窄带带通滤光片，又可以做宽带带通滤光片，制备波区较宽，透过率高，波纹小的多腔滤光片同样是困难的。

诱增透滤光片是在金属膜两边匹配以适当的介质膜系，以增加势透过率，减少反射，使通带透过率增加的一类滤光片。虽然它的带通性能不如全介质法－珀滤光片，却有着很宽的截止特性，所以还是有很大的应用价值。特别在紫外区，一般介质材料吸收都比较大的情况下，它的优越性就更明显了。图 7-18 的 a、b、c 分别给了出法布里－珀罗型滤光片、多腔滤光片和诱增透滤光片的透过曲线。

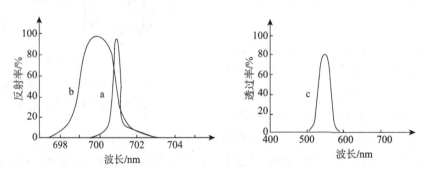

a. 一种法布里－珀罗型干涉滤光片；b. 一种多腔滤光片；c. 一种诱增透滤光片的透过曲线

图 7-18　带通干涉滤光片透过曲线

根据需要，带通滤光片的通频带可从红外到紫外。在可见光区，彩色电视摄像机中可利用这种滤光片把像分离成不同颜色；在红外区，常用于二氧化碳激光器、导弹制导系统及卫星传感器等。

第二节　全息纸及其印刷品

全息纸（又称镭射纸），是指在可见光下呈现光栅衍射图案的纸张，其在包装印刷行业得到了广泛应用，不仅可实现装饰的效果，也可实现防伪的目的。人眼在不同角度观察时，入射的自然光可呈现出绚丽的彩虹或高亮度且明暗周期变化的效果。目前，全息承印纸张中的彩虹光柱、彩虹素面和亚光光柱纸张在包装印刷领域的应用较多，可作为烟酒包装的承印材料（图 7-19）。

图 7-19　全息纸在烟包中的应用

图 7-20 所示为不同类型的全息纸张（彩虹光柱、亚光柱、铂金光柱和彩虹素面）的外观。其中，图中对不同类型纸张名称的定义，主要是沿用目前包装印刷行业内对全息纸张的命名。

（a）彩虹光柱　　　　（b）亚光柱　　　　（c）铂金光柱　　　　（d）彩虹素面

图 7-20　不同全息纸张的外观

图 7-20 的（a）（b）（c）中，不同类型的全息纸张均具有较为明显的光柱效果，除图（a）和图（d）中的彩虹光柱全息纸张具有绚丽的彩虹效果外，（b）和（c）中的亚光柱和铂金光柱全息纸张均无彩虹效果，主要为周期性、亮暗相间的光柱变化。其中，（c）中铂金光柱的亮暗光柱变化周期小于（b）中的亚光柱全息纸张，其在两个亮光柱中间还存在一个次亮光柱。（d）中的彩虹素面纸张在不同方向观察具有一致的彩虹色变化效果。

由于不同的印刷设计需求，在使用全息纸张进行印刷的过程中，印刷品墨层厚度的不同会产生不同的颜色效果。图 7-21 为光柱全息纸和两种不同墨层遮盖印刷品的视觉外观效果（图 7-21 1a、2a、3a）、500 倍放大（图 7-21 1b、2b、3b）和 3000 倍放大（图 7-21 1c、2c、3c）示意图。由于图 7-21-2a 中的白沙条盒蓝色油墨墨层较薄，对纸张的光柱遮盖效果不是很明显，图 7-21-3a 中的泰山宏图红色墨层较厚，对纸张有较强的遮盖效果，因此放大 500 倍（图 7-21-3b），3000 倍（图 7-21-3c）后已基本看不出光栅条纹的影响。

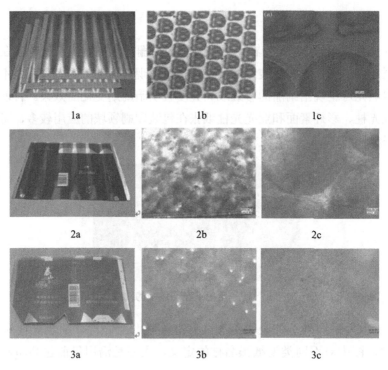

图 7-21　光柱全息纸和印刷品的视觉和微观效果

将光柱全息纸在 KEYENCE VK-X200K 3D 激光共聚焦显微镜下放大 3000 倍，观察其微观结构（图 7-22），可见其由不同的微小细条纹周期性排列构成。图 7-22（a）中光柱全息纸的光栅周期性结构分布（光栅条纹周期 $d \approx 1\mu m$）影响了不同角度观察到的颜色视觉效果，形成了光柱全息纸的绚丽亮彩虹效果，其满足式（7-4）所示的光栅方程；图 7-22（b）为测量得到的条纹刻划深度，其影响了不同的衍射光强，并与纸张表面的反射铝层共同作用，实现纸张不同的明暗视觉效果。

$$d(\sin i + \sin j) = k\lambda \qquad (7-5)$$

式（7-4）中 d 为光栅条纹周期，即一个条和一个空的宽度之和，具有与可见光波长相同的量级。i 和 j 分别为光线的入射角和衍射角，k 为衍射级数。进一步地观察纸张两相邻光柱间不同位置处的光柱光栅刻划条纹，得到光栅条纹的周期性分布图（如图 7-23 所示），可见相邻光柱间的光栅条纹偏转方向不同。

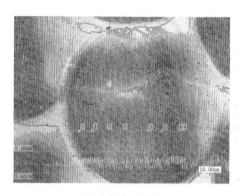

（a）光栅条纹微观   （b）光栅条纹刻划深度

图 7-22　光柱全息纸平面和纵向微观结构

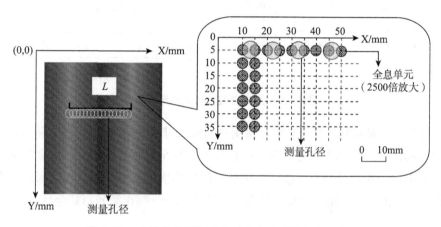

图 7-23　光柱全息纸张的光柱分布及光栅方向变化

以下将对光柱全息纸的微观结构进行介绍，并结合光柱全息纸的微观参数对纸张颜色测量的影响进行分析。

7.2.1　全息原版的制作

全息母版是实现全息技术中相当重要的一个要素，它是利用全息学原理制作全息图原版的技术。目前使用最多的全息制版技术是激光彩虹全息制版技术，这里结合图 7-24 中的光柱全息纸的生产工艺流程介绍制作的基本原理及工艺。

全息原版是指制作激光彩虹全息模压母版的胎膜，其制作原理与激光彩虹全息图制作原理相同。其基本工艺过程是：在激光彩虹全息图制作过程中，对底片进行特殊的技术处理（主要是玻璃片基上涂上一层厚厚的光致抗蚀剂），即用涂有光致抗蚀剂的感光片代替普通的激光彩虹全息底片，经曝光处理后，得到一张浮雕型位相全息图（彩虹全息图片），如图 7-25（a）所示，这就制作了激光全息模压母版的胎膜。母版表面充满了凹凸不平的干涉条纹，其精细度可达每毫米千余条。这些浮雕状的条纹记录了被拍摄物体的光波强度与位相信息，实现了全息记录。

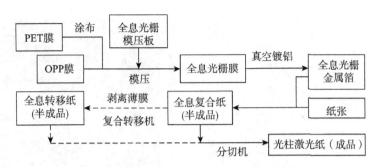

图 7-24　光柱全息纸的生产工艺流程

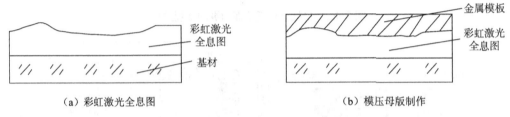

（a）彩虹激光全息图　　　　　　　　　　　　（b）模压母版制作

图 7-25　激光彩虹全息图片母版制作

全息模压版，是指制作激光彩虹全息图片的模压母版，如图 7-25（b）所示，它是利用电镀的原理制作的。其基本工艺过程是：在激光彩虹全息图片胎模上，用真空镀膜或化学电镀的方法电镀一层很薄的金属膜，再电镀上适当厚度的镍或其他金属，形成一个与胎模严密偶合、坚固耐用、机械性能良好的金属模压母版——制作激光彩虹全息图片的模压版。

7.2.2　全息图的模压复制

模压全息图的制作可分为三个阶段，首先记录浮雕型原始全息图，其次将其上的干涉条纹沟槽转移到金属模上制成金属压模，最后在透明塑料上压制成浮雕全息图。模压全息图是透射型的彩虹全息图，由于其上镀有高反射率的金属膜，可以用反射光方便地观察。高质量的模压版可以连续压印 100 万次以上，因此这种复制方法最适合于大批量复制。

模压复制是形成激光彩虹全息模压图片的最后一道工序，其基本工艺过程是：将全息金属模压版安装在压印机上，将其加热到一定的温度，以一定的压力在热塑性材料（一般采用高质量的聚氯乙烯薄膜或聚酯类塑料薄膜）上压印，即可把全息金属模压版上精细的浮雕条纹（全息图）转印到热塑性材料表面，待冷却定型和分离后，热塑性材料表面就形成了与全息金属模压版上完全相同的条纹，即制成了可在普通白光下再现的激光彩虹全息模压图片。由于白光中每一种波长的光都会被图片上的干涉条纹所衍射，因此在不同的角度观看时，会有不同颜色的再现图像。

为了使激光彩虹全息模压图片便于在白光下观看，并且使其光泽鲜亮，更具观赏性，可以在压印好的薄膜上真空蒸镀一层铝膜（构成反射层，以提高膜的反射率，一般镀层厚度在 40 ～ 50nm），制成不透明的激光彩虹全息模压防伪标识（反射型全息标识）。

7.2.3 光柱全息纸的生产工艺

无论什么效果的光柱全息纸，在生产中都需要经过制全息模压版、模压、涂布、分切、转移等工艺过程（如图 7-24 所示），以下结合光柱全息纸的生产工艺进行详细介绍。

在全息纸的生产过程中，全息光栅模压版的制作是生产光柱全息纸的核心环节，其版材主要采用特殊金属薄片经专门电铸制成，具有较强的硬度和柔韧性。模压版上刻划的光栅条纹是光柱全息纸最终呈现亮彩虹效果的关键，图 7-26 为模压版实物图。

模压版在高温下直接与薄膜基材压合，使模压版上的全息信息转移到薄膜上，改变基材表面的物理结构，使得不同波长的光线照射到薄膜表面时，在光栅条纹的作用下呈现彩虹光柱效果，如图 7-27。一般全息薄膜有两种材质，分别为 OPP 和 PET，前者可以直接在其表面压印全息图文，后者需要先在表面涂布很薄的专用涂料，然后再压印全息图文。

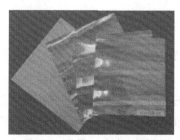

图 7-26　光柱全息模压版实物　　　　图 7-27　模压后的薄膜材料实物

为了呈现金属效果，还需要在完成压印后的薄膜上喷镀一层金属箔。主要采用高温真空镀铝机，将金属铝丝（也可以是铜、铬、铁等金属）经过强电流后雾化，附着在压好的全息膜上，形成极薄的一层金属箔。真空喷镀效果由所采用的金属材料决定，可以形成亮光镜面、亚光素面等效果，图 7-28 为喷镀金属层后的薄膜材料实物。为保障后续加工的顺利进行，经真空喷镀工艺后的薄膜还要进行表面处理，一般为涂布清漆（或涂料）和电晕处理，以改善其印刷适性。

图 7-28　喷镀金属层后的薄膜材料实物　　　图 7-29　待剥离转移的光柱全息纸

最终要得到光柱全息纸，还需要将全息薄膜与纸张进行复合，用于包装材料的印刷及加工。但为了更好地使光柱全息纸呈现全息效果，一般会使用剥离转移的方法，在纸面上涂布转移胶的同时压合全息金属膜，将全息膜剥离使全息图文转移到纸张上，然后再在表面涂布保护层，烘干后即成为全息转移纸，如图 7-29 所示。

如图 7-30 为光柱全息纸基及其印刷品的多层结构。图中，油墨层 A 和保护涂层 B 的厚度约为 0.5 ～ 1μm；全息光栅层 C 和镀铝层 D 的厚度约为 0.2 ～ 0.5μm；纸基层 E 的厚度由纸张的克重决定，如 232g/m² 的镀铝光柱全息纸的纸基层厚度为 287μm。

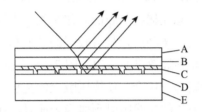

A- 油墨层；B- 保护涂层；C- 全息光栅层；D- 镀铝层；E- 纸基层

图 7-30　全息纸的纵向结构

7.2.4　光柱全息纸的颜色测量

对全息纸及其印刷品的颜色测量和色差评价，2020 年新发布的标准《全息纸及其印刷品的色差测量方法》（标准号 T/CAB0071—2020）中推荐可使用两种测量方法：第一种方法为采用行列测量的方式，在垂直于光柱全息纸的光柱方向等间距采样，只要满足采样点个数 $n×$ 采样间距 $d ≥$ 纸张的相邻光柱间距 L，即可完成单张全息纸的均匀性和光柱质量分析、评价。该方法适用于大面积采样，主要适用于纸张测量。采用该测量方法也可进行标样全息纸和试样全息纸的颜色对比分析。第二种方法为在固定位置测量四个连续且依次间隔 45° 角度处（0°＆45°＆90°＆135°，5°＆50°＆95°＆140° ⋯⋯）样品的色度值，计算其平均值，作为纸张或印刷品在该位置处的色度值。该方法适用于对全息印刷品的颜色进行测量分析，当印刷品上有多处图案、文字信息时，可选用该方法对印刷品上的匀色位置进行采样和色差计算。

在上述两种测量方法中，推荐使用的测量条件为：D$_{65}$ 漫射光照明，10° 视场，包含镜面反射（SCI），测量孔径不大于 4mm，光谱范围 400 ～ 700nm。这类仪器中的积分球可以均匀分散光，消除全息材料因干涉和衍射产生的颜色差异，故在绝大多数全息纸厂及烟包印刷行业被广泛用于颜色检测。

在图 7-20 所示的三种光柱全息纸张上选择任一无蹭脏、无划痕位置作为测量的起始位置，以 Y 轴方向任意位置开始，沿着 X 轴方向（垂直于光柱的方向）共采集 100 个点，每相邻两个点之间的间距为 1mm，得到的色度曲线变化如图 7-31 所示。

可见，光柱全息纸张在 X 方向的色度值呈规律性变化，变化周期均约为 50mm，即不同类型光柱全息纸张的光柱周期 L 为 50mm。亚光柱全息纸张在一个光柱周期内存在一个波峰，铂金光柱和彩虹光柱全息纸张存在两个波峰。因此，在后续测量中测量一个光柱周期 L 即可。但在企业实际使用时，采样点个数多，会降低使用效率，较难真正推广、应用到实际的质检过程中。通过对在一个光柱周期内的相同位置处，分别选用：50 个采样点 ×1mm 采样间距，20 个采样点 ×2.5mm 采样间距，17 个采样点 ×3mm 采样间距和 10 个采

样点 ×5mm 采样间距等不同测量条件的结果比较，发现 10 个采样点 ×5mm 采样间距的测量条件已能满足企业目前的测量精度需求，测量结果准确、可靠。

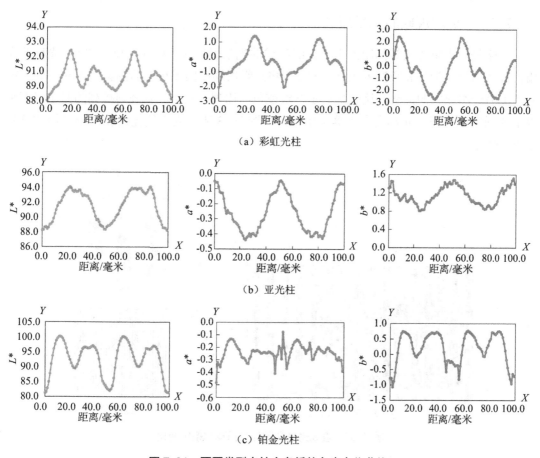

（a）彩虹光柱

（b）亚光柱

（c）铂金光柱

图 7-31　不同类型光柱全息纸的色度变化曲线

图 7-32 所示为北京印刷学院自主开发的一套适用于测量光柱全息纸张及其印刷品颜色的系统。该系统可实现上述《全息纸及其印刷品的色差测量方法》标准中的行列测量和定点旋转测量，将采集到的数据在数据处理模块中进行计算、分析，从而给出光柱全息纸张（或印刷品）颜色质量是否合格的判断。

图 7-32　光柱全息纸及其印刷品颜色测量系统

第三节　开锁式防伪印刷品

7.3.1　莫尔现象的光学原理

光栅是由大量等宽等间距的平行狭缝组成的光学器件（透射式、反射式），光栅的光栅常数（周期）为条 a 和空 b 距离之和 T，将两组周期相同或相近的图案叠加在一起，就能产生另一组放大的图案，这就是莫尔条纹或龟纹原理。凡是具有规则排列的两个或两个以上的图案重叠在一起都会产生莫尔条纹，如图 7-33 所示为直线光栅和圆形光栅的莫尔条纹变化。

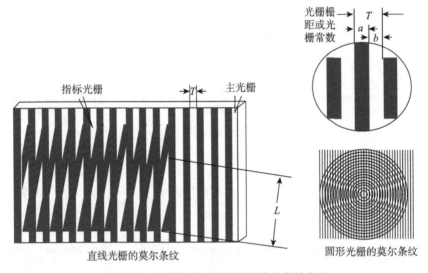

图 7-33　直线光栅和圆形光栅莫尔条纹变化

莫尔条纹现象中对两组图案的微小位移和微小转动都非常敏感。只要互相重叠的两幅图案之间的相对位置有一点点的变动，都可能带来莫尔条纹十分剧烈的变化，这种现象在彩色印刷复制过程中也十分常见，如图 7-34 所示。在四色印刷中，彩色印刷品是由几种油墨、几种网屏角度叠印而成的，除非这几种油墨都采用同样的网屏角度，否则一定会产生网纹（莫尔条纹）。在以一些网屏角度叠印的情况下，这种网纹在细网线加网的条件下可以被视觉接受。但以另一些网屏角度叠印的情况下，就会和其他颜色产生冲突，产生非常难看的大块网纹，这种现象就是所谓的印刷撞网，即为前面提到的莫尔条纹或龟纹，这是在印刷复制过程需要尽量避免的现象。

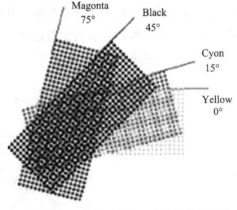

图 7-34　印刷四色加网产生的莫尔条纹

最普通的直条纹重叠，它们的莫尔条纹的周期满足公式（7-6）：

$$T_M = \frac{T_1 T_2}{\sqrt{T_1^2 + T_2^2 - 2T_1 T_2 \cos\alpha}} \qquad (7\text{-}6)$$

式（7-5）中，T_1、T_2 和 α 分别为两个直线条纹图案的周期和它们之间的夹角。

当两个直线条纹图案的周期相等时，即 $T_1 = T_2 = T$ 时，莫尔条纹图案的周期为式（7-7）所示：

$$T_M = \frac{T}{\sqrt{2(1 - \cos\alpha)}} = kT \qquad (7\text{-}7)$$

式中，k 称为放大系数，与 α 有关，α 越小，k 值越大。如果 α 取非常小的值，那么原图案移动一个周期 T 的距离，莫尔条纹也将随之移动它自身的一个周期 $T_M = kT$ 的距离。这样微小的移动使莫尔条纹以 k 倍的倍率移动，这时隐藏信息被放大的倍数就会随之增大。利用莫尔条纹的这种放大作用，可以将莫尔条纹用于精密测量和位移控制。

7.3.2 开锁式防伪印刷品参数分析

在印刷防伪技术中，由于网目调图像调幅网点排列具有均匀性，可以把网目调图像看作一个周期性变化的图案，隐藏的图文信息部位网点排列方向需与正常网点的排列方向稍有不同。解码时，将一个具有相同周期图案的光栅片作为解码光栅置于印刷品上，调整角度，在角度和位置合适，即式（7-7）中解码片和隐藏信息间的夹角 α 非常小时，由于正常网点部位和隐藏信息部位所产生的莫尔条纹纹理不同，依靠纹理的对比效应，印刷品中隐藏的图文信息就能被清晰地再现、放大显示出来。

一般网点的排列是整齐的，因此在应用上会有角度之分。如单色印刷时，其网线角度多采用 45°，可以带来最为舒适及不易察觉网点的视觉效果，给人连续调的感受。对于双色或双色以上的印刷，需要留意两个网屏的角度组合，否则会产生不必要的莫尔条纹（图7-34 所示）。通常两个网屏的角度相差 30° 时便不会出现撞网，所以一般双色印刷时，主色或深色的网角用 45°，淡色用 75°；三色则分别采用 45°、75°、15° 三个角度；如果是四色则分别用品红（M）75°，黄（Y）90°、青（C）15° 及黑（K）45° 排列。

以下举例说明网点面积、加网角度和网点形状对开锁式防伪印刷品的信息隐藏和解码效果影响：

（1）网点面积

如图 7-35 所示，为双色叠印下 70%Y+ 不同网点面积率 K 时的解码效果。

由图 7-35 可见，K 的网点面积率为 85%、75%、10% 的解码效果不佳，主要是由于85%、75% 网点的颜色较暗，从而影响了对解码信息的观测，10% 的网点面积率下颜色较亮，解码信息与背景色的对比度较低；网点面积率在 65% 到 20% 范围内的解码效果较好，其中图 7-35 所示的 55%、45%、35% 网点面积率下解码效果更为清晰、明显。因此在实际应用中，可将隐藏信息安排在网点面积率为 65% ～ 20% 范围内。

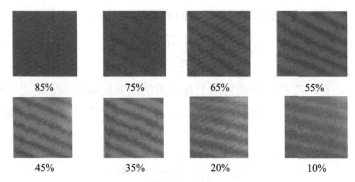

85%　　　75%　　　65%　　　55%

45%　　　35%　　　20%　　　10%

图 7-35　70%Y+ 不同网点面积率 K 时的解码效果

进一步采用多色叠印的方式，如图 7-36 所示：

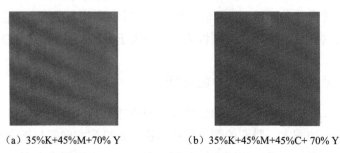

（a）35%K+45%M+70% Y　　　（b）35%K+45%M+45%C+ 70% Y

图 7-36　多色叠印解码效果

由图 7-36 可见，当叠印色较多时，解码效果会受到一定的影响，（a）图的解码效果优于（b）图的解码效果。因此，在选择隐藏区域时，应尽量选择墨色均匀的双色叠印区域；在多色叠印区域内，应选择某一色版网点面积率在 35% ～ 65% 而其余各色版网点面积率相对较小的位置。

（2）加网角度

选择 Y 版和 C 版进行颜色叠加，其在不同的加网角度下的隐藏和解码效果如图 7-37 和 7-38 所示：

（a）0°　　　　　　　　（b）45°

图 7-37　加网角度不同时的隐藏效果

由图 7-37（a）可见，隐藏信息位于 0° 印版时，隐藏图像边缘有漏白边现象；位于 45° 印版时，如图 7-37（b）所示，解码效果图纹理感明显，不适合制作隐藏信息，在隐藏时可避开这两种加网角度。实验结果表明 15°、75° 两种情况下信息隐藏效果优于 0° 和 45° 加网效果。同时由图 7-38 也可见，各加网角度的解码效果由好到差依次为：0° > 45° > 15° > 75°。

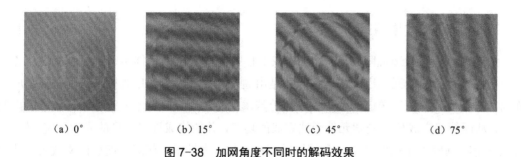

(a) 0°　　　　　　(b) 15°　　　　　　(c) 45°　　　　　　(d) 75°

图 7-38　加网角度不同时的解码效果

（3）网点形状

图 7-39 为在品红版上选择圆形 / 直线形不同网点形状进行信息隐藏的效果图。可见选用不同的网点形状对信息隐藏效果影响不大；图 7-39（c）所示的直线网点解码效果略好于图 7-39（b）所示的圆形网点解码效果，但差别不是很明显。

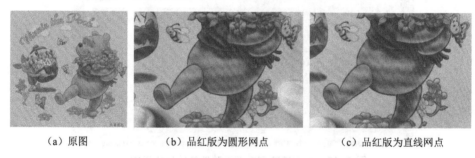

(a) 原图　　　　　　(b) 品红版为圆形网点　　　　　　(c) 品红版为直线网点

图 7-39　小熊图信息版为圆形网点解码效果

以下以具体参数设置举例，在进行上述印刷信息图的制作时：1）可设定加网线数为 160 线 / 英寸，即印刷品的条空间隔（栅距）为 158.75μm；2）可选择信息版输出分辨率为 2400dpi×2400dpi（每个像素点的尺寸为 10.58μm）的直接制版机，此时每个网点（栅距）由 15×15 个激光点组成。

在进行信息隐藏的过程中，如选择 C 版进行信息隐藏时，可将需隐藏的信息栅格化后，再在原始图像的基础上进行一定的偏移，偏移量一般在 1～3 个激光像素，以视觉不可察觉且可以解出隐藏信息为主要评判依据。双通道信息隐藏同理可选择两块色版进行信息的隐藏。

光栅解码片的选择需与制作信息版的图像相匹配，在这种参数设置下，光栅周期（或称为光栅常数）应与网点周期接近，即光栅解码片的周期应为 158.75μm 左右。满足这种参数匹配才能通过光栅解码片角度 α 的旋转产生莫尔条纹。

第四节　微透镜阵列 3D 印刷品

7.4.1　动态效果原理

近年来，基于微透镜阵列的动态 3D 成像技术的应用已经延伸至印刷包装领域，并成为印刷包装行业的研究热点。微透镜阵列是由通光孔径及浮雕深度为微米级的透镜组成的阵列，它不仅具有传统透镜的聚焦、成像等基本功能，而且具有单元尺寸小、集成度高的特点，从而能够完成传统光学元件无法完成的功能，并能构成许多新型的光学系统。例如，将微透镜阵列应用于微图文上，利用微透镜和莫尔放大技术，将对应的微图文放大，从而呈现出人眼可见的放大清晰图文，并具备动感和景深效果。其具有工艺程序复杂、难度高且普通大众容易识别的特点，有望成为新一代高端大众防伪技术的主流技术方案。目前已经广泛应用于钞票、身份证件、有价证券等的防伪技术中，如美元、韩元、墨西哥币、丹麦克朗、智利比索、英镑等纸币安全线，如图 7-40 中美元上的安全线使用了微透镜防伪技术。

图 7-40　微透镜阵列在图文防伪领域的应用实例

微透镜光学元件分为衍射型光学元件和折射型光学元件两大类。由二元光学方法，制作出的衍射微透镜及其阵列的表面是不连续的，其浮雕结构常采用多台阶相位结构近似的方法，从而使衍射元件的加工制作问题得到解决。折射型微透镜及其阵列的制作工艺可以制作出直径在一毫米到几毫米的微透镜阵列，其典型的直径为几十微米到几百微米，并且具有一定的厚度。光刻胶热熔方法制作出的微透镜及其阵列可以达到毫米量级的直径。

折射微透镜与常见的普通光学透镜的区别在于其微小的结构尺寸，但设计理论与普通光学透镜一致。对于微透镜阵列几何参数的设计方面，如图 7-41 所示，为球冠形平凸微透镜的截面图，圆形基底的微透镜几何结构可以用透镜孔径 D、冠高 H、表面曲率半径 R、边界角 θ 和焦距 f 来表示。它们之间有如下关系：

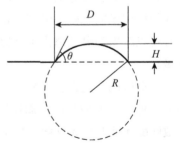

图 7-41　微透镜阵列几何参数的设计

$$\sin\theta = \frac{D}{2R} \qquad (7-8)$$

$$R = \frac{D^2}{8H} + \frac{H}{2} \qquad (7-9)$$

$$f = \frac{nR}{n-1} \qquad (7-10)$$

其中 n 是微透镜材料折射率。通过设计合理的结构参数，使下表面的微缩图案位于微透镜阵列的焦平面处，即可实现微图文放大效果。

另外，将微透镜阵列和微图案阵列看成两个有一定周期结构的光栅，它们重叠以后就可以形成莫尔条纹，如图 7-42 所示，为典型微透镜阵列防伪膜的结构示意图。因此，由于微透镜阵列对缩微文字的莫尔放大作用，就可以产生特殊的视觉效果，缩微文字阵列就有了上下、左右等动感的效果。图 7-43 为几种典型浮动光栅薄膜的宏观效果图及微观结构参数图，表 7-1 为利用 3D 激光共聚焦显微镜测量浮动光栅上表面微透镜的几何参数 D、H，代入式（7-9）、式（7-10）后可计算得到相对应的 R 和焦距 f 值。

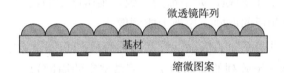

图 7-42 微透镜阵列防伪膜的结构

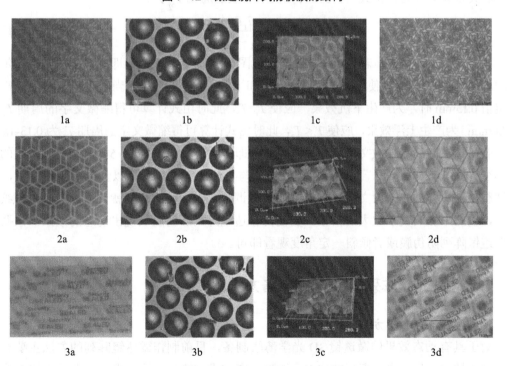

图 7-43 浮动光栅薄膜宏观效果图及微观结构参数

表 7-1　浮动光栅上表面微透镜的几何参数

样品	D（μm）	H（μm）	R（μm）	f（μm）
1a	64.8	23.8	34.0	102.0
2a	65.6	26.4	33.6	100.7
3a	65.2	10.0	58.4	175.1

在 xy 平面内，假设微透镜阵列在 x 方向和 y 方向的周期是不一样的，分别是 x_1 和 y_1，缩微文字阵列在 x 方向和 y 方向的周期也是不一样的，分别是 x_2 和 y_2，基材的厚度为 h，与微透镜的焦距大致相当，所以微缩文字位于微透镜的焦平面上。

当微透镜阵列和缩微文字阵列发生相互作用时，会产生莫尔放大效应，根据莫尔条纹放大的公式可以得到此处的缩微文字在 x 方向和 y 方向的放大倍数分别为：

$$k_x = \frac{x_1}{x_2 - x_1} \tag{7-11}$$

$$k_y = \frac{y_1}{y_2 - y_1} \tag{7-12}$$

当 k_x 和 k_y 为正数时，产生的莫尔图形在相应的 x 方向和 y 方向上与缩微文字有相同的取向，相当于成正像；相应地，如果都为负数，则所产生的莫尔条纹在相应的 x 方向和 y 方向上与缩微文字有相反的取向，相当于成倒像。

不考虑 xy 方向上周期不同的情况，设定微透镜阵列和缩微文字阵列之间有一定的角度，角度值为 α，若微透镜阵列的周期为 T_1，缩微文字的周期为 T_2，当微透镜阵列和缩微文字的夹角 α 为 0 时，由式（7-5）可知莫尔条纹的周期 T_M 为：

$$T_M = \frac{T_1 T_2}{|T_1 - T_2|} \tag{7-13}$$

由式（7-13）可知，若最终呈现 3D 效果图案的间距为 6mm，即式（7-13）中莫尔条纹的周期 T_M 的取值，为使浮动光栅呈现上浮和下沉两种不同效果，当微透镜阵列周期 T_1 取固定值 0.13mm 时，为产生下沉效果，应使 $T_1 > T_2$，此时由式计算可得缩微文字的周期 T_2 为 0.126mm；为产生上浮效果，应使 $T_1 < T_2$，此时由式计算可得缩微文字的周期 T_2 为 0.134mm。

若微透镜阵列和缩微文字阵列周期相同，即 $T_1 = T_2 = T$，由式（7-5）可知莫尔条纹的周期即变为式（7-6）所示，此时莫尔条纹周期与 α 和 T 有关。根据以上分析可以看出，通过调整微透镜阵列和缩微文字阵列的周期或者调整二者之间的角度就可以控制莫尔条纹的周期，以此来影响莫尔放大的倍数。要使得微透镜阵列防伪膜表现出动态的效果，只要转动微透镜阵列防伪膜或者倾斜一定角度观看即可。

7.4.2　微透镜阵列 3D 印刷品制备方法及工艺流程

1. 微透镜阵列制备方法

对于具有动态效果的微透镜 3D 光学薄膜制备，目前制作微透镜阵列的方法主要有光刻胶熔融技术、反应离子束刻蚀技术、微喷打印技术、激光直写技术和纳米压印技术等。

（1）光刻胶熔融技术

利用光刻胶熔融技术制备微透镜阵列是实验室中常用的方法，该方法制备过程简单，制作成本相对较低，周期短，工艺参数易于控制，被广泛应用于制作折射型微透镜阵列。如图 7-44 所示，整个过程大致可分为三步：1）将掩膜版置于光刻胶上并对其进行紫外曝光；2）将已曝光的光刻胶版进行显影和清洗；3）最后热熔成型。

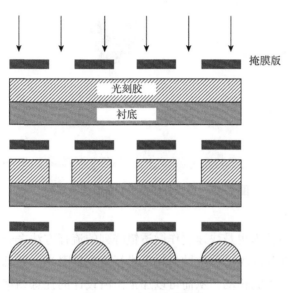

图 7-44　光刻胶熔融法

（2）反应离子束刻蚀技术

反应离子束刻蚀属于微电子干法腐蚀的一种，一般用于制作衍射型微透镜阵列。其原理是基于物理化学作用，根据刻蚀材料选择特定的气体充入离子源放电室，气体被电离后形成离子束，利用离子高速撞击样品并与样品表面原子进行化学反应，刻蚀产物脱离样品表面并随抽气系统排出。随着样品表面"反应—剥离—排出"的循环进行，样品就被逐层刻蚀到指定深度，最后形成所需图案。

该方法原理较为简单，在利用离子束轰击样品时，由于离子束的定向轰击给气体离子和样品表面的化学反应带来了良好的方向性，其具有较高的各向异性；除化学反应外，由于离子轰击样品表面时会使得表面原子溅射，对周围也会产生一定的刻蚀作用。然而该技术进行刻蚀时过程较为复杂，不同样品对刻蚀气体的选择、刻蚀速率、刻蚀选择比等工艺参数的要求也不尽相同，因此对于不同材料用来制备微透镜阵列时，需要花费较多的时间进行探究。

（3）微喷打印技术

微喷打印技术类似于喷墨打印技术，基于每个从喷嘴中流出的液体体积大小都均等的原理来制作微透镜阵列。目前微喷打印技术可分为按需滴定微喷打印技术和连续微喷打印技术。其原理如图 7-45 所示，材料在一定压力下由喷嘴喷出，当滴落在指定衬底上时，通过一定条件下液体固化并形成透镜形状，从而完成微透镜阵列的制作。由于要保证每一次喷出的材料的体积和质量均等，该技术需要利用计算机控制技术，通过计算机控制电机诱导产生电压脉冲，电压脉冲作用到和液体直接或间接相连的压电材料上，从而引起液体体积的变化，使得其可以精确控制液滴的体积和大小。由于该技术是由计算机进行控制，因此使用和加工都较为灵活，同时可以降低对环境的影响，提高工艺集成化。

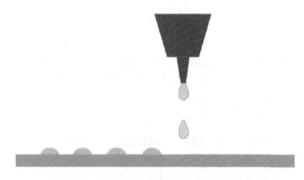

图 7-45　微喷打印技术制备微透镜阵列

（4）激光直写技术

近些年，激光直写技术也是快速制作微透镜阵列的流行方法之一。该技术利用高强度且强度可变的激光束在基片表面的抗蚀材料上进行变剂量曝光，并且通过计算机高精度地控制激光束在空间范围内的移动，从而可以加工出所设计的任意图案。曝光完毕后通过显影即可在抗蚀层表面形成所要求的浮雕轮廓。有研究人员实现了用 10 ～ 35mW 的飞秒激光器直接在 PDMS 上"打印"凹型微透镜阵列，其原理如图 7-46 所示，并且通过成像测试显示该阵列上的微透镜均具有较好的成像效果。激光直写多用于制备折射型微透镜阵列并有着制作周期短，操作简单，可以对大多数主流光学材料进行刻蚀以及制作焦距可调的微透镜阵列等优点，但是由于其设备价格过于昂贵，不适于大规模生产。

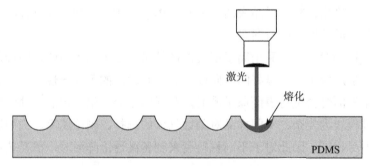

图 7-46　激光直写技术制备微透镜阵列

（5）纳米压印技术

纳米压印技术是一种可用于大规模生产制造的模型复制技术，它突破了传统光刻在特征尺寸减小过程中的难题，可精确地复制几十纳米的微结构图，具有低成本、高产值和超高的加工分辨率等优点，已经成为微电子和材料领域的重要加工手段，常用于对已加工的模板进行复制，它为快速、大批量制作微透镜阵列提供了重要的帮助。纳米压印技术制备微透镜阵列主要分为三个步骤，如图 7-47 所示。第一步是制作带有微结构图案的模板；第二步是将模板上的图案压印于待加工材料上，并进行固化；第三步将该材料剥离，完成图案的转移。根据压印方式的不同，又可分为多种纳米压印技术，常用的压印技术有热压式纳米压印技术和紫外固化 UV 纳米压印技术。

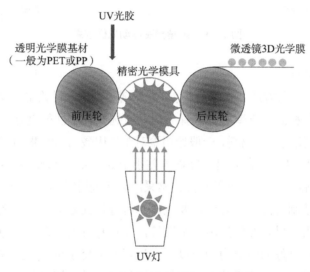

图 7-47　纳米压印技术制作微结构器件

2. 微缩图文设计要求

由于微透镜阵列对缩微文字的莫尔放大作用可以产生特殊的视觉效果，缩微文字阵列可以有上下、左右等动感的效果。通过对缩微文字单元大小、间距及印刷工艺等参数的调整，可以呈现多色、多通道的动态显示效果以及上浮、下沉、放大、渐变、异形等 3D 显示效果。图 7-48 和图 7-49 为深圳裕同包装科技股份有限公司的不同型号微缩图文样品，图 7-48 为相同微透镜结构、不同缩微文字间距情况下的动态放大效果。图 7-49 为不同角度观察下具有不同图案效果的 3D 动态效果。

图 7-48　不同间距缩微文字放大效果

左侧观察　　　　　　　　正面观察　　　　　　　　右侧观察

图 7-49　随角异图浮动光栅效果

3. 制备工艺参数要求

下面以紫外纳米压印方法制备微透镜 3D 光学薄膜为例，讨论工艺参数对薄膜制备效果的影响。对于作为基材的光学薄膜的选择方面，应选择光学性能良好、表面平整度高以及与 UV 光刻胶有良好附着力的材料，一般选用聚对苯二甲酸乙二醇酯（PET）或聚丙烯（PP），平均透光率可达 90% 以上，表面粗糙度均方差小于 0.3μm；光刻胶应具备良好的分辨率、对比度、敏感度、黏附性和抗蚀性等特点，常采用丙烯酸树脂单体、丙烯酸树脂低聚物等。

采用纳米压印法制备微透镜之前，要先对基材进行预处理，上胶之前要先用丙酮、酒精、去离子水等除去基材表面的油污、杂质等，并对基材表面进行防静电处理，以保证微透镜在基材表面具有良好的附着力和牢度；在进行 UV 胶涂布时，上胶过程要严格控制上胶速度，保证上胶的均匀性和平整度，避免出现气泡和溢胶等现象；在进行压印过程中，压印速度通常控制在 5 ～ 15m/min，紫外曝光量控制在 400 ～ 1600mJ，固化温度控制在 30 ～ 80℃，固化时间以 3 ～ 5s 为宜。图 7-50 为制版所用的柯达高精度 CTP 直板机，图 7-51 为苏大维格生产的高精度紫外纳米压印机。

图 7-50　柯达高精度 CTP 直板机　　　　图 7-51　高精度紫外纳米压印机

第五节　光学偏振现象

对于偏振光的原理在第二章第四节中已经进行了相应描述，偏振光在很多技术领域均得到了广泛的应用，前面已经有所涉及，其中在第 5 章第二节 3D 显示光学系统中也已详细说明偏光式 3D 显示技术的技术原理，以下主要针对偏振光在印刷、摄影等行业的不同应用进行阐述。

（1）镜像防伪油墨

镜像光变油墨是一种新型的防伪油墨，检测时可以做到防伪特征的唯一性。其识别方法是使用如图 7-52 所示的特制镜片（偏振片）覆盖在图 7-53 所示的脸谱图案上进行观察，这时图案的左右两侧就呈现出了不同的颜色外观（左侧为蓝色，右侧为绿色）。镜像光变油墨同时也具备光变油墨的角度变色效果，属于双重防伪产品。这种油墨用任何扫描仪、彩色复印机或其他材料都无法仿制。

图 7-52 镜像防伪检测镜片

图 7-53 镜像防伪油墨印制图像检测

（2）摄影

在摄影时，表面光滑的物体容易反光，如玻璃器皿、水面、窗户、塑料表面等，常常会出现反光或耀斑，这是由于光线的偏振引起的。在拍摄时加用偏振镜，通过取景器一边观察一边转动镜面，从而阻挡这些偏振光，用以消除或减弱光滑物体表面的反光或亮斑。摄影时控制天空亮度，使天空变暗也用到这一原理。由于蓝天中存在大量的偏振光，加用偏振镜以后，蓝天变得很暗，突出了蓝天中的白云。如在公园清澈的水塘中游荡着漂亮的金鱼，用相机拍照的最大问题就是水表面反射的光线使人看不清水下的金鱼。根据布儒斯特定律，自然光经水面反射后是部分偏振光，而在布儒斯特角时是平面偏振光，水的折射率是 1.33，相应的布儒斯特角是 53°。因此，在相机的镜头前加上偏光镜，摄影者在岸上将相机以 53° 左右对准水面，旋转镜头前的偏光镜，使其偏振化方向与反射光的偏振面垂直拍照（此时在取景器中看到水中的物体最清楚），则可大大减小反射光的影响，拍到清晰的金鱼照片。

同样地，图 7-54（a）和（b）的左图均为未使用偏振片的拍摄效果，可见（a）图左图中拍摄的样品表面有较为明显的反光现象，（b）图的左图中无法清晰拍摄到玻璃门内的影像。当在相机的镜头前加上偏振片后，拍摄的效果得到了明显改善，如 7-54（a）和（b）中的右图所示。

（3）偏光镜片

偏光镜是太阳镜的一种，根据光线偏振原理制造而成，是一种合成的镜片。它可将自然光中的漫反射光、强光束中的散射光线、眩光以及物体表面不规则的反射光，进行有效的滤除与整合，使得投入眼睛的光线柔和，从而使视觉影像清晰自然。与一般玻璃材料的墨镜相比，偏光太阳镜不仅能够有效地消除 99% 的紫外线对眼睛的伤害，而且不会影响人眼对色彩的感知度。钓鱼者用肉眼和普通太阳镜观察水面上的浮漂时会出现倒影，加上水面波纹闪动反光，很难看清浮漂。使用偏振光眼镜可消除浮漂、水面反光。该镜还可防止阳光刺眼，其镜片颜色有茶色、灰色和墨绿色。

（a）反射物体　　　　　　　　（b）透射物体

图 7-54　摄影中偏光镜使用前后的效果对比

夜晚，汽车前灯发出的强光将会刺激到迎面驶来汽车司机的眼睛，严重影响行车安全。若考虑将汽车前灯玻璃改用偏振玻璃，使射出的灯光变为偏振光；同时汽车前窗玻璃也采用偏振玻璃，其透振方向恰好与灯光的振动方向垂直，这样不仅可以防止对方汽车强光对司机眼睛的刺激，也能使司机看清自己车灯发出的光所照亮的物体。

（4）液晶显示

"扭曲向列型液晶显示器"简称"tn 型液晶显示器"，向列型液晶夹在两片玻璃中间，这种玻璃的表面上先镀有一层透明且导电的薄膜作为电极。薄膜通常是一种铟和锡的氧化物，简称 ITO。然后再在有 ITO 的玻璃上镀表面配向剂，以使液晶顺着一个特定且平行于玻璃表面的方向排列。利用电场可使液晶旋转的原理，在两电极上加上电压则会使得液晶偏振化方向转向与电场方向平行。因为液晶的折射率随其排列方向而改变，其结果是光经过 tn 型液晶盒后其偏振性会发生变化。可以选择适当的厚度使光的偏振方向刚好改变，那么就可利用两个平行偏振片使得光完全不能通过。若外加足够大的电压 V 使得液晶方向转成与电场方向平行，光的偏振性就不会改变。因此，光可顺利通过第二个偏光器。这样就可利用电的开关达到控制光的明暗，形成透光时为白、不透光时为黑，这样字符就可以显示在屏幕上了。

第8章 光子晶体结构色原理及制备

第一节　颜色背景介绍

8.1.1　光与颜色

颜色现象自古以来就受到人们的广泛关注。冰河时代的人们用天然的红褐色、黄色及黑色矿物颜料在洞窟的石壁上涂绘出野牛、鹿和马的形象，用多色的兽皮制做衣服，用漂亮的羽毛做装饰品；石器时代的人类已经能够使用草木的胶汁在日用陶瓷上描绘出多彩的图案。运用自然物的色彩特质为人类服务是古人文明与智慧的体现。1666年英国科学家牛顿进行了著名的色散实验，科学地揭示了色彩的客观本质。色彩不再是蓝天、白云、红花、绿叶、肌肤等的标记，而是光波的一种表现形式，这些归根结底都是光的作用。没有光，就没有我们这个绚丽多彩的世界，光是人类生存的基本要素。

通常我们所说的光，是指能够作用于人眼，并引起明亮视觉的电磁辐射。电磁辐射的波长范围很广，最短的宇宙射线波长只有 $10^{-15} \sim 10^{-14}$ m，最长的交流电波长可达数千米。在如此广阔的电磁辐射范围内，只有 $380 \sim 780$ nm 波长的电磁辐射能够引起人眼的视觉，被称为可见光，如图 8-1 所示。

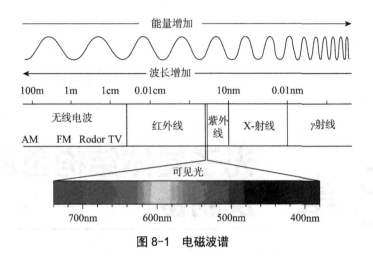

图 8-1　电磁波谱

　　颜色形成的第一个要素就是光，光与颜色有着密不可分的联系。事实表明，没有光，人们就无法感觉出物体的颜色，也就是说，光是色的源泉，色是光的表现。颜色是由入射到眼睛中的光线引起视网膜上感光细胞的某些化学变化产生的电信号，经过视神经传输到大脑的视觉中心，经大脑翻译产生的结果。光本身并没有颜色，它只是具有单一或混合频率的电磁波，颜色是生物对光线的心理响应。

　　颜色可分为彩色和非彩色两大类。非彩色又称无彩色，指白色、各种深浅不同的中性灰色和黑色，它们从白到黑排成一个非彩色系列。当物体表面对可见光谱所有波长反射率都在 80%～90% 时，该物体为白色；当反射率在 4% 以下时，该物体为黑色，介于两者之间的是不同程度的灰色。非彩色只有明亮度的差异，除非彩色外所有颜色都属于彩色。本质上颜色是个心理、生理和物理共同决定的量，因此不同的生物种群可能会将同样的光线解读成不同的颜色。一般来说，人眼所能感知的颜色从紫到红，能分辨的颜色大约有13000 多种。

8.1.2　颜色形成机理

　　物质世界的光波作用于视觉系统后所形成的感觉可以分为两类：一类是形象感；另一类是颜色感觉。在自然界中，无论是生物体还是非生物体都具有丰富的颜色，它们一起构成了缤纷多彩的世界。根据国家标准《颜色术语》（GB/T 5698—2001），颜色被定义为"光作用于人眼引起除形象以外的视觉特性"。因此，颜色是光波作用于人的视觉系统后所产生一系列复杂生理和心理反应的综合效果。要产生颜色感觉，需要四个要素，即光源、物体、眼睛和大脑，如图 8-2 所示。自然界所表现出来的颜色都是其自身物质与光发生相互作用的结果。按照其与光作用机制的不同，可将颜色分为色素色、结构色，或者两者的结合，下面分别介绍这几种机制。

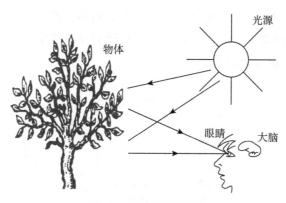

图 8-2　颜色感觉四要素

色素是一种能选择性地将特定波长的光吸收或反射的物质，通常由有机分子和离子组成。当白光照在物质上，特定波长的光被吸收，其他波长的光被反射出去，从而使我们感知到该物质的颜色。例如，吸收绿色光的物质，肉眼看就呈现品红色（品红色是绿色的补色）；而吸收蓝色光的物质，用肉眼看就呈现黄色（黄色是蓝色的补色），从本质上来说，色素的颜色来源于物体对光的吸收和反射，且不具有方向性，因此从各个方向观测到的色素的颜色是一致的，不随观察角度的变化而变化。

自然界中天然的颜色丰富多彩、千变万化，大部分都是天然色素在生物体体内调配以及和其他化学物质反应的结果。天然色素不仅是动植物颜色的来源，更是许多重要的生物机能所不可缺少的物质。例如，叶绿素是一群蓝绿色、黄绿色的色素，也是植物体中含量最多、最重要的色素；类胡萝卜素，是一群红、橙和黄色的色素，广泛分布且被大量合成于植物的光合、非光合组织（包括叶、花、果及根）以及微生物（包括藻类和某些光合和非光合细菌）中；花青素，又称花色素，是使花卉、蔬菜和水果呈现红色、蓝色、紫色的色素，也是自然界中广泛存在于植物中的水溶性天然色素。高山植物受紫外线照射特别强烈，大量产生类胡萝卜素和花青素，因而花朵会特别鲜艳。

结构色（又称物理色）是指光作用于与可见光波长量级相当的结构上所产生的颜色。不同于色素色，自然界中的结构色是生物体中如蜡层、刻点、沟缝或鳞片等细微结构使光波发生折射、散射、衍射或干涉，从而产生特殊颜色的光学效应。自然界中很多耀眼的、五彩斑斓的颜色都来自结构色。例如，鸟类的羽色、蝴蝶的翅色主要是由光的干涉现象所引起的；火鸡头颈周围皮肤的蓝色和灵长类脸部、臀部及生殖区皮肤的蓝色，则是由于入射光被表皮组织中的大量细小颗粒（其直径与蓝紫光波长相当）散射，除蓝紫部分被反射，其他光则透过这个颗粒层被真皮组织中的黑色素吸收。

和色素色不同的是结构色通常具有方向性，也就是说在不同的方向观察到的颜色不同，即虹彩效应。广泛应用于印刷包装行业的全息纸是一种典型的具有虹彩效应的结构色材料，采用 X-Rite MA68II 多角度分光光度计测量其光谱能量信息，由图 8-3 可见，光电探测器在不同角度处采集到彩虹光柱全息纸的能量曲线中，峰值波长位置不同（颜色不同），且水平旋转样品测量后，不同位置处能量信息也不同，较多位置处光谱反射率大于100%（最大值可达1000%）。说明彩虹光柱全息纸张的表面除有反射能量外，还有干涉、衍射能量，这就是结构色随角异色的呈色特点。

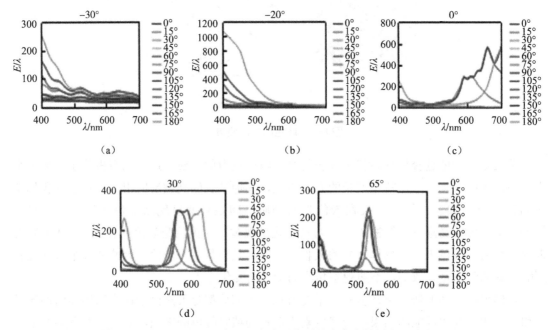

图 8-3　X-Rite MA68II 在不同角度采集到的全息光柱纸张的光谱能量

由此可知，有些结构色材料从不同方向观察到颜色的差异甚至可以很大。色素色就不具有这个性质，如图8-4所示，为印刷的三原色油墨青、品、黄，二次色蓝、绿、红，三次色黑和纸白的光谱反射曲线，可见色素色的能量都小于100%。这也是我们判断物体产生颜色的机制和来源时一个很重要的方法。

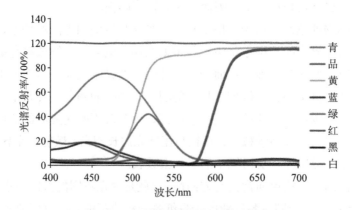

图 8-4　印刷基色的颜色光谱反射率

因此，总结来说，与色素色相比，结构色具有以下几个特点：

（1）结构色通常具有彩虹效应，也就是说观测到的色彩具有方向性。

（2）结构色色彩的饱和度高，也就是说结构色通常都很鲜艳亮丽。

（3）结构色只与产生颜色的物质本身微结构有关，也就是说只要结构不变，结构色永不褪色。当然这里有个前提，就是建立起微结构的介质不能与空气中化学成分发生反应，从而改变介质的化学性质。

（4）结构色是物理色，运用结构产生颜色比色素更环保，更"绿色"，这些特点也就是我们研究结构色的意义所在。

8.1.3　颜色的特性与表征

1. 颜色的特性

在颜色科学中，颜色的概念包括三个方面感觉：色调、明度和饱和度，这三个特性称为颜色的三属性。颜色是由进入眼睛中的光线刺激产生，光线有它自己的特征光谱，在某个或某些频率波段存在强度极大值，也就是说存在峰值。准确地描述一个峰，需要三个物理量，即峰值波长位置、峰值强度和峰的半高宽。

（1）色调，表示红、黄、绿、蓝、紫等特性。不同波长的单色光具有不同的色调，发光物体的色调取决于其光辐射的光谱组成，非发光物体的色调决定于照明光源的光谱组成和物体本身的光谱反射或透射特性。

（2）明度，表示物体表面相对明暗的特性。明度与反射比成正相关，物体表面反射比越高明度越高。

（3）饱和度，表示颜色的纯度。可见光谱中的各种单色光是最饱和的彩色，物体色的饱和度取决于物体反射或透射的特性，如果物体反射光或透射光的光谱带很窄，它的饱和度就高，反之则饱和度低。

2. 颜色的表征

影响颜色视觉的因素比较复杂（如不同的照射光线，不同的生物种群），为了便于人们交流颜色，非常有必要有一整套描述颜色的共同语言，这种共同语言就是我们熟知的将颜色进行定量化的色度学。对于人的视觉系统来说，视网膜上包括两种接收光的细胞，按其形状命名为视杆细胞和视锥细胞。视锥细胞可以分辨出蓝、绿、红的颜色，在光谱上说也就是可以识别蓝光、绿光以及红光波段，如图 8-5 所示。

现有表征人眼色觉响应的颜色匹配函数，有 CIE 国际照明委员会推荐的 CIE1931 和 CIE1964 标准观察者函数，代表了不同视场大小（2°和 10°）的观察者平均锥细胞光谱响应特性。对样本颜色的定量化表征，

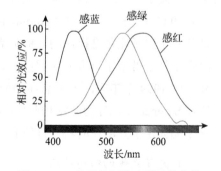

图 8-5　三种锥体细胞光谱吸收曲线

均需在颜色匹配函数（又称人眼视觉系统的锥细胞光谱响应）的基础上进行。人眼能够感知到的颜色感觉可以用在 380 ～ 780nm 的可见光范围内，由颜色刺激光谱 $\Phi(\lambda)$ 和人眼视觉系统的锥细胞光谱响应 $x(\lambda)$、$y(\lambda)$、$z(\lambda)$ 共同作用来表示，如式（8-1）所示：

$$X = k \int_{380}^{780} \Phi(\lambda) \, x(\lambda) \, \mathrm{d}\lambda$$

$$Y = k \int_{380}^{780} \Phi(\lambda) \, y(\lambda) \, \mathrm{d}\lambda$$

$$Z = k \int_{380}^{780} \Phi(\lambda) \, z(\lambda) \, \mathrm{d}\lambda$$

$$k = \frac{100}{\int_{380}^{780} S(\lambda) \, y(\lambda) \, \mathrm{d}\lambda} \tag{8-1}$$

其中，X、Y、Z 用来表示红、绿、蓝三种锥细胞的感觉响应，称为三刺激值。对自发光物体，如光源、显示设备，$\Phi(\lambda) = S(\lambda)$；对于反射或透射物体，$\Phi(\lambda) = S(\lambda) \rho(\lambda)$ 或 $\Phi(\lambda) = S(\lambda) \tau(\lambda)$，其中，$S(\lambda)$ 为自发光物体的光谱分布，$\rho(\lambda)$ 为物体的光谱反射率，$\tau(\lambda)$ 为物体的光谱透射率。一般结构色和色素色的主要区别就在于颜色刺激光谱 $\Phi(\lambda)$ 的光谱形成方式不同，因此会引起不同的 X、Y、Z 三刺激值，从而带来不同的颜色感觉。下面主要讨论结构色的形成原理。

第二节　光子晶体结构色理论

一般而言，结构色来源于光与微纳结构相互作用而产生反射、折射、散射、衍射、干涉等光学效应。产生结构色的物理机制是光与具有光波尺寸的微观结构的相互作用，不同的微观结构将会产生不同的光学现象。对于干涉、衍射和散射相关理论及应用，我们已在第七章做了相应的介绍，本节主要介绍光子晶体结构色的呈色机制。

1987 年，S.John 和 E.Yablonovitch 分别独立提出了光子晶体和光子带隙的概念，前者是从光子局域化角度提出的，而后者是从抑制自发辐射的角度提出了这一概念。这一突破给光子技术带来了巨大的应用前景，对光子晶体的研究也迅速引起了世界各国科学家的重视。到 1999 年年底，光子晶体的研究在很多方面取得突破，与光子晶体相关的研究曾两次被 Science 杂志评为世界上的"十大科学进展"，并被预测为未来六大研究热点之一。此后，光子晶体由于其潜在的科学价值和应用前景，受到科学界和高新技术产业界的高度重视。

1. 光子晶体的结构特点

光子晶体是一种由高低折射率材料交替排列形成的周期性结构，它可以像半导体控制电子运动一样，控制光子的运动。在原子晶体中，原子的周期性排列就会在晶体内部产生周期性的势场，而运动的电子就会受到势场的作用产生布拉格散射，形成能带，带与带之间存在带隙，落在其中的电磁波就无法继续传播。与之类似，光子晶体中介电常数的周期性变化也会导致光子带隙的出现，从而控制着光的传播，因此光子晶体是一种光子带隙材料。在自然界中存在着这样的一些物质，如蛋白石、苍蝇的复眼、蝴蝶的翅膀等，它们的微观结构具有周期性，且介电常数不同，这就构成了天然的光子晶体。根据光子带隙在空间中的分布情况，可将光子晶体划分为一维（1D）、二维（2D）和三维（3D）结构。如图 8-6 所示，它们都是由两种不同介电常数的材料周期性排列而成的，分别在一个、两个和三个方向上介电常数随空间位置具有周期性变化。

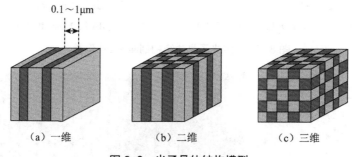

图 8-6　光子晶体结构模型

一维光子晶体主要是层状排列结构，其折射率在一个方向上呈周期性变化。介电常数在平行于介质层平面方向上不随空间位置而变化，但在垂直于介质层的一维方向上为周期性函数。一束光垂直于介质层面入射，将在不同介质交界面上发生反射，当入射光波长 λ 与两种介质层的折射率 n_1、n_2 和厚度 d_1、d_2 满足如下关系：

$$\lambda = 2(n_1 d_1 + n_2 d_2) \tag{8-2}$$

时，反射光发生干涉相长，使得这个波长的光完全被反射掉，无法通过介质，从而形成一维光子带隙。图 8-7 为一维光子晶体结构的剖面扫描电子显微镜（SEM）形貌，其中图 8-7（a）为 9nm 厚聚甲基丙烯酸 N,N- 二甲基氨基乙酯（PDMAEMA）和 20nm 厚二氧化钛（TiO$_2$）交替排列的 SEM 图，图 8-7（b）为 20 nm 厚 PDMAEMA 层和 80nm 厚 TiO$_2$ 层交替排列的 SEM 图。一维光子晶体结构简单，制作简便，制备方法有自组装技术、真空镀膜技术、溶胶－凝胶技术、分子束外延等，在结构色膜、光学开关、全方位高效反射镜、光纤、非线性光学二极管、选频器等方面已有很广泛的应用。

对于二维光子晶体而言，在两个方向上介电常数是空间位置的周期性函数，具有光子带隙特性。如图 8-8（a）所示，二维光子晶体由平行排列的柱状介质组成，在垂直于柱状介质的方向（两个相互垂直的方向）上介电常数是空间位置的周期性函数，而在平行于柱状介质的方向上介电常数不发生变化。又如，打孔的薄膜结构也可以构成二维光子晶体，如图 8-8（b）所示，孔的排列方式一般为三角形、四边形和六边形结构等。此外，由均匀一致的胶体球排列而成的单层结构在层面上（二维）具有周期性排列，也可视为二维光子晶体，如图 8-8（c）所示。通过调节柱体、孔径的直径以及间距大小，或调节胶体球的尺寸可以实现不同频率与带宽的光子禁带。最初制备二维光子晶体的方法是最简单的机械法，目前一般采用激光刻蚀法、电子束刻蚀法、自组装法和外延生长法等。

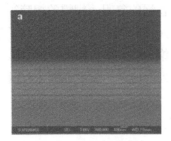 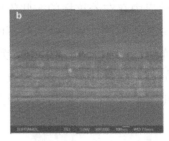

（a）PDMAEMA 层 9nm 和 TiO$_2$ 层 20nm 交替排列　　（b）PDMAEMA 层 20 nm 和 TiO$_2$ 层 80nm 交替排列

图 8-7　一维光子晶体结构剖面 SEM 形貌

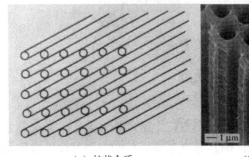 

（a）柱状介质　　　　　　　　（b）孔状介质　　　　　　　　（c）胶体微球

图 8-8　二维光子晶体结构

对三维光子晶体而言，在三个方向上介电常数都是周期性变化的，具有比一维和二维光子晶体更高的对称性，三维光子晶体中可以出现完全光子禁带。完全光子禁带是指在一定频率范围内，任何偏振于传播方向的电磁波都被严格禁止。图 8-9（a）和（b）所示的蛋白石和反蛋白石结构就是三维光子晶体。在实际应用中，三维光子晶体有着更广泛的应用前景。目前，已知具有完全光子带隙的结构有金刚石结构、原木堆积结构、矩形螺旋结构等。

（a）蛋白石结构　　　　　　　（b）反蛋白石结构

图 8-9　三维光子晶体结构

2. 光子晶体的基本特性

对于光子晶体的理解，可以借助于人们已经很熟悉的理想晶格中电子的运动特性理论，以及其成熟的能带理论。在理想晶格中，原子规则排列成晶格，晶格具有周期性，相应地晶体中的电子受到一个具有晶格周期性的等效势场的调制，该周期性势场的解可以根据布洛赫（Bloch）定理和微扰理论求得，从而获得电子的能带结构。

当光在由周期性排列的介电材料组成的光子晶体空间中传播时，受到周期性的调制作用，这与电子在单晶材料中受到周期性的晶格调制有着相同之处，因此我们对光子晶体一些特性的理解可以借鉴于半导体的特性。

表 8-1 给出了光子晶体和半导体特性的比较。从表 8-1 中不难看出，光子晶体与半导体在物理中的基本规律方面有很多相似之处，故而我们可以将半导体的一些研究方法选用到光子晶体中。需要指出，光子是玻色子，而电子是费米子。根据固体物理知识，对于包括半导体在内的晶体材料，由于晶格周期性势场的作用，场中运动电子的能级形成能带，能带与能带之间存在着能隙。光子晶体是折射率在空间周期性变化的介电结构，当其变化的周期和光的波长为同一数量级时，介质的周期性所带来的布拉格（Bragg）散射使得一定频率范围的光波不能传播，从而形成光子能带的禁带，如果这些禁带在所有方向上的带宽都大到可以相互重叠，则称这种光子晶体具有完全带隙。光子晶体实际上对整个电磁波谱都是成立的，因此在各个电磁波段都有应用。

表 8-1　光子晶体与半导体特性比较

	光子晶体	半导体
结构	不同介电常数介质的周期性分布	周期性势场
研究对象	电磁波（光波）在晶体中的传播；玻色子（光子）	电子的输运行为；费米子（电子）
本征方程	$\nabla \times \left[\dfrac{1}{\varepsilon(r)} \nabla \times \boldsymbol{H}(r) \right] = \dfrac{\omega^2}{c^2} \boldsymbol{H}(r)$	$\left[-\dfrac{\hbar^2}{2m} \nabla^2 + V(x) \right] \psi(x) = E\psi(x)$
本征值	电场强度、磁场强度（矢量）	波函数（标量）
基本特性	光子禁带；光子局域	电子禁带；缺陷态
尺度	电磁波（光）波长	原子尺寸

光子带隙的一个很重要的作用就是抑制自发辐射。自发辐射的概率与光子态密度的数目成正比，当原子被放在一个光子晶体里面，且它自发辐射的光频率正好落在光子禁带内时，由于该频率光子态的数目为零，因此自发辐射的概率为零，自发辐射也就被抑制，如图 8-10（a）所示。另外，原子在有缺陷的光子晶体中自发辐射被增强，如图 8-10（b）所示。

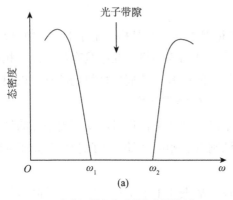
（a）自发辐射在光子晶体中被抑制

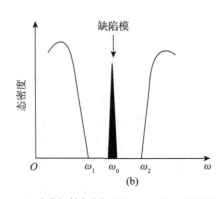
（b）自发辐射在有缺陷的光子晶体中被增强

图 8-10　光子带隙对原子自发辐射的影响

　　光子禁带的性质受到介电常数配比以及光子晶体结构的影响。一般来说，光子晶体中两种介质的介电常数比越大，入射光被散射得越强烈，就越有可能出现光子禁带。为了得到具有完全带隙的光子晶体结构，需要从两个方面考虑：一是提高介电常数比，即使用折射率高的材料；二是从结构上消除对称性引起的能带简并。1990 年，Ho.K.M 等首先成功地预言了在一种具有金刚石结构的三维光子晶体中存在完整的光子禁带，禁带出现在第二条与第三条能带之间，如图 8-11 所示，光子晶体是由折射率为 3.6 的球形介质构成的金刚石结构，空气填充于球形介质的四周，介质的填充比（所占空间体积的比）为 0.34，于是计算得到图示的光子能带。图中的横坐标表示波矢量，其中 X、U、L、Γ、X、W、K 分别代表布里渊区的高对称点，形成的区域为最简布里渊区，根据对称性理论，这一区域的能量分布代表了整个空间的分布，其中 ΓX 对应实空间的 <100> 方向，ΓL 对应实空间的 <111> 方向；纵坐标表示归一化频率，图中曲线代表了能稳定存在的不同电磁波模式，凡是没有曲线通过的频带区域就是"光子带隙"，由图 8-11 可知，在第二条和第三条能带之间，存在一条完全光子带隙，即对应于图中的灰色区域，其上频率为 0.45，下频率为 0.39，带隙宽度为 0.06。

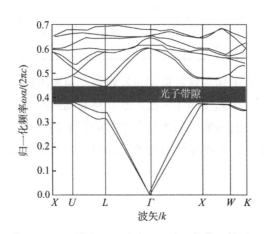

图 8-11　三维金刚石结构光子晶体能带计算结果

光子晶体的理论计算主要是基于 Maxwell 方程：

$$\nabla \times E = -\frac{1}{c}\frac{\partial H}{\partial t} \tag{8-3}$$

$$\nabla \times H = -\frac{4\pi}{c}J + \frac{1}{c}\frac{\partial \varepsilon E}{\partial t} \tag{8-4}$$

$$\nabla \cdot \varepsilon E = 4\pi\rho \tag{8-5}$$

$$\nabla \cdot H = 0 \tag{8-6}$$

式中，E 和 H 表示电场强度和磁感应强度，J 为自由电流密度，ρ 为自由电荷密度，ε 为介电常数，c 是真空中光速。一般情况下，J 和 ρ 为 0。合并式（8-3）和（8-4），消掉电场强度 E 后可以得到如下的方程：

$$\nabla \times \frac{1}{\varepsilon} \times H = \frac{\partial^2 H}{\partial \varepsilon t^2} \tag{8-7}$$

在量子力学中认为 $H(t)=He^{-i\omega t}$，ω 为角频率。这样式（8-7）就可以变为：

$$\nabla \times \frac{1}{\varepsilon}\nabla \times H = (\frac{\omega}{c})^2 H \tag{8-8}$$

这是一个元限空间上的 Hermitian 问题，它的解是一个连续的频率。接着需要考虑 ε 的周期性问题，这对于光子晶体能带的产生具有关键的意义，我们可以看到这个方程的一个重要性质就是它的标度不变性，可以任意选择一个周期 a，系统中的任何距离都是 a 的整数倍，角频率 ω 是 $2\pi c/a$ 的整数倍，也就等效地将频率表示为 a/λ。由于光子晶体是一种折射率空间周期变化的材料，即介电常数 ε 是一个周期性函数，这样由布洛赫定理，方程的解可以表示为 e^{ikx} 的形式（k 是布里渊区中的波矢），即：

$$H = e^{i(k \cdot x - \omega t)}H_k \tag{8-9}$$

式中，H_k 是一个空间的周期性函数，把式（8-8）代入式（8-6），可以得到关于 H_k 的方程：

$$(\nabla + ik) \times \frac{1}{\varepsilon}(\nabla + ik) \times H_k = \left(\frac{\omega}{c}\right)^2 H_k \tag{8-10}$$

求解这个方程就可以得到光子晶体的能带结构。光子晶体的另一个重要特性是光子局域，当光子晶体的周期性或对称性受到破坏时，在光子带隙中将出现缺陷态。例如，光子晶体中存在点缺陷时，与缺陷态频率吻合的光子会被限制在缺陷位置，一旦偏离缺陷位置，光就将迅速衰减，这样光子晶体中的光子就会被局限在这个点缺陷附近。对应于光子禁带对自发辐射的抑制，光子晶体也可以增强自发辐射，只要增加该频率光子态的数目便可以实现。如在光子晶体中加入杂质，光子禁带中就会出现品质因子非常高的缺陷态，且具有很大的态密度，这样便可以实现自发辐射增强。

第三节　光子晶体结构色膜的制备方法

8.3.1　自上而下制备法

光子晶体的自上而下制备法沿用了微电子加工技术，其总体思路就是以宏观材料为基础，采用物理、机械或化学的方法使材料的尺寸减小到所需要的微观尺度，并且出现周期性的介电结构，从而具有光子晶体的性质。

1. 精密机械加工法

1991 年，已可用钻孔法制备世界上第一个具有完全带隙的三维光子晶体。其方法是通过在一块高介质材料（GaAs，折射率为 3.6）的底板平面上覆盖一层具有三角形点阵的圆孔掩模，采用机械方法在底板上钻出许多孔道，以偏离中心轴（与底板垂直）35.26°的方向对每个空气洞钻孔 3 次，这 3 次钻入方向彼此之间的夹角为 120°，从三维结构来看，这是一种面心立方结构。机械钻孔法得到的光子晶体的光子带隙位于微波波段，但由于加工技术的限制，人们很难得到光子带隙处于红外及可见光波段的光子晶体，另外机械加工过程费时费力，不利于实际应用。

2. 激光微加工法

（1）激光干涉

激光是强相干光源，它所辐射的光是一种受激辐射相干光，是在一定条件下光电磁场和激光工作物质相互作用，以及光学谐振腔选模作用的结果。激光微加工的工艺参数比较容易控制，通过在系统中增设清晰相平面跟踪装置、工件智能夹具和三维工作平台，或者采用光纤耦合器并配置运动状态精密控制设备，使激光光斑与工件保持一定的相对运动，即可加工出具有任意曲面形状的三维微结构。光子晶体这类新型材料的出现使人们操纵和控制光子成为可能，其研制的最实用和最重要手段是激光微加工方法。

激光干涉技术可以制作一维、二维和三维光子晶体结构色材料（图 8-12），通过改变不同取向角度的曝光次数即可实现。Lai 等人使用氦镉激光器发出的 325nm 和 442nm 激光或者利用氩激光器发出的 514nm 激光和 SU8、JSR、AZ4620、S1818 光刻胶制作出了比较稳定的结构。结合上述理论，该研究组在不同角度曝光不同次数，实现了一维、二维不同形貌的周期性结构（图 8-13）。此外，Lai 等人还通过在三组不同角度分别曝光三次，实现了三维方形或者六边形周期性结构的制备（图 8-14）。

（2）激光双光子直写

目前主流的依赖于光刻途径的微加工技术，由于其本质上是一项平面加工技术，因此无法提供加工制备三维微纳结构的能力。此外，传统的硅基光刻技术主要是针对微电子元件进行集成；而在硅片上实现微流体、微光学等多种不同类型的功能性元件仍存在严峻的技术挑战。激光加工技术作为重要的先进制造技术之一，已广泛应用于众多的工业制造领域，利用激光直写技术进行材料加工时，其所能达到的加工分辨率一直受到经典光学理论衍射极限的限制，难以进行纳米尺度的加工。飞秒激光直写技术与多光子吸收技术的结合，可产生具有纳米量级分辨率和三维加工能力的飞秒激光直写技术。飞秒激光双光子聚合法，是将飞秒激光束通过透镜聚焦成尽可能小的强度均匀的光点，聚焦到光聚合材料内部或者表面，利用双光子吸收激活光引发剂，诱发聚合反应，形成固化的高聚物材料，通过计算机控制聚焦光束在 X-Y-Z 方向的空间移动或激光束的干涉制作出较为复杂的三维立体微细结构。利用飞秒激光直写技术可以简单、快捷、高效地加工图形，这种技术减少了图形光刻转移和蚀刻等过程，可降低误差并节省掩膜制作费用，在简化操作步骤的同时能够确保高保真、低表面粗糙度的任意三维图形加工。

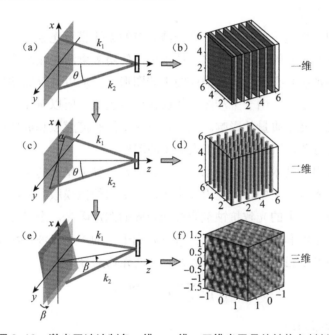

图 8-12　激光干涉法制备一维、二维、三维光子晶体结构色材料

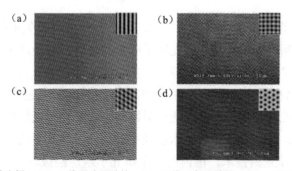

（a）一维光栅；（b）二维四边形结构；（c）二维三角形结构；（d）二维孔状结构

图 8-13　晶格为 1.1μm 的一维、二维光子晶体结构色材料 SEM 形貌

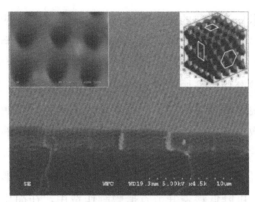

图 8-14　晶格为 400nm 的三维方型／六边形周期性结构 SEM 形貌

（3）激光全息光刻

激光全息光刻技术是一种基于相干光干涉效应的无掩膜版光刻技术，为微电子和微纳光学技术的发展注入了新的活力。在这种技术中，使用多束激光在晶片表面重叠发生干涉效应，从而产生各种由光亮区和暗区构成的干涉图形，图形以重复周期排列，图形的最小线宽可达波长的几分之一，由于干涉图形能够在任意表面，所以避免了常规光刻中晶面的平整度和表面形貌对光刻质量的影响。此外，系统中没有掩膜版和成像透镜，像场尺寸仅与使用激光的尺寸有关，所以能够加工大面积的图形。

光刻工艺是微电子技术的核心技术之一，目前是一种最精密的半导体晶片表面图形加工技术。在常规的光刻工艺中，首先设计出图形复制用的掩膜版，其次通过投影步进曝光机使覆盖在半导体晶片上的光致抗蚀剂膜按掩膜版的图形曝光。全息光刻技术基于具有良好相干性的多光束干涉和衍射效应，当具有良好相干性的多束光波在相干长度内重叠于一个立体空间时，将产生稳定的光场分布。此时空间光场的分布为：

$$E(r) = \sum_i^n E_i e^{-i(k \cdot r + \varphi_i)} \tag{8-11}$$

光场的强度分布为：

$$I(r) \propto |E^2(r)| \tag{8-12}$$

由此可见，改变其中任何一束光的振幅、偏振、相位、波矢都能改变空间光场的分布。如果能够精确控制其中的变量，当光束足够多的时候，便能产生我们期望的三维光学图像分布。当光束数量继续增加，已有理论和实验证明，利用伞状排列的四束光便可以产生 14 种类似布拉维晶格排列的光场分布。利用激光束干涉产生三维全息图案照射在感光树脂上，感光树脂因此产生聚合，随后通过显影除去未聚合感光树脂，留下聚合物和空气构成的三维周期结构。激光全息光刻技术已经在微纳光子学和集成光学领域展现出巨大的潜力，利用多光束干涉光刻技术，国内外多个研究小组已经成功制备出了各种结构的 2D 和 3D 规则光子晶体，可用于制备高性能反射镜、超棱镜等。

众所周知，利用双光束干涉，可以制作一维衍射光栅。而利用双光束干涉曝光一次后，将记录介质旋转 90°再次曝光，可得到二维正交光栅，这种二维正交光栅其实就是二维正交光子晶体。依此类推，利用双光束三次曝光的方法可以得到三维光子晶体结构。理论证明，当两束光对称入射到记录介质上时，在记录介质内部会形成垂直于记录材料表面的一组干涉面。而当一束光垂直于记录平面入射，另一束光斜入射时，干涉面平行于这两束光的角平分线，且垂直于入射面。这时，这组干涉面在记录介质中是倾斜的。将记录介质旋转曝光三次，这些干涉面就会在介质空间某点叠加，这时该点的曝光量最大，这样就会在介质内部形成三维周期性排列的光强极大点，也就是三维光子晶体结构。已有研究报道了可用全息光刻在相对较大的面积上制备不同周期的二维结构，该结构具有很好的均匀性和重复性。图 8-15 中，为通过遗传算法设计的带功能性缺陷的 1D、2D 以及 3D 光子晶体结构，该结构可通过 SU8 光刻胶制备，形成具有线缺陷的一维布拉格结构、二维三角格子光子晶体的波导结构。如图中放大的 I 区所示，a 为线缺陷的一维布拉格结构，b 为二维三角格子光子晶体结构。

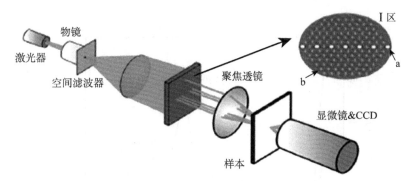

图 8-15　多光束相位可控全系光刻技术实验

8.3.2　自下而上制备法

光子晶体的自上而下制备法具有可控性强、晶体质量高等特点，但其制作效率低、成本高，且对实验设备的要求很高；而自下而上制备法可以弥补前者的不足。所谓自下而上法制备光子晶体，就是将单分散微球组装成周期性结构，从而得到由微球介质和空气介质组成的光子晶体。

1. 重力场沉降组装法

重力场沉降组装法简称重力沉降法，是一种将单分散微球排列成三维有序晶体结构的最简单方法。将一定浓度和体积的单分散微球分散液置于平底容器中，静置待其自然沉降即可。通常无机胶体颗粒（如 SiO_2）的密度比水大，因此可以通过自身重力沉降的方法，得到一定薄膜厚度的蛋白石结构的光子晶体。这种方法是仿照天然蛋白石的形成过程，人工制备的蛋白石光子晶体，其缺陷数量要明显少于天然蛋白石，具有实际的应用价值。图

8-16 和图 8-17 分别为在涤纶织物上采用重力沉降法制备相同浓度（分散液浓度均为 5%）、不同粒径（200nm、250nm 和 300nm）下胶体微球光子晶体结构色膜的光学显微镜图和光谱反射率图，由图可知，随着 SiO_2 微球粒径从 200nm 增加到 350nm，结构色涂层的色调产生了如图 8-16（a）、（b）和（c）所示的蓝色到黄绿色再到粉红色的变化，即色调随着微球粒径的增加发生了红移现象。

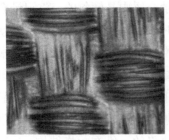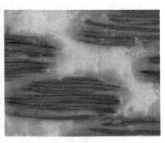

(a) 200nm	(b) 250nm	(c) 300nm

图 8-16　不同粒径 SiO_2 微球重力沉降法组装样品光学显微

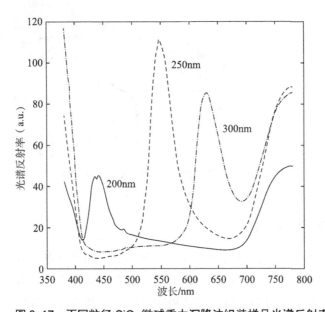

图 8-17　不同粒径 SiO_2 微球重力沉降法组装样品光谱反射率

重力沉降法看似简单，但实际上包含了重力沉降、平移扩散（布朗运动）和结晶（成核和生长）等多个复杂过程。此方法成功的关键在于对一些参数如胶体微球的尺寸、密度以及沉降速率的严格控制。只有当胶体微球尺寸足够大（>100nm）、密度高于分散介质且沉降速度足够慢时，胶体微球才会沉降于底部形成有序排列。重力沉降法主要的局限性有以下几点：① 对晶体表面形貌和晶体的层数很难控制；② 得到的样品多为尺寸不定的多晶结构；③ 沉积所需时间较长，通常为几星期甚至几个月；④ 对胶体微球的尺寸有特定要求，粒径过大则会因沉降速度过快而形成无序结构，粒径过小则会在分散介质中呈热力学平衡状态，而无法形成紧密堆积结构。后续也可对此方法进行改进，使用图案化表面对胶体微球进行模板定向生长，可提高光子晶体的质量。

2. 空间限制组装法

空间限制组装法是一种利用物理空间限制来组装胶体微球光子晶体的方法。如图 8-18 所示，将单分散胶体球分散液用注射器通过玻璃管注入两层玻璃的夹层中间，整个装置置于超声波振荡器上，在超声作用下，溶剂从周边小孔排出，从而使胶体球选择最佳位置排列，得到紧密的三维面心立方结构。这种方法相对于重力沉降法有很多优点：① 排列时间缩短，一般只需 2 天左右；② 排列质量好，对所得晶体的层数和表面形貌更可控；③ 对胶体球尺寸的选择范围更大，可以将 50nm ~ 1μm 的胶体微球夹在两块玻璃夹层间组装成高度有序的结构。

3. 毛细力驱动自组装法

在各种基底上使用毛细力驱动自组装法可以得到胶体球的二维周期性结构，如图 8-19 所示。将含有单分散胶体球的液体滴在水平放置的基底上，随着溶剂的挥发，胶体微球由于受到毛细力而相互吸引，形成六方密堆的晶格结构。利用光学显微镜跟踪整个自组装过程发现：当液层厚度接近胶体球的尺寸时，会形成一些有序的成核区；随着胶体球颗粒不断地向成核区聚集，最终形成密排结构。

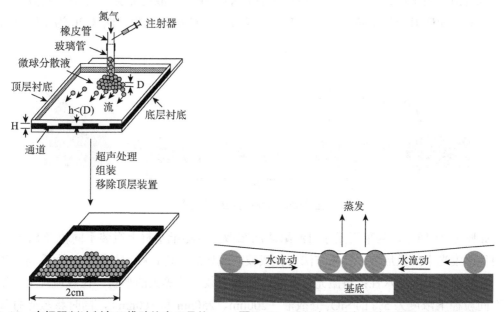

图 8-18 空间限制法制备三维胶体光子晶体　　图 8-19 毛细力驱动自组装二维胶体晶体结构

除此之外，此方法还有一种改进方式，即利用基于毛细力驱动的垂直沉积法来制备三维胶体球光子晶体。将一片经过清洁处理的亲水玻璃片垂直插入单分散胶体微球溶液中并保持固定不动，在毛细力的作用下，胶体球颗粒在基片 – 液体 – 空气界面形成的弯月面内进行自组装。随着溶剂的挥发，导致液面下降，在基底表面形成单层或多层胶体球光子晶体。这种方法简单实用，能得到大面积的三维周期性结构，且可以利用溶液浓度和温度调节光子晶体的层数。

利用毛细力驱动的垂直沉积法制备三维胶体球光子晶体过程中，由于胶体颗粒沉降使形成的胶体溶液出现自上而下的浓度梯度，从而导致薄膜不均匀，由上到下密度逐渐增加。为避免大颗粒胶体球沉降过快，可在毛细力驱动的垂直沉积法的基础上作一些改进：①采用机械提升基片向上运动的方法来减小粒子沉降过快对结晶的影响；②采用磁力搅拌的方法来消除重力的影响，可以实现更大直径（700～2500nm）胶体球的组装；③在溶液的竖直方向引入一个温度梯度来补偿胶体球颗粒的重力沉降问题，在容器的底部和顶部将温度分别控制在80℃和65℃，温差引起的对流足以平衡掉胶体球颗粒过快沉降造成的浓度梯度；④采取恒温加热快速蒸发的方法来抵消大粒子过快的沉淀速度，在接近乙醇沸点的温度下（79.8℃），在玻璃基底上得到厚度均匀的胶体球光子晶体薄膜；⑤采用双基片代替单基片，通过两块紧靠的平行基片之间的移步提拉得到光子晶体薄膜。

4. 无序对流组装法

采用胶体粒子无序对流组装法，可以构建无定形结构。具体方法为将透气性薄膜覆盖到单分散微球溶液表面，表面覆盖薄膜后，溶液由于挥发，产生液体的无序流动，溶液中的水分从薄膜孔隙中挥发，带动微球在孔隙附近沉积，就会形成长程无序、短程有序的无定形结构。由于此结构不具有严格的长程周期性排列，散射光会在各个方向散开，短程有序又会使散射光相干叠加，就会产生无角度依存的结构色膜。图 8-20 为无序对流组装过程。

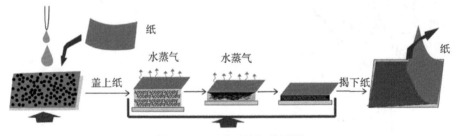

图 8-20　无序对流组装过程

如图 8-21 所示，为采用无序对流组装法在激光打标纸基材上组装不同粒径 SiO_2 微球结构色薄膜光学显微形貌，具体方法为将载玻片裁切后，进行超声处理及表面等离子体处理，以增强其表面亲水性；将激光打标纸裁剪成与载玻片等大的形状，在载玻片上分别滴加不同粒径下浓度为 5% 的 SiO_2 分散液（200nm、250nm 和 300nm），同时将激光打标纸覆盖于溶液表面，使其均匀铺开。保持自组装环境稳定，等到溶液中的溶剂挥发完全，即可得到无角度依存的结构色膜。其在不同粒径下颜色变化为如图 8-21（a）、（b）和（c）所示的蓝色到黄绿色到粉红色的变化，即色调随着微球粒径的增加发生了红移现象。

（a）200nm　　　　　（b）250nm　　　　　（c）300nm

图 8-21　无序对流组装法制备结构色薄膜光学显微

5. 电泳沉积法

利用电泳沉积法制备光子晶体，即利用带电的胶体颗粒在直流电场作用下定向移动并在与其所带电荷相反的电极上沉积，自组装成三维有序周期结构。以 SiO_2 胶体微球的组装为例，利用带电的 SiO_2 胶体颗粒（由于硅羟基电离产生）在溶液中的电泳现象来控制其沉降速率，如图 8-22 所示。将一个直径为 2cm 的聚甲基丙烯酸甲酯管固定在镀 Ti 的硅片上，管中注入 SiO_2 胶体颗粒溶液，镀 Ti 的硅片作为负电极，另一个电极选用具有高氧化还原势的 Pt。当两个电极与直流电源连接后可以在之间的空间产生一个电场，SiO_2 胶体颗粒在这个电场的作用下荷电且有序地沉积在 Ti 基底上。通过直流电压的改变可以控制胶体颗粒的沉降速率，从而可以制备不同大小的胶体颗粒三维光子晶体。这个方法不仅可以将胶体颗粒的自组装时间缩短至几分钟，而且可以在三维光子晶体空隙中填充纳米晶体来调节其光子带隙结构。虽然该方法具有很大的优点，但是其对实验条件要求严格，如胶体颗粒表面的电荷密度要相同，温度要适当，胶体颗粒在分散稀释液中的体积百分数要很好地控制等。

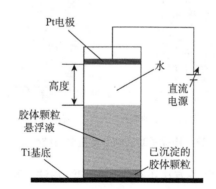

图 8-22　电泳沉积法制备光子晶体装置

8.3.3　模板辅助制备法

三维光子晶体结构的自下而上制备法具有技术成本低且可重复性高等特点，但也存在一些自身的局限性。一般来讲，由于胶体球材料折射率较小，通过对胶体微球自组装得到的三维有序周期性结构的光子带隙过窄，且面心立方结构本身也不易得到完全的光子带隙，不利于光子晶体在实际中的应用。为此，研究人员以蛋白石结构的光子晶体为模板，制备了反蛋白石结构的光子晶体，这样就可通过提高材料折射率得到完全带隙的光子晶体。通常采用的方法是将高折射率材料或者其前驱体填充到胶体球有序阵列的空隙之中，然后选择去除胶体晶体模板，就可得到有序的微孔结构，即反蛋白石结构。可利用模板选择性光聚的方法制备具有反蛋白石结构的光子晶体图案，首先利用浸涂法制备了胶体光子晶体膜，并将光刻胶（SU8）浸入光子晶体膜的空隙中聚合。其次利用腐蚀法去除胶体粒子，从而制备反蛋白石结构的光子晶体膜，并二次灌入光刻胶 SU8。通过施加掩膜版选择性聚合，并去除未聚合的 SU8，可得到点阵状的胶体光子晶体图案，如图 8-23 所示。

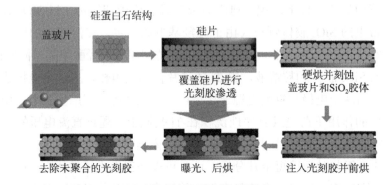

（a）制备图案化反蛋白石膜原理

（b）制备的图案化反蛋白石膜在光学显微镜下的照片　　（c）蓝色和无色分界处的扫描电镜图片

图 8-23　模板辅助法制备反蛋白石结构光子晶体

此外，反蛋白石结构的制备方法还有化学气相沉积法、原子层沉积法、电化学沉积法、化学液相填充法和纳米晶煅烧法等。

8.3.4　喷墨打印制备法

高精度图案化技术在制备图案化结构色材料、高性能微半导体、电子器件、传感阵列，以及功能化生物材料等方面有着重要的意义。与传统图案化方法相比，喷墨打印是一种非接触式沉积材料的方法，由于其具有高分辨率、低能耗、低污染的优势和方便快速制备大规模图案的能力，是近年来最受关注的图案化技术之一。将喷墨打印技术与胶体光子晶体自组装技术相结合，可以精确、方便、快速地制备高分辨率的胶体光子晶体图案以及点阵、线条等，并可应用于显示、传感分析以及微型通道的构建等。

采用喷墨技术制备胶体光子晶体结构色材料的方法中，墨水的参数性能对提高喷墨打印制备的胶体光子晶体图案的质量至关重要。打印墨水的化学组成直接影响喷射墨滴状态以及其在基材表面的浸润铺展行为，进而影响喷墨打印性能以及图案的分辨率。通常，在打印墨水中添加高黏度溶剂增大墨水黏度，可以抑制打印墨水在打印喷口处的挥发，从而抑制胶体粒子在打印喷口处的自组装。同时，打印墨水的黏度也会影响液滴在基材表面的铺展面积，从而影响图案的分辨率。然而，若墨水黏度过大，墨滴在喷墨打印过程中难以成形，同时墨水通过喷孔时所受的阻力较大，墨水无法从喷孔中喷出，因此选择合适的打印墨水黏度对于抑制喷头堵塞、改善打印图案的分辨率有着至关重要的影响。

首先考虑打印液体中增稠剂乙二醇的浓度等因素对喷墨打印制备胶体光子晶体图案光学性质的影响。将 20%（质量分数）的胶体粒子溶解于超纯水 / 乙二醇混合液中，通过控制混合液中乙二醇的比例，配成具有不同黏度的打印墨水。当超纯水 / 乙二醇比例为 3:2 时，制备的胶体光子晶体图案具有最强的反射峰，并呈现鲜艳的结构色。最终制备的图案如图 8-24 所示。

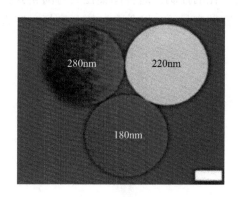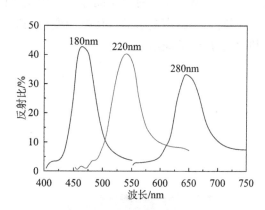

图 8-24　喷墨打印胶体光子晶体三色图案及其反射峰光谱

通过控制设计打印溶液成分，可利用喷墨打印技术制备胶体光子晶湿度传感图案。如在打印胶体溶液中添加水凝胶前聚物（AAm）以及具有温度响应相变性能的 N- 异丙基丙烯酰胺（PNIPAm）单体、交联剂 N, N- 二甲基双丙烯酰胺（Bis）等，并在打印后的干燥过程中加热基底，使得水凝胶单体反应并且聚合，形成聚 N- 异丙基丙烯酰胺（PNIPAm）。由于 PNIPAm 聚合物中具有疏水和亲水的链段，当空气中水蒸气浓度变化后，水凝胶系统的亲疏水片段体积平衡也随之变化，致使水凝胶结构的膨胀和收缩，从而导致光子晶体光子禁带的移动，形成颜色的改变。这种特性可以用来制作湿度传感器，这样的湿度传感器还具有较快的检测速度，并且颜色变化十分明显，如图 8-25 所示。

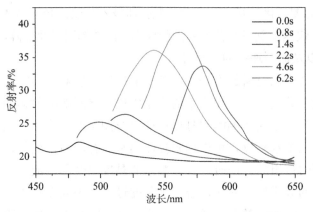

（a）胶体光子晶体图案置入潮湿空气中反射光谱随时间的变化　　（b）胶体光子晶体图案在低湿度及高湿度空气中的照片

图 8-25　喷墨打印技术制备胶体光子晶体湿度传感器

　　此外，还可通过控制粒子粒径、孔隙率等参数，制备气体响应性变色光子墨水。该光子墨水由单分散的介孔二氧化硅纳米粒子分散于特定黏度的亲水性液体中制备而成。通过调节打印条件，可制备具有鲜艳结构色的介孔光子晶体图案，如图 8-26 所示。这些介孔光子晶体图案可以对特定的气体产生颜色变化的响应，并且可通过调节介孔纳米粒子的粒径、孔隙率等参数，实现对光子晶体颜色以及颜色变化的控制。这种图案在具有随角异色的性质的同时，还具有复杂的气体响应变色图案，在动态显示、防伪、装饰、商标、广告牌等领域有着广泛的应用。

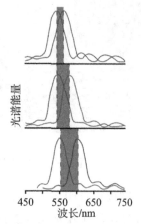

（a）、（b）光子晶体图案对乙醇气体响应性颜色变化　　（c）响应光子晶体图案在氮气和乙醇中的反射光谱

图 8-26　气体响应性变色光子墨水喷墨打印图案

8.3.5　其他制备方法

1. 基于微接触法的图案化结构色材料制备

软刻蚀技术是通过表面带图案的弹性模板实现转移图案的技术。作为一种制备图案化

的微、纳米结构的加工技术，该技术制备的图案分辨率可以达 5nm~100μm，克服了传统光刻技术的衍射极限，为制备平面和曲面上的微纳米图案提供了低成本、便利的途径。此外，软刻蚀技术还常用于改变固体表面的性质，如表面电荷、浸润性等，而这也为图案化制备转移胶体光子晶体提供可能。

升降式软刻蚀法是一种直接接触转移并制备胶体光子晶体图案的方法。如图 8-27 所示，为利用直接转移软刻蚀法制备图案化胶体光子晶体的原理示意图。首先制备出具有条纹状的聚二甲基硅氧烷（PDMS）印章，并将其和胶体光子晶体膜紧密接触。一段时间之后，当印章和胶体光子晶体膜分离时，与印章图案接触的胶体光子晶体的单层结构会黏附于印章之上而被剥离，从而实现胶体光子晶体的图案化。此外，通过多次升降实现多次接触转移，还可以制备具有复杂结构的胶体光子晶体结构。图 8-28 为采用升降式软刻蚀法转移制备胶体光子晶体图案的扫描电子显微镜（SEM）图。其中 8-28（a）为 PDMS 上密堆积单层胶体粒子的 SEM 形貌，8-28（b）、（c）和（d）分别为经过一次、两次、三次直接转移软刻蚀后制备的胶体光子晶体 SEM 形貌。由图可知，通过多次转移后，光子晶体结构完整，转移效果较好。

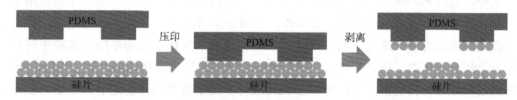

图 8-27　直接转移软刻蚀法制备图案化胶体光子晶体原理

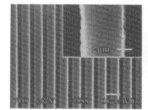

（a）PDMS 上密堆积单层胶体粒子　　　　　　（b）～（d）一次、两次、三次转移

图 8-28　转移制备后的 SEM 形貌

基于上述升降式软刻蚀法，还可利用 PDMS 印章上黏附的单层胶体粒子作为墨水，并通过微接触技术再次转移到二次基底上，从而实现微接触法制备胶体光子晶体图案，如图 8-29 所示，为微接触转移法制备图案化胶体光子晶体。具体步骤为首先将聚乙烯醇（PVA）悬涂 / 浸涂至非平面的基底上，接着将一个黏附有单层胶体粒子的 PDMS 印章和基底紧密接触，加热一段时间后将印章和基底剥离。由于基底上的 PVA

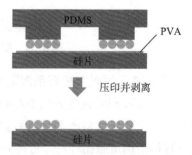

图 8-29　微接触转移法制备图案化胶
体光子晶体

对胶体粒子的黏附能力大于 PDMS，因而单层胶体粒子可被成功转移至基底上。

图 8-30 为微接触转移法制备图案化胶体光子晶体 SEM 形貌，其中 8-30（a）为转移至 PVA 基底上的密堆积单层胶体光子晶体图案电镜图，图 8-30（b）为转移至曲面上的单层胶体光子晶体图案电镜图，图 8-30（c）为不同胶体粒子（230nm 二氧化硅纳米粒子和 200nm 聚苯乙烯纳米粒子）混合后组成的复合图案。由图可知，对于曲面结构和混合粒径下均可得到较好的转移效果。

  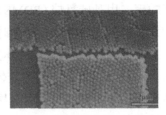

（a）转移至 PVA 基底上　　　（b）转移至曲面上　　　（c）混合粒径组成的复合图案

图 8-30　微接触法制备胶体光子晶体图案 SEM 形貌

此外，利用 PDMS 的溶胀及机械形变能力，升降式软刻蚀以及微接触印刷技术还可以用于制备非密堆积的二维胶体光子晶体。如图 8-31 所示，为制备非密集堆积二维胶体光子晶体图案示意图。首先，利用升降式软刻蚀法将二维密堆积的单层胶体粒子转移到 PDMS 印章上。其次，利用有机溶剂如甲苯等使 PDMS 印章发生溶胀。由于 PDMS 印章的溶胀过程是等方向性的，因此转移至 PDMS 印章上的胶体粒子会随着印章的溶胀而均匀分开。最后，利用微接触印刷技术将印章上的胶体粒子转移至基底上，从而实现非密堆积的维胶体光子晶体的制备。

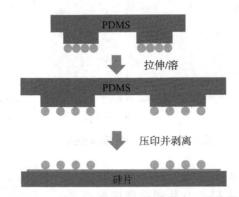

图 8-31　制备非密集堆积二维胶体光子晶体图案

图 8-32 为通过有机溶剂溶胀前后转移形成非密堆积结构 SEM 形貌，其中 8-32（a）为以六方密堆积结构排列的 560nm 二氧化硅纳米粒子 SEM 形貌，8-32（b）和（c）分别为经过 1 次和 2 次溶胀循环之后负载于 PDMS 印章上胶体粒子的 SEM 形貌。由图可知，经过有机溶剂溶胀循环后，可得到不同周期排列的非密堆积二维胶体光子晶体结构。

  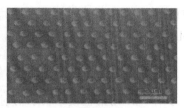

（a）六方密堆积结构　　　　（b）1次溶胀循环之后　　　　（c）2次溶胀循环之后

图 8-32　溶胀前后转移形成非密堆积结构 SEM 形貌

2. 基于界面诱导的图案化结构色材料制备

模板诱导法是一种利用基底表面微结构的静电作用、亲疏水性质以及一些特异性反应来诱导、控制胶体粒子在基底表面的选择性吸附、沉积或组装，从而制备图案化的胶体晶体的方法。首先可利用微加工技术制备表面具有微沟槽结构的硅基底，其次将平整的PDMS 模板与沟槽紧密接触，并将胶体粒子溶液滴加至界面上。胶体粒子溶液由于毛细作用力进入沟槽中，从而自组装形成具有特定取向晶格结构的胶体晶体。如图 8-33 所示，为利用图案化微结构物理模板自组装胶体晶体图案的 SEM 形貌，其中光栅周期为 4μm，胶体粒子为聚苯乙烯微球，粒径为 600nm，体积分数为 5%。由图可知，胶体粒子在毛细力作用下可以定向组装到光栅沟槽中。

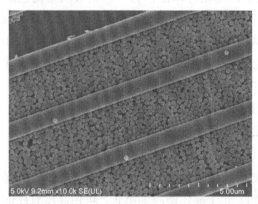

图 8-33　利用图案化微结构物理模板自组装胶体晶体图案 SEM 形貌

第四节　光子晶体结构色材料在包装印刷中的应用

在生活中，我们看到的印刷品如报纸、杂志、海报等的图案通常是由不同油墨、颜料等混合成不同颜色形成的。同样地，也可将结构色材料作为呈色材料，在空白基底上绘制图案。实现结构色材料印刷的方法主要包括喷墨打印、直接涂布和喷涂等方式。采用以上方法的基本思想是使胶体粒子形成周期性排列的三维有序结构，从而对可见光具有选择性而随着入射角的变化呈现特定颜色效果，采用以上方法形成的胶体晶体在光学上遵循 Snell 定律修正的布拉格衍射方程，如式（8-13）所示：

$$N\lambda_{max} = 2d_{hkl}\sqrt{n_{eff}^2 - \sin^2\theta}$$ （8-13）

其中，N 为正整数，表示衍射级次，λ_{max} 为光在自由空间的波长，d_{hkl} 为面间距，θ 为入射角，n_{eff} 为有效折射率，它由不同材料的相对折射率决定：

$$n_{eff}^2 = n_1^2 f_1 + n_2^2 f_2 + \cdots$$ （8-14）

其中 n_1、$n_2 \cdots n_n$ 分别是不同材料的折射率，f_1、$f_2 \cdots f_n$ 分别是不同材料对应的体积分数。将式（8-14）代入式（8-13）整理后得：

$$N\lambda_{max} = 2d_{hkl}\sqrt{n_1^2 f_1 + n_2^2 f_2 + \cdots - \sin^2\theta}$$ （8-15）

在通过印刷方式制备光子晶体结构色膜的手段中，喷涂法和直接涂布法在胶体微粒组装成有序结构的机理上一致，仅在制备方式和效率上有所差别，以下将重点介绍常用的喷墨打印法和直接涂布法。

1. 喷墨打印法

如在 8.3.4 中所提到的，喷墨打印法作为一种高效的结构色制备方法，其结合了喷墨印刷技术和自组装技术，可将光子晶体墨水作为呈色材料，喷涂到基底上，在基底上自组装形成有序微纳结构，从而使设计的图案显现。光子晶体喷墨打印的关键在于如何精确控制光子晶体的自组装和液滴在基底的铺展过程。近年来，研究者在提高图案的分辨率上做了很多努力，包括减小印刷的点或线的尺寸、消除咖啡环效应等。光子晶体喷墨打印技术日益发展，已成为光子晶体印刷术中重要的一部分，有很高的实用价值。可通过改变晶格常数和晶格取向等参数实现不同光子晶体的印刷效果。

（1）晶格常数

改变晶格常数实现光子晶体印刷的一种典型例子就是以一种弹性的聚苯乙烯微球 - 聚二甲基硅氧烷（PS-PDMS）光子晶体薄膜为纸张，可由高度有序的单分散聚苯乙烯（PS）球间隙中填满硅橡胶（PDMS）制得。以非极性的有机溶剂为墨水，从而制得光子晶体印刷品。由于弹性 PDMS 能被有机溶剂溶胀，有机溶剂挥发后又能收缩，所以光子晶体纸张中 PS 的晶格大小会发生变化，使得呈现的结构色颜色可随之变化。例如，当由 202nm 的 PS 球组成的光子晶体纸被 2- 丙醇溶胀后，粒径发生变化，即对应于式（8-15）中的面间距 d_{hkl} 发生改变，从而使反射峰将从 545nm 红移至 604nm，光子晶体纸的结构色由绿色变为红色。当 2- 丙醇挥发后，光子晶体纸又恢复到绿色，这种溶胀变色可以重复多次。除了直接书写，还可用印章蘸上有机溶剂印在光子晶体纸张上，或是用一个掩膜遮盖在光子纸上方再刷上有机溶剂，都可在光子晶体纸上印上图案，如图 8-34 所示，其中字母 "PDM" 为被 2- 丙醇溶胀后所显现的颜色，为红色；字母 "S" 为待有机溶剂 2- 丙醇挥发后，又恢复到绿色的效果。若选择不同相对分子量的硅油作为墨水，可调控图案在纸上的停留时间从几秒到几个月。

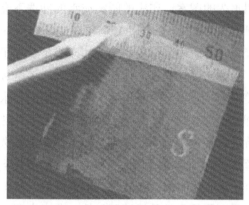

图 8-34 在 PS-PDMS 光子纸上以有机溶剂为墨水的印刷图案

此外，还可以利用光聚合在光子晶体薄膜上印刷永久图案，并且可以实现多色印刷。整个印刷物的制作过程中包括两次聚合。单分散的交联 PS 球由于静电作用发生自组装，通过光引发的自由基聚合被包裹在经修饰后的聚乙二醇（PEG）中形成凝胶。除去凝胶中的水分后，将无水的薄膜浸润在聚合物和引发剂的混合液中，再次光聚合，形成无水、结实的光子晶体纸张。利用光刻平板印刷术可在该光子晶体纸张上印刷图案。如图 8-35 所示，首先将光子晶体纸张浸润在可聚合的聚合物单体和光引发剂中，使光子晶体纸张发生溶胀，PS 晶格扩大而使反射波长红移，此时在光掩膜的保护下进行紫外光照，被照射的部分光子结构被固定，未被照射的部分在洗去单体后恢复到原始光子晶体纸张的颜色。于是，照射与未被照射的部分形成明显的色差，即得到了永久的光子晶体图案。在此基础上对印刷过程进行改进，在后两次光聚合过程中使用两个不同的光掩膜，则可得到多色的图案。

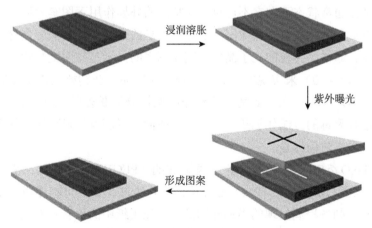

图 8-35 光聚合法实现多色印刷

除了以上两种暂时的和永久的光子晶体图案，还存在一种介于两者之间的可擦除的光

子晶体图案 [图 8-36（a）]。该印刷物以四氧化三铁（Fe₃O₄）@ 二氧化硅（SiO₂）- 聚乙二醇二丙烯酸酯（PEGDA）复合材料为光子晶体纸张，易潮解盐的水—乙醇溶液为墨水，可在光子晶体纸张上印刷永久的图案，印刷的图案在水的冲洗下会消失，之后可用墨水再次印刷图案。光子晶体纸张是通过 $Fe_3O_4@SiO_2$ 颗粒在磁场作用下快速自组装并在紫外光下使有序结构被固定在聚合物基质中制得的。图案的印刷是靠光子晶体纸张中接触到墨水的部分聚合物发生溶胀，导致该区域光子晶体晶格的扩大，该区域结构色随之变化，与未接触墨水的部分产生色差而形成图案 [图 8-36（b）]。使用的墨水为易潮解盐的水 - 乙醇溶液，它能使光子晶体纸张溶胀并产生 100 ～ 150nm 的红移。在通常的温度和湿度下，由于溶液中盐的易吸水特性，使得墨水不会蒸发从而使图案能长久保留下来。用蒸馏水冲洗可除去墨水中的易潮解盐，在干燥后，光子晶体纸张又能恢复到初始状态用于下一次印刷 [图 8-36（c）]。这种光子晶体印刷物既能长久记录图案，又可清除图案重复使用，且使用的纸张、墨水、清除图案用的水都是经济环保的，在未来有一定的实用价值。

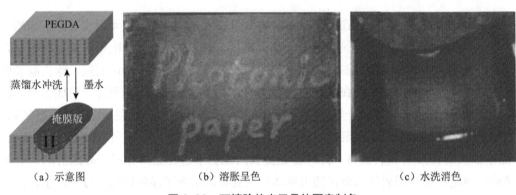

（a）示意图　　　　　　　（b）溶胀呈色　　　　　　　（c）水洗消色

图 8-36　可擦除的光子晶体图案制备

在可擦除光子晶体图案的制备中，还可通过浸润显现的方式实现隐形效果，即光子晶体隐形印刷品是在通常状态下图案不可见，在特定的外界作用下图案才能显现出来的一类特殊印刷品。隐形印刷品既有普通印刷品能记录信息的功能，又有响应型材料可动态调控光学信号的功能。通常，传统的光子晶体印刷品图案的显示是靠图案与背景之间有固定的反射波长差异（$\Delta\lambda \neq 0$）来实现的。而对于隐形印刷品，在初始状态下图案与背景的反射波长很接近（$\Delta\lambda_0 \approx 0$）；在受到特定的作用时两部分波长差扩大（$\Delta\lambda_1 \neq 0$），使得图案显现。用方便且无毒的方法如加热、形变、水或酒精浸润就能显现图案的光子晶体隐形印刷品十分适合用作防伪标签。

例如，将 $Fe_3O_4@SiO_2$ 与聚乙二醇二丙烯酸酯（PEGDA），聚乙二醇双马来酸单酯（PEGMA）和三丙二醇甲醚（TPM）三种单体混合经过光聚合可制作成光子晶体薄膜，将其用作光子纸来制备浸润显现的隐形印刷品。该光子纸中的聚合物有吸水溶胀的性能，所以在水中浸润几分钟后光子晶体的晶格扩大导致样品颜色发生变化。为了实现隐形印刷效果，需使图案与背景具有对水的不同响应能力，即有不同的溶胀速度。在干燥时两部分波长接近，在浸润后两部分波长差扩大，从而显现图案。可以采用以下两种方法来改变部分光子纸张的溶胀能力：第一种方法是在碱性环境中使部分薄膜产生交联，被交联的部分吸水溶胀能力大大减弱，在浸润时能与未交联部分形成较大的色彩差异（$\Delta\lambda_1 \neq 0$）。交联主要发生在薄膜表面，并未改变内部的光子结构，所以在干燥状态下交联与未交联部分的反射波长很接近（$\Delta\lambda_0 \approx 0$）；第二种方法是用硅烷耦合反应的方法，将疏水基团修饰在光子晶体纸张的聚合物基质中。类似地，被修饰疏水基团的部分吸水溶胀能力减弱，在浸润时能与未修饰部分形成较大的色彩差异。

如图 8-37 所示是用交联的方法实现浸润显现隐形印刷品。在干燥时由于交联与未交联部分反射波长接近，图案隐形。在水中浸润几分钟后，由于两部分吸水溶胀速度不同，使得两部分产生较大的波长差异，最终使图案得以显现。浸润的印刷品在空气中干燥后又可恢复至隐形的状态，且这种浸润－干燥的过程完全可逆，所以该隐形印刷品可以显现－隐藏多次，采用无毒且易得的水就能使图案显现。

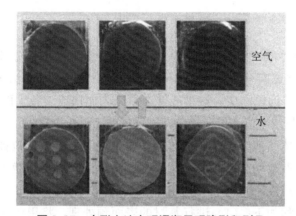

图 8-37　交联方法实现浸润显现隐形印刷品

（2）晶体取向

利用磁场响应的光子晶体可以制备一种基于调控晶体取向的光子晶体印刷品。磁性颗粒在磁场作用下排列成间距一定的链状结构，此时磁颗粒溶液有很明显的结构色。反射的峰值波长位置可通过调节磁场强度和改变磁颗粒大小来控制。此外，光学信号可通过磁场的方向来调控，因为磁颗粒形成的链总是沿着外磁场的方向。由于磁颗粒分散在聚合物单体中，当磁颗粒在磁场作用下自组装后可通过光聚合固定住该有序结构。研究发现，当入射光、反射光、透射光的角度都固定在 0°，磁颗粒形成的链从 0° 变化到 90° 的过程中，反射峰逐渐蓝移且强度减弱，从而使得透射光强度逐渐增加。利用这种随角度变化的光学特性，可制得由晶体取向差异形成对比度光子晶体印刷品。调整磁场使磁颗粒沿着磁场方向组装，此时在光掩膜保护下进行紫外聚合，撤去磁场后，未被照射部分的磁颗粒解组装，被照射部分的有序链被固定。此时改变磁场至相反方向使未聚合部分的磁颗粒再次组装，并且在无掩膜的情况下光聚合，就可得到图案和背景有不同晶体取向的光子晶体印刷品。如图 8-38 所示，当入射光与字母部分磁颗粒链的取向一致时 [如图 8-38（a）中光线①所示]，字母部分的反射光波长比背景部分的反射光波长大 [见图 8-38（b），其中字母为绿色，背景为蓝色]。若入射光与背景部分磁颗粒的取向一致时 [如图 8-38（a）中光线②所示]，两部分的颜色互换 [见图 8-38（c），其中字母为蓝色，背景为绿色]。类似地，在透过模式下，两部分的透明程度会形成对比。当入射光与磁颗粒链取向一致时，透明度较弱。

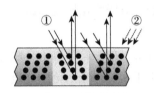

（a）反射模式

（b）入射光与字母部分磁颗粒链的取向一致

（c）入射光与背景部分磁颗粒的取向一致

图 8-38　反射模式下光子晶体图案

2. 涂布法

通过将 SiO_2 微球分散液涂布于基材表面，使得分散液中的单分散胶体颗粒进行快速组装，胶体颗粒从无序态向有序态转变，形成有序的三维光子晶体结构，最终在纸张表面构筑特定呈色效果的结构色涂层。这种能够在纸张表面快速制备大面积 SiO_2 结构色涂层的方法，为下一步满足结构色涂层在绿色印刷领域的广泛应用提供了基础。

在涂布法制备胶体晶体结构色膜的过程中，基底性能、微球粒径、溶液浓度、涂膜棒型号及涂布次数等参数均会对涂布效果产生影响。下面以采用激光打标纸作为基材，通过将固定浓度、不同粒径的 SiO_2 微球分散液快速涂布过程为例，介绍参数性能对涂布效果的影响。具体过程如下：（1）进行基材的表面预处理，将黑色激光打标纸裁剪至合适大小并对纸张表面进行处理，除去基材表面污染物。将基材置于低温等离子体处理仪中进行等离子体表面处理，在气体流量为 80SCCM，功率为 200w 的条件下处理 5min，使之具有较好的亲水性。（2）选用不同粒径的 SiO_2 微球溶液（200nm、220nm、250nm和270nm），加入去离子水，按一定比例混合，配制为固定浓度的胶体微球分散液。在分散液中按一定比例加入水性清漆和黑染料，超声分散后，得到实验所用的混合分散液。（3）采用 10# 涂膜棒使用快速涂布的方法将分散液均匀涂布于纸张表面，将样品放置于加热平台上，烘干温度为 50℃，烘干时间为 2min，即得到所需结构色涂层。图 8-39 为采用快速涂布法制备不同粒径 SiO_2 微球结构色薄膜外观图和相应的扫描电子显微镜图。此时式（8-15）中 $n_1=1.54$，$n_2=1.0$，f_1 和 f_2 分别约为 74% 和 26%，对于 <111> 晶面，有：

$$d_{111} = \sqrt{\frac{2}{3}} \times D \qquad\qquad (8-16)$$

其中 D 为 SiO_2 胶体微球直径，将 n_1、n_2、f_1、f_2 和式（8-16）代入式（8-15）整理后可得：

$$\lambda_{max} = 2 \times \sqrt{\frac{2}{3}} \times D \times \sqrt{2.01 - \sin^2\theta} \qquad\qquad (8-17)$$

由式（8-17）可知，同一入射角度下，波长与微球粒径呈线性关系。随着 SiO_2 微球粒径从 200nm 增加到 270nm，结构色涂层的色调产生了由如图 8-39（a）、（b）、（c）和（d）所示的由蓝色→绿色→黄色→粉红色的变化效果，即色调随着微球粒径的增加发生了红移现象。对应于如图 8-39（e）、（f）、（g）和（h）所示的 SEM 图，可知微球组装效果为大部分呈六方密堆积结构排列，但由于组装过程过快，导致组装结构存在较多缺陷。

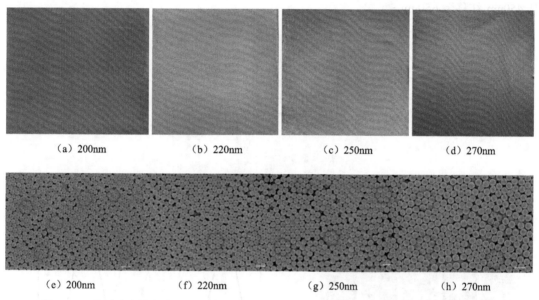

(a) 200nm   (b) 220nm   (c) 250nm   (d) 270nm

(e) 200nm   (f) 220nm   (g) 250nm   (h) 270nm

图 8-39　快速涂布法制备不同粒径 SiO_2 微球结构色薄膜外观图和相应扫描电子显微镜图

除上述两种方法外，如 8.3.2 中提到的毛细力驱动自组装法制备的光子晶体结构色材料，也可应用在包装印刷防伪领域，下面将以响应型动态条形码为例介绍其具体应用。现存的条形码都是静态的单一图形，是由反射率相差很大的黑条（简称条）和白条（简称空）排成的图案，它可以标出物品的产地、生产批次等许多信息，在商品流通领域都得到了广泛的应用，但是这种类型的条码防伪性能较弱。通过采用一种具有响应型异质结构色材料，可制备条形码，提高其防伪性能。如图 8-40 所示为其工作原理，该方法通过胶体纳米粒子在毛细管中快速自组装来形成所需形貌的结构色材料，即胶体粒子在毛细管中组装时，其自组装的速度和因液体蒸发而引起的液面下降速度不同，也就是由于固－液－空气界面下降和胶体组装的不同步过程，这些纳米颗粒可以在毛细管的内表面上自组装形成非均匀的环形条纹图案。图中过程Ⅰ为初始时刻，液面充满整个毛细管，随着液体的蒸发，胶体粒子在毛细力、重力和液面张力的共同作用下，在管壁组装成有序结构；接下来，调整蒸发速度，即可实现过程Ⅱ所示的效果，这时液面下降速度大于胶体粒子自组装速度，液面因蒸发而下降，形成空白区域（此时胶体粒子还未组装成有序结构），如此反复，即可形成结构色条纹图案。在这种方法中，参数精确调控是关键，通过调整胶体粒子自组装过程中诸如毛细管内径和胶体粒子浓度等参数，可以调整结构色条纹图案的宽度和间距，从而形成具有防伪性能的条形码。同时，通过使用不同粒径的粒子进行单根毛细管组装，可以实现具有不同结构色或不同结构色组合的条纹图案，如图 8-41（a）和（b）所示。其中图 8-41（a）为单根毛细管组装不同粒径结构色条纹效果图，其中 i、ii、iii、iv 和 v 分别为粒径从 200nm 增加到 300nm 的结果，可知结构色的色调由蓝色向长波方向移动至红色；图 8-41（b）为其相应的反射光谱图，即反射光谱随着粒径的增加，反射峰值波长从 450nm 红移至 650nm。

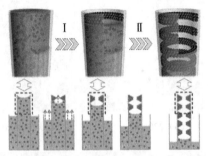

图 8-40　毛细管中形成条纹状结构色材料原理

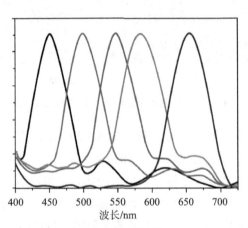

（a）不同粒径效果　　　　　　　　　　（b）反射光谱

图 8-41　不同结构色或不同结构色组合的条纹图案

　　本章主要以光子晶体结构色材料为例，介绍了其呈色原理、制备方法及在包装印刷领域的应用。近年来，在包装印刷领域，随着绿色、可持续化发展的需要，传统的油墨印刷急需通过技术创新进行改变，为环境气候的改善作出努力。结构色材料可实现用物理的方式表达印刷图文的色彩，可改变或替代传统用化学色素体现色彩的方式，由于其呈色机制所决定的特殊优势，可在诸如防伪、绿色印刷、显示等领域得到广泛深入应用，具有非常安全环保的价值，社会效益非常重大。

参考文献

[1] 徐艳芳 , 黄敏 , 刘浩学等 . 印刷应用光学 [M]. 北京：印刷工业出版社 , 2013.

[2] 刘浩学 , 武兵 , 徐艳芳等 . 印刷色彩学 [M]. 北京：中国轻工业出版社 , 2011.

[3] 马锡英 . 光子晶体原理及应用 [M]. 北京：科学出版社 , 2010.

[4] 梁铨廷 . 物理光学 [M]. 北京：电子工业出版社 , 2012.

[5] 张以谟 . 应用光学 [M]. 北京：电子工业出版社 , 2015.

[6] 王庆友 , 陈晓东 , 黄战华等 . 光电传感器应用技术 [M]. 北京：机械工业出版社 , 2014.

[7] 玻恩 . 光学原理（第七版）[M]. 北京：电子工业出版社 , 2009.

[8] 熊秉衡 , 李俊昌 . 全息干涉计量——原理和方法 [M]. 北京：科学出版社 , 2009.

[9] 伏尔夫岗 . 奥斯腾 . 微系统光学检测技术 [M]. 北京：机械工业出版社 , 2014.

图 7-7　不同观察角度下薄膜碎片颜色变化效果

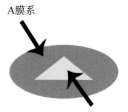

A膜系

B膜系

A、B膜系在0°入射时的颜色

图 7-8　同色异谱光学薄膜

（a）连续珠光效果色板　　　　　（b）闪烁珠光效果色板

图 7-9　不同珠光效果色板

塑料

珠光颜料

混合　直接加工注塑或挤出　制件　直接组装

图 7-10　珠光免喷涂实现的过程

化妆品　　　汽车　　　　　纺织品　　　涂料　　　塑料外包装品

图 7-14　珠光颜料的广泛应用

图 7-19　全息纸在烟包中的应用

（a）彩虹光柱　　（b）亚光柱　　（c）铂金光柱　　（d）彩虹素面

图 7-20　不同全息纸张的外观

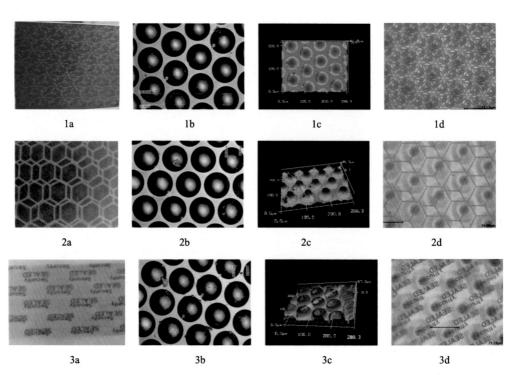

1a	1b	1c	1d
2a	2b	2c	2d
3a	3b	3c	3d

图 7-43　浮动光栅薄膜宏观效果图及微观结构参数

  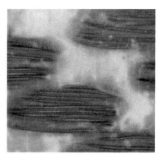

（a）200nm　　　　　　　（b）250nm　　　　　　　（c）300nm

图 8-16　不同粒径 SiO$_2$ 微球重力沉降法组装样品光学显微

（a）200nm　　　　　　　（b）250nm　　　　　　　（c）300nm

图 8-21　无序对流组装法制备结构色薄膜光学显微

  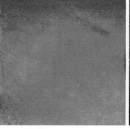 

（a）200nm　　　　（b）220nm　　　　（c）250nm　　　　（d）270nm

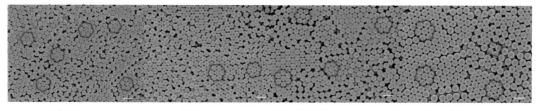

（e）200nm　　　　（f）220nm　　　　（g）250nm　　　　（h）270nm

图 8-39　快速涂布法制备不同粒径 SiO$_2$ 微球结构色薄膜外观图和相应扫描电子显微镜图